装备科技译著出版基金

被动式海洋微波遥感研究进展

Advances in Passive Microwave Remote Sensing of Oceans

［美］维克多·瑞兹(Victor Raizer) 著

陈 劲 吴晗玲 闫 磊 佟 颖 译

杨 军 主审

国防工业出版社

·北京·

著作权合同登记 图字:军-2018-054 号

图书在版编目(CIP)数据

被动式海洋微波遥感研究进展/(美)维克多·瑞兹
(Victor Raizer)著;陈劲等译. —北京:国防工业出版社,
2019.8
书名原文:Advances in Passive Microwave Remote
Sensing of Oceans
ISBN 978-7-118-11860-5

Ⅰ.①被… Ⅱ.①维… ②陈… Ⅲ.①海洋遥感-微
波遥感-研究 Ⅳ.①P715.7

中国版本图书馆 CIP 数据核字(2019)第 164014 号

※

*国防工业出版社*出版发行
(北京市海淀区紫竹院南路 23 号 邮政编码 100048)
三河市腾飞印务有限公司印刷
新华书店经售

*

开本 710×1000 1/16 插页 4 印张 14 字数 242 千字
2019 年 8 月第 1 版第 1 次印刷 印数 1—2000 册 定价 98.00 元

(本书如有印装错误,我社负责调换)

国防书店:(010)88540777   发行邮购:(010)88540776
发行传真:(010)88540755   发行业务:(010)88540717

译者序

近年来,海洋信息感知与获取技术在理论与实践层面得到了越来越广泛的重视和发展,各种新模型、新理论与新技术层出不穷。被动式微波遥感技术得益于信息化时代各种新涌现的硬件和软件支持,在过去 20 余年得到了快速发展,分辨率和稳定性不断提高,逐渐成为星载海洋信息探测的可靠途径。

原版书的作者是长期从事海洋微波遥感领域研究的国际资深学者。该书系统阐述了近年来海洋微波遥感技术尤其是被动式遥感技术的新理论、新技术与新进展,是作者数十年从事微波遥感研究工作成果的总结。书中详细分析了海洋波浪模型、微波辐射特性、多波段观测技术以及新科技手段的多种应用场景等最新科研成果与发展趋势,对相关领域的科研工作者、技术工程师和研究生等具有重要的借鉴意义和参考价值。

本书由陈劲负责统稿,前言由吴晗玲翻译,第 1 章由佟颖翻译,第 2 章由吴晗玲翻译,第 3 章和第 4 章由陈劲翻译,第 5 章由闫磊翻译,第 6 章和第 7 章由佟颖翻译,杨军对全书内容进行了推敲和审定。

译者特别感谢天津师范大学、北京宇航系统工程研究所、北京航天计量测试技术研究所对本书翻译工作提供的技术支持和保障。还要感谢参与本书校对和译稿资料整理的郑玉莹、贾东昊、林翠萍、李凯凯、关升、刘荣等研究生。天津大学段发阶教授和蒋佳佳副教授通读全稿并提出了改进意见。

特别感谢国防工业出版社的编辑对本书的重要贡献。

由于译者的水平有限,在对原文的理解和专业用语方面难免有不妥之处,敬请读者指正并原谅。

译者
2019 年 5 月

前　言

本书主要介绍用于海洋环境研究的被动微波遥感学方面的内容,其目的是展示被动微波技术在增强对海洋特征观测方面的能力,包括探测各种(亚)表面波和/或扰动。本书概述了这些技术的优点和局限性,也促进我们对被动微波遥感学的物理原理有更好的了解,这是海洋微波数据在地球物理学研究中成功、正确应用的一个重要里程碑,它对于未来的前沿技术发展也非常重要。

微波技术和计算机科学在 1980—2010 年间取得了巨大进步,使得技术专家和科学家们能够对地球环境进行系统的遥感观测。当前,在美国、加拿大、日本、韩国、中国、印度、俄罗斯以及欧洲一些国家等国际社会的主导下,许多国家都研发了大量微波辐射测量系统。这些遥感系统在毫米和厘米的电磁波长范围内运行,定期获得大气参数、降水和海洋–大气相互作用的空、天基观测数据,包括跟踪和预测多种自然灾害现象(如暴风雨和飓风)。

由于卫星技术及其运营成本的客观限制,大多数空天基被动微波辐射计/成像仪的像素分辨率较低。根据微波频率和轨道参数的不同,它们的工作高度范围为 30~100km。许多人认为,这样的空间分辨率足以用于构建地球物理参数以及气象和气候目的的全球季节变化图。但是,这对海洋动态特征和局部海洋环境变化的反演似乎还不够。

实际上,尽管微波遥感仪器的技术进步或创新存在一些可能性,并且在不久的将来可能会考虑和实现,但目前的被动微波辐射计并不能对海洋中发生的复杂非线性波动过程进行有价值的观测。

同时,高分辨率被动微波方法在海洋高级研究中的应用,是涉及新的科学思想、理论和实验研究的技术前沿,也可能是从根本上改变当前技术状态的重大研究成果。特别地,采用高分辨率多波段被动微波图像和反演辐射测量特征的数字增强技术,为揭示大量局部海洋现象和/或流体动力学过程提供了很好的机会。

事实上,分辨率从 100m 到几千米的精密微波辐射计能够在受限制的海洋区域上开展相对较低成本的、互补性的海上监视和运行维护,包括探测(亚)表面波。然而,为了实现这一目标,需要技术创新,以及正确理解问题本质,并采用正确的用于数据分析和解释的智能方法。这些问题对许多遥感应用非常重要。它们是我们多年科学研究的关键点和重点课题,这部分内容总结在本书中。

I.V.Cherny 和 V.Y. Raizer 所著的《海洋的被动微波遥感》(*Passive Microwave Remote Sensing of Oceans*)由 Wiley 出版社于 1998 年出版,目前已不再出版发行。该书对主要的海洋微波特性进行了理论及实验分析,并通过辐射计/散射仪观察到这些特征,研究及详细解释了表面波和粗糙度、破碎波、泡沫/飞沫/气泡分散介质、温盐变化、溢油、雨水、危害事件以及其他因素对海洋辐射影响等方面对微波的贡献。这些数据和结果在海洋微波测量、偏振光谱和光谱学中仍然具有重要的意义。

然而,为了有效实施高分辨率的海洋观测,需要更合理的技术和模型。事实上,我们处理的是现实世界的海洋环境,它是一个高度动态、随机、多尺度、嘈杂和整体上不可预测的自然对象。这种情况最终导致收集到的微波遥感数据具有变化程度大和复杂性高的特点,甚至是物理学解释的不确定性。因此,为了在海洋遥感领域取得可观的实际进展,必须进行新的研究和努力。

本书继续对遥感方法、模型和技术进行分析,着重阐述高分辨率多波段成像观测方法。这种先进的方法使得地球物理信息和数据采集达到了一个新的水平。经验表明,使用单频或双频低分辨率微波传感器——成像辐射计或雷达,难以提供对局部流体动力学现象和/或事件的测量,其原因来自于自然因素,如相似率、变异性和不稳定。微波响应和相关特征通常与波段相关,具有时空特征。换言之,海洋表面的随机性质在不同的观测条件、不同的电磁波段以及不同的空间和时间尺度上都会影响微波测量结果。

在遥感研究领域,对相关问题进行准确建模与正确分析以及对多变量数据进行分析是至关重要的,这对严谨的研究人员来说是一项具有挑战性的任务。从这方面来说,虽然本书的结构与之前版本的结构保持一致,但在内容上进行了修订和补充。需要注意,本书不能完全替代旧版。我相信新颖的创意和材料会鼓励读者朝着正确的科研方向走下去。

本书分为 7 章。第 1 章是对主题的介绍,包括历史年表、微波理论的基本内容、技术议题和数据处理与分析方法。

第 2 章概述了使用多波段被动微波辐射测量和图像可以观察和/或探测的主要海洋现象和流体动力学过程。本章提供海洋物理学和流体动力学的基础知识,以便更好地了解遥感方法。

第 3 章概述了有关海洋表面微波辐射的实验和理论数据。更详细地分析了表面波、粗糙度、湍流、泡沫、白浪、飞沫、气泡和油污染对海洋辐射的影响。本章介绍的微波模型和数值实例展示了该领域的当前研究现状。

第 4 章建立了海洋微波遥感(和诊断)的新型组合理论。本章为微波辐射数据信号、图像、属性以及时间和空间特征的更精确的物理建模和仿真提供了基础。使用随机和确定性多因素电磁流体动力学模型和数值方法获得了新的研究成果。我相信灵活的多因素方法对以微波诊断和探测海洋变量为目的的研究来说更充分,更实用。

第 5 章提出了高分辨率多波段被动微波观测的基本概念,并涵盖了一些理论、方法和技术问题。同时,提出了若干个模型和真实的实验例子,以展示海洋研究中高分辨率微波图像的处理能力。遥感领域最大的关注点和重大进展之一是评估与不同环境过程和事件相关的海洋微波信号。

第 6 章着重探讨使用被动微波技术观察复杂海洋事件的潜在可能性。考虑了一些假设但切合现实的微波场景,希望这部分内容可以为进一步的研究和复杂的实验设计提供一些指导。

第 7 章中提出并讨论了若干个总结性的重要问题。总结段落简要指出了被动微波观测海洋的好处和优势。

本书的范围包括与海洋学、流体动力学、微波技术、物理学、数值模拟、数字数据处理和解释相关的若干个跨学科课题,对海洋被动微波遥感技术进行了有针对性的介绍,并对当前研究状态进行了比较全面的描述。书中概括的问题为读者提供了提高并丰富他们在这一特定主题方面的专业知识的机会。参考书目概述了全球收集的实验数据和理论数据,参考文献有助于许多研究人员、学生或爱好者在此基础上继续开展研究,并为这一技术的发展做出贡献。

综上所述,本书中提出的概念、建议和研究成果适用于在地球物理和遥感领域工作的专家学者。

致 谢

　　衷心感谢在过去的若干年中对这一复杂问题给予极大支持和关注的许多民众、专家、科学家、同事、管理人员和官员,这使我有可能获得本书中所报告的诸多新数据和资料。

　　我特别要感谢 Albin Gasiewski 和 Gary Wick 收集了令人难以置信的成像数据及其创建的先进硬件和软件产品。

　　我也非常感谢 CRC Press 团队和编辑的出色工作,特别是 Irma Britton,她帮我将这本书推向市场。

　　最后,感谢我的妻子 Elena 不断的鼓励和耐心。

维克多·瑞兹

华盛顿特区都会区

弗吉尼亚州费尔法克斯县

2016 年 9 月

Victor Raizer 是一位资深的科学家、物理学家和研究人员,他在电磁波传播、无线电物理、水文物理学、微波辐射计/雷达、光学技术和地球观测领域拥有超过 30 年的研究经验。他于 1974 年毕业于莫斯科物理技术学院,并于 1979 年获得哲学博士学位,1996 年获得较高级的博士学位即科学博士学位。他曾在位于莫斯科的俄罗斯科学院太空研究所工作(1974—1996 年),然后分别在美国的科学技术公司(1997—2001 年)和弗吉尼亚州的泽尔科技公司工作(2001—2016 年)。

Raizer 博士参与了苏联各种各样的遥感计划、海洋实验以及实验室和理论研究。他是美国/俄罗斯联合内波遥感实验(JUSREX 1992)项目的俄方负责人。他的研究主要集中在机载光学和微波测量、基于物理学的建模以及数据分析。近年来,他开展了广泛的科学研究,包括研究先进的多传感器观测技术,以及对复杂的遥感数据进行建模、模拟和预测。

Raizer 博士已经出版了两本专著,并在国际研讨会和学术会议上发表了 50 余篇科学论文、报告和演讲。2002 年,他成为 IEEE 会员,并于 2012 年当选为 IEEE 高级会员。

目 录

第1章

绪 论

本章概述了有关海洋遥感的问题和技术,并系统阐释了仪器性能、数据处理,以及建模和解释的可能性。此外,本章还简要介绍了利用被动微波辐射计从太空和其他平台探测海洋的历史。本章的目标是制定一项完整的研究计划。为了让读者更全面地了解各个专题的内容,章节末尾附有相关的参考书目可供查阅。

1.1 基本定义

目前,学界对遥感有多种不同的定义。其中之一是:"遥感学是对电磁辐射(Electromagnetic Radiation,EMR)测量结果的分析和解释,是由与目标物非接触的观测者或仪器从有利观测点对目标物反射或发射的电磁波进行测量的一门科学"(Mather,Koch,2011)。微波遥感法"开创了一个与众不同的独特视角,帮助人们获取新的地球环境信息,而这些信息往往无法通过其他方式获取"(Ulaby,Long,2013)。

上述两种定义均是正确的,在本书中也同样适用,但是它们没有明确说明如何从遥感测量中获取这些新信息。在此,我们采取跨学科的方法,按学科将研究内容划分成若干个独立的专题,但由于个人经验和技能有限,某些内容有时会偏离主题。

实际上,与其他环境不同,海洋占地球表面 2/3 以上,是最复杂的地球物理研究对象。使用传统的原位法很难测量大多数发生在海洋—大气界面上的全球动态过程。例如,多尺度风浪、暴风雨、锋区和洋流、湍流、温盐(温度—盐度)环流和一些天气事件。这些以及其他发生在海洋—大气边界层的大尺度动态过程都可以通过不同的遥感仪器和技术(如被动微波辐射测量法)从卫星上进行探测。但是,遥感和探测海洋动态特征需要采用综合的科学方法,全面地理解和掌握流体动力学和电磁学方面的相关知识。

1.2 仪器性能

微波遥感仪器有两类:主动(雷达、散射计、干涉仪、高度计和全球定位系统(Global Position System, GPS)跟踪器)和被动(辐射计、测深仪、光谱仪)。主动传感器以一定的频率发射电磁波,然后测量被测物体、介质或表面散射或反射的信号。在这种情况下,我们通常获得有关物体空间统计(几何)特征的选择性信息。

被动传感器不发射任何电磁信号,但它测量介质、目标或物体本身在选定(和固定)微波波段发射的热辐射。由此,我们可以得到介质及其周围环境的热动力学、结构和物理性质相关的综合信息。

雷达方法发展迅速,广泛应用于卫星海洋学研究中,对海洋表面特征、内波、船舶尾迹、油污、边界层对流混合过程、洋底和海平面(地形)测绘、北极和南极海冰覆盖等进行探测。

然而,微波辐射测量法却应用较少,该技术主要用于监测全球大气参数、云量、海面温度,最近用于监测盐度、亚表面风矢量和海冰,有时用于监控海上局部石油污染。

近年来,人们一直认为采用被动微波辐射测量和图像学来研究中小尺度(1~10km)甚至中尺度(10~100km)范围的海洋动力过程和现象的可能性不大。其主要原因有两个:一是仪器分辨率差,信噪比低;二是难以将噪声辐射信号(原始数据)在无明显误差的情况下转换成相应的地球物理图像。

想要解决第一个问题并获得高空间分辨率的微波辐射计数据,需要一根巨大的天线(天基观测时,长度至少为10~30m)。解决第二个问题则需要利用辐射计系统的精确标定和技术验证。在这两种情况下,都需要根据仪器性能和观测过程创建一种新的特殊算法,这样就能从辐射测量的原始数据中提取地球物理信息。

最重要的一步是评估所谓的兴趣特征。一个高效的兴趣特征提取算法应该配合使用高阶数据/图像处理和计算机视觉技术,并调用理论或(半)经验模型或多参数的近似值。建立这样一个组合算法是一项复杂的科学任务,尤其是在高分辨率微波测量的情况下。

目前,只有一种遥感方法仍然能直接定量观测海洋表面特征:高分辨率(几米及以下)空间光学成像。与雷达或辐射计数据不同的是,星载光学系统的高质量视觉图像提供了海洋表面波动过程及其空间特性的详细信息。然而,公众并不是总能轻易获得此类光学数据。

尽管如此,目前最有效的观测方法就是将高分辨率的主动/被动微波和光学技术(包括红外波段)结合到一起。多传感器系统可以系统地监测世界海洋,实现从十几厘米到数千米尺度的测量。

1.3 数据处理、分析与解释

数据处理、分析与解释是遥感的重要组成部分,这一专题有许多文献资料可供参考。因为我们以高分辨率微波观测为重点,所以需要采用增强型的图像/数据处理技术来选择和提取相关信息。

在辐射测量和图像方面,处理过程提供了可用的原始(图像)数据和信息(映射)格式,这是进行地球物理研究所必需的。后续分析揭示并详细说明了收集到的数据集的性质和内容;解释是从物理学角度对数据进行剖析,目的是为了研究可能的影响和/或特征。例如,可以使用计算机视觉算法,用数字方式来表示和说明地球物理学的海洋微波图像数据。这样就在形式上实现了所谓的辐射测量模型。

数据处理分为预处理和实际(或专题)处理两部分。预处理用于遥感数据的初始格式化、校正、降噪、恢复、归一化、排序、存储和可视化。

在海洋遥感中,专题处理用于选择、说明和评价与某些现象/事件有关的兴趣特征。事实上,海洋微波数据的专题处理是地球物理信息系统(Geophysical Information System,GIS)的一部分。

海洋地理信息系统由三个部分组成:①输入采集数据;②数据存储和管理;③输出结果(数据可视化、地图和材料)。海洋地理信息系统可以使用现有的数据/图像处理算法来组织,这些算法需要适应特定的(低对比度和噪声)动态辐射信号及其测量。

在我们的案例中,可以很方便地考虑两类数字图像处理:统计式的(全局)和结构化的(局部)。第一类包括光谱、相关性、聚类、分形、纹理和融合方法。第二类旨在更详细地说明选定的图像区域、特征或元素。图像增强、分割、二值化、纹理化、形态(特征形状、大小、方向)测量、空间和颜色滤波等计算机视觉算法也可以应用。

数据解释是以若干学科的拓展知识为基础:观测技术、应用物理学、数值模拟方法、模拟和微波数据分类。海洋微波数据的定量表达是一个复杂的反复过程,不是唯一确定的过程,它涉及许多计算机科学和软件产品。同时,我们认为,这种理论—实验(数据同化)相结合的方法是实现我们目标的最佳选择。

1.4 相关理论

近几十年来,许多学者对海面微波传播、散射和辐射特性进行了大量的理论(分析)研究和模型计算。在大多数研究中,测量来自海洋和大气的微波辐射是在固定的视角和特定的电磁频率下进行的,这是由观测任务和仪器性能所决定的。

同时,海洋—大气界面的理论流体动力学模型和电磁学模型在数据解释以及应用中起着关键的作用。一方面,电磁波理论考虑到了粗糙的随机海洋表面的散射和发射具有不同的统计特性,例如最著名的双尺度模型,它分别描述了小尺度和大尺度表面不规则的情况。另一方面,该理论解释了非均匀海洋分散介质(如泡沫、白浪、气泡、飞沫和浓密气溶胶)的微波辐射效应。这一理论适用于介质混合模型、波传播模型和/或辐射传输方程。

我们分别研究了这两个部分,并将它们整合到一个复合多因素微波模型中。复合模型使我们能够在不同条件下和 0.3~30cm 电磁波波长范围内,灵活地分析海洋辐射的光谱和极化特性。

复杂微波辐射数据(信号、图像、特征)的建模与仿真也是前沿研究的重要组成部分。该方法通过计算机实验对海洋微波信号进行了预测和研究。一些与不同海洋过程、现象或事件有关的真实场景可以通过数值仿真的方法进行研究。

微波辐射和海面散射的电磁学模型一直在不断更新和改进,目前尚未找到适合海洋微波数据理论分析的最终方法或工具(与地球陆地微波观测不同)。为了完成给定实验数据集的最佳拟合,通常会对现有模型和近似的参数进行调整。其实,此类理论与实验之间的"波动式建模"或非固定连接恰好客观地证明了利用被动式微波测量法探测海洋依然充满了困难与挑战。

1.5 历史年表

美国物理学家罗伯特·迪克(Robert H. Dicke)于 1946 年在麻省理工学院辐射实验室引进了第一台微波辐射计接收器。这个辐射计的工作波长为

1.25cm,用来测量环境微波辐射的温度。后来,在 20 世纪 50 年代和 60 年代,出现了许多新的微波辐射计并应用于射电天文学、大气和陆地研究以及行星飞行任务中("水手"2 号探测器飞越金星,Mariner 2 Venus Flyby,1962)。

1968 年,苏联宇宙 243 号卫星首次发射了用于地球观测的被动微波辐射计。这种四通道微波辐射计附有喇叭形天线,波长分别为 0.8cm、1.35cm、3.4cm 和 8.5cm,空间分辨率约为 20km,主要用于观测全球海洋、大气和海冰。后来,出于相同的目的,宇宙 384 号卫星在 1970 年也发射了同样的微波辐射计。

以下是过去和现在航天器执行监测海洋和大气的飞行任务清单,均使用了被动微波辐射计和成像仪:

NASA Nimbus-5/ESMR (1972);　Skylab/S 193 (1973);
Nimbus-6/ESMR(1975);　DMSP/SSM/T (1978);
NOAA TIROS-N/MSU (1978);　SEASAT1/SMMR (1978);
Nimbus 7/SSM/R (1978);　Cosmos 1076 and 1151 (1979);
Salyut-6/KRT-10 (1979);　NOAA-7/AVHRR/2 (1981);
Kosmos-1500 (1983);　DMSP/SSM/I (1987);
ADEOS/NSCAT (1996);　NASA/JAXA TRIMM TMI (1997);
Mir-Priroda/IKAR (1997);　DMSP/AMSU-A/B (1998);
METEOR-1/MIMR (1998);　NOAA-15/AVHRR/3 (1998);
ADEOS II/AMSR(1999);　EOS-PM/MIMR (2000);
Meteor-3M-1/MTVZA (2001);　Aqua/AMSR-E(2001);
Coriolis/WindSat (2003);　ESA SMOS (2009);
Meteor-M No.1/MTVZA-GY (2009);　NASA Aquarius (2011);
Meteor-M No.2/MTVZA-GY (2014);　NASA/SMAP (2015)。

此外,自 20 世纪 70 年代以来,被动微波辐射计用于不同的飞机实验平台:NASA Convair 990;Soviet Ilyushin Il-18 and Il-14;Antonov An-2, An-12, and An-30;Tupolev Tu-134 SKh;NASA P-3 and NRL P-3 Orion;NASA DC-8;C-130 Hercules;NOAA WP-3D;Convair-580;Dornier 228;Short Skyvan。

20 世纪 80 年代,在全球范围内从船舶平台上进行了辐射测量。1992 年,美国/俄罗斯联合遥感实验 JUSREX 1992(大西洋)期间,在研究船 Akademik Ioffe 的陀螺稳定平台上安装并运行了多套微波辐射计和散射仪。

研究人员在固定的海面平台(WISE 2000 和 2001"地中海";CAPMOS 2005 "黑海")和小型软皮艇(COPE 1995)进行了详细的野外辐射测量实验。在露天实验室水箱和自然研究池(20 世纪 80 年代圣彼得堡克里洛夫州立研究中心)进行了许多测试实验和精确的微波辐射测量。

所有这些程序、数据和结果为我们积累了丰富的经验,帮助研究人员更深入地理解以上问题。多年来,不少学者收集了很多资料,能够帮助我们更好地认识被动微波观测技术的潜力和优势。特别是,我们的遥感实验(1997—2004 年)和收集的数据显示了高分辨率多波段微波图像用于观测海洋表面特征的优异性能,这项任务是我们研究中最重要的创新。

1.6 本书目的

本书论述了海洋环境被动微波遥感技术的基本原理,重点介绍了海洋微波观测的物理原理、方法、理论和实践。本书还首次介绍了微波探测能力。为了全面认识这一问题,我们强调了许多与流体动力学、电动力学、建模(基于物理学)、数据分析和解释相关的重要科学课题及成果。

本书目标如下:

(1)发展和更新基本的科学、技术和信息知识,以提供海洋环境遥感学的前沿研究成果。

(2)深入剖析流体动力学和电磁学的效应、贡献以及通过被动微波辐射传感器可能观测到的特征,开展相关研究和表征。

(3)研究和展示高分辨率多波段被动式辐射测量和图像学在探测海洋变量和动态特征方面的能力和优势。

本书中的材料是多传感器协同观测概念中的辐射测量部分。这一概念将主动/被动微波和光学技术同时用于海洋先进遥感测量中。它是在我们多年的研究经验、实验工作,以及对各种文献资料中现有的数据、材料、出版物、报告和文件的分析研究基础上而创建的。

一直以来,由于笔者不断地参与相关研究(1975—2015 年),在 20 世纪 90年代后期,一个名为"无线电水文物理学"的科学研究专题(V. Etkin 教授(1931—1995 年)在 20 世纪 80 年代早期使用了这一术语)重新受到研究人员的重视,其中部分研究内容以海洋-大气界面电动力学的名义于 1998 年从中独立出来。

参考文献

Mather, P. M. and Koch, P. 2011. Computer Processing of Remotely-Sensed Images: An Introduction,4th edition. Wiley-Blackwell, UK.

Ulaby, F. T. and Long, D. G. 2013. *Microwave Radar and Radiometric Remote Sensing*. University of Michigan Press, Ann Arbor, Michigan.

参考书目

Bass, F. G. and Fuks, I. M. 1979. *Wave Scattering from Statistically Rough Surfaces*. Pergamon, Oxford, UK.

Cherny, I. V. and Raizer, V. Y. 1998. *Passive Microwave Remote Sensing of Oceans*. Wiley, Chichester, UK.

Fung, A. K. and Chen, K. - S. 2010. *Microwave Scattering and Emission Models for Users*. Artech House, Norwood, MA.

Grankov, A. G. and Milshin, A. A. 2015. *Microwave Radiation of the Ocean-Atmosphere: Boundary Heat and Dynamic Interaction*, 2nd edition. Springer, Cham, Switzerland.

Ishimaru, A. 1991. *Electromagnetic Wave Propagation, Radiation, and Scattering*. Englewood Cliffs, Prentice Hall, New Jersey.

Kramer, H. J. 2002. *Observation of the Earth and Its Environment: Survey of Missions and Sensors*, 4th edition. Springer, Berlin, Germany.

Kraus, J. D. 1986. *Radio Astronomy*, 2nd edition. Cygnus-Quasar Books, Powell, Ohio.

Lavender, S. and Lavender, A. 2015. *Practical Handbook of Remote Sensing*. CRC Press, Boca Raton, FL.

Martin, S. 2014. *An Introduction to Ocean Remote Sensing*, 2nd edition. Cambridge University Press, Cambridge, UK.

Matzler, C. 2006. *Thermal Microwave Radiation: Applications for Remote Sensing*. The Institution of Engineering and Technology, London, UK.

Njoku, E. G. 2014. *Encyclopedia of Remote Sensing (Encyclopedia of Earth Sciences Series)*. Springer, New York, NY.

Pratt, W. K. 2007. *Digital Image Processing*, 4th edition. John Wiley & Sons, Hoboken, New Jersey.

Robinson, I. S. 2010. *Discovering the Ocean from Space: The Unique Applications of Satellite Oceanography*. Springer, Berlin, Germany.

Rytov, S. M., Kravtsov, Yu. A., and Tatarskii, V. I. 1989. *Principles of Statistical Radiophysics*. Vol. 3. Springer-Verlag, Berlin.

Sharkov, E. A. 2003. *Passive Microwave Remote Sensing of the Earth: Physical Foundations*. Springer Praxis Books, Chichester, UK.

Skou, N. and LeVine, D. M. (2006). *Microwave Radiometer Systems: Design and Analysis* 2nd edition. Artech House, Norwood, MA.

Ulaby, F. T., Moore, R. K., and Fung, A. K. 1981, 1982, 1986. *Microwave Remote Sensing. Active and Passive* (in three volumes), Advanced Book Program, Reading and Artech House, Norwood, MA.

Voronovich, A. 1999. *Wave Scattering from Rough Surfaces (Springer Series on Wave Phenomena)*, 2nd edition. Springer, Berlin, Heidelberg.

Woodhouse, I. H. 2005. *Introduction to Microwave Remote Sensing*. CRC Press, Boca Raton, FL.

第**2**章

海洋现象

2.1 引言

当前,人们对使用主动/被动微波遥感技术获得更好的海洋观测效果有相当大的兴趣。为了从收集到的微波数据中提取地球物理信息,不仅需要了解海洋表面电磁波散射与辐射传播的机理,还要了解在空气—海洋界面中发生的地球物理过程和现象。关于物理海洋学和流体力学,已有若干本著作(Lamb,1932;Kitaigorodskii,1973;Phillips,1980;Craik 1985;Apel,1987;Kraus,Businger,1994;Miropol'sky,2001;Janssen,2009)提供了全面和必要的信息。

本章的目的是为读者提供一个关于主要海洋现象和流体动力学的初步知识基础,这些知识与微波遥感数据形成与变化相关,其重点是指通过采用被动(和主动)微波传感器可能观察到的过程和事件。下面选择提供的材料也适用于有兴趣进行涉及微波和其他遥感测量的复杂流体力学研究的研究人员和专家。

2.2 海洋大气界面结构

图2.1最初是由加利福尼亚州伍兹霍尔海洋学研究所(Woods Hole Oceano-graphic Institution)绘制。本书对该图进行了更新,赋予更多的细节,展示了海洋中对微波诊断很重要的一些现象。仔细观察这张照片后,可以很清楚地发现,对现实世界中海洋环境的完整描述是一项非常具有挑战性的任务,这可能无法用传统的理论和/或分析方法来解决。

简而言之,海洋-大气界面的结构可以分为三类:近海面上层海洋层、界面本身和大气边界层。近海面上层海洋层的特点是温盐细微结构、双扩散对流、环

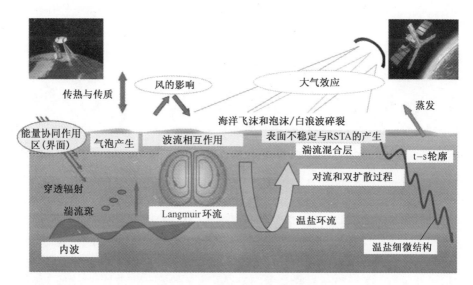

图 2.1 微波遥感下的海洋环境

(图片基于加利福利亚伍兹霍尔海洋研究所 JayneDoucette 所提供的插图),左上角图片:NASA 水瓶座
(Aquarius satellite)海洋观测卫星;右上角图片:ESA 土壤湿度与海水盐度卫星(SMOS)

流、内波运动和湍流。近海面大气边界层(在海洋表面以上,高度约 10m)的特征在于湍流通量、分层和稳定性。

由于大多数遥感观测都是提供统计和平均数据,卫星科学家–海洋学家通常采用半经验模型和近似方法来研究海洋表面大尺度动力学特性、风生波、通量和边界层参数。

除了这种全球地球物理解释之外,作者还认同这个假设:来自海洋表面的微波响应可以由许多单独的结构和动态因素以及局部过程来定义。因此,作者认为,海洋–大气界面应该被描述为一个具有大量分布式水文物理参数和多重互连特征的随机多尺度动态系统。

图 2.1 所示的海洋与大气之间的界线具有更加复杂和模糊不清的内部结构。该界面包括有机和无机表面活性剂的微表层、湍流混合宏观层以及多尺度几何和体积不均匀性,最终是表面波以及泡沫/白浪覆盖物。这些几何和体积不均匀性对微波辐射测量产生了显著的影响。

海洋–大气界面更易被理解的“遥感”定义可以通过可变结构、构型和厚度的电动力学分层过渡层来形成。对这种复合界面层进行适当和精确的微波分析将需要更详细的调查并了解整个系统各个组成部分的不同参数,而不是基于统计的平均特征。此外,为了建立有效的微波观测(探测)技术,还必须全面研究不同条件下海洋表面(背景)的“行为”。下面考虑与这个问题有关的主要流体

9

动力学因素和过程。

2.3 表面波分类

由于几何形态和时空尺度的影响,海洋表面波呈强多样化特征。因此,可以使用两种方法来描述它们。第一种是确定性的方法,它是基于流体动力学基本理论的应用,描述了在深水或浅水中的规则线性或非线性波的外形轮廓(形状)。第二种是统计性的方法,它与不同波分量之间能量分布的概率规律有关,在这种情况下,假设波面高程在空间和时间上随机波动,并且可以将它描述为大量表面谐波的统计集合。

将两种方法统一起来更准确的方法是将其与流体动力学和能量平衡方程的数值解相关联。数值方法最重要的结果是定义二维和三维非线性表面波的数值轮廓,以及它们在空间和时间上直至破裂时刻的演变模拟,还可以研究由于相互作用引起的重力波分岔现象,并建立不稳定的判据。

在流体动力学中,稳态和非稳态表面波是有区别的。在空间和时间上不改变其属性的波为稳态波,否则就为非稳态波。此外,周期性线性和非线性稳态表面波是分开的(表2.1)。

有限振幅的表面重力波(斯托克斯波)是一种重要的类型。相对于小周期性干扰(Benjamin-Feir 调制不稳定性),这些波是不稳定的。对于深水中一维和二维表面非线性重力波的不稳定性、演化和分岔效应已经得到了详细研究(Zakharov,1968;Yuen,Lake,1982;Craik 1985;Su,1987;Su,Green,1984)。

表 2.1　稳态表面波分类(按理论进行分类)

表面波类型	作　　者
1. 线性周期波	Nekrassov (1951)
2. 余摆线波	Gerstner (1802)
3. 有限振幅的非线性周期波	Stokes (1847)
4. 重力孤立波(孤子)	Boussinesq (1890)
5. 线性周期性毛细波	Sekerzh-Zenkovich (1972)
6. 非线性周期性毛细波	Crapper (1957)
7. 孤立毛细波(孤立子)	Monin (1986)

来源:Cherny I. V. and Raizer V. Yu *Passive Microwave Remote Sensing of Oceans*. 195P. 1998. Copyright Wiley-VCH Verlag GmbH & Co. kGaA. Reproduced with Permission.

浅水区弱非线性波可由 Korteweg-de Vries 方程(1895)来描述,该方程的解是周期性的孤立波(孤立子)。基于非线性 Kadomtsev-Petviashvilli 和 Schrodinger 方程,已经从理论上证明了浅水区重力-毛细孤立波的存在。

毛细波或波纹在本质上是非线性的,毛细波的理论轮廓具有复杂而模糊的几何形式。海洋中短毛细波具有很强的非定常性,虽然它们不是经典流体动力学意义上的规则波,但它们可以用高陡峭度表面脉冲型扰动的随机场来表示。

最后,我们提出一种被称为"湍流粗糙度"或微尺度表面湍流的类别,它代表小尺度、随机分布在表面起伏扰动上的非稳定场。这种扰动是在边界层湍流、微破裂过程、海洋表面附近风的局部变化、强(亚)表面洋流的影响下发生的,或者是水滴(来自飞沫或雨水)与海洋表面相互作用的结果。在观测表面活性膜性质、海洋表面温度和盐度的局部变化或湍流尾迹时,不能忽略湍流粗糙度对海洋微波辐射的影响。

2.4　风浪的产生与统计

风力产生表面波的综合效应是遥感中要考虑的主要环境因素,应仔细研究。风浪代表了多尺度动态几何扰动,主要是通过多个级联过程随机产生的。有时,可以将环境风浪和其他可能的(诱导)表面扰动分开,因为它们的产生机制和几何特性有差异,但是通过光谱和统计特征很难区分它们。因此,对海洋表面波浪的整体系统、尺度、演化和动力学进行充分的流体动力学描述和建模,在许多应用中仍然受到极大的关注。

2.4.1　产生机制

众所周知的表面波产生机制如下:
(1) 表面风应力。
(2) 局部风切变所形成的 Kelvin-Helmholtz 不稳定性。
(3) 由风廓线匹配层的影响所带来的 Miles 切变不稳定性。
(4) 当波传播速度和风速相同时,重力波的非线性相互作用产生共振机制(Phillips,1980)。
(5) 在风驱动海水产生波-波相互作用位置的弱湍流理论(Zakharov, Zaslavskii,1982)。

在过去的若干年中,确定性表面重力-毛细波的慢色散和非线性方法已被提出。利用该理论,有人对 Korteweg-de Vries 方程的新解即关于孤子的动力学特性及其相互作用(Craik,1985)进行了深入研究。

表面波产生的另一种机制是非线性的波-波相互作用。用于表面波统计系综的运动学理论描述了该相互作用的动力学特性(Hasselman,1962)。这一理论也描述了海洋中波数谱的形成。该理论的一个重要应用是考虑表面波-流的相互作用。具体地说,由内波引起的表面海流对重力-毛细波的阻塞效应已得到证明(2.4.7 节)。因此,表面波数谱在分米级表面波长区间内会发生强烈变化(Basovich,Talanov,1977)。

在线性理论的情况下,表面波沿海流传播时其振幅减小,但表面波沿海流反向传播时其振幅增大,可以利用雷达观测方法同时记录波能量谱密度的增加和减少,其中一个例子是表面波在海洋内波中的水平不均匀洋流上传播。该理论解释了发生异常粗糙的影响,如表面平滑、海面带斑和"离岸流"。

2.4.2　统计描述和波数谱

统计描述是基于波能量平均谱密度变化的积分信息,这种变化仅是由风速的缓慢变化以及气流和海洋表面的相互作用引起的。此外,海洋中的波浪场是一种多尺度非线性动力系统,具有很大自由度,共振与非共振波群存在于这样的系统中。

从一般的理论出发,波-波相互作用使得系统发生了稳定的空间演化。但在特定条件下,共振的波-波相互作用会产生不同的流体动力学不稳定性,随着时间的推移会导致混乱的表面波运动。为了预测和模拟这种动态波系统在空间和时间上的行为,采用基于谱的数学公式。

在广泛的空间频率范围内,用于描述海洋表面二维波数谱的准确的、通用的数学公式并不存在。当前已有一些可用于遥感研究的、海洋表面波谱的经验和理论近似表达式(Phillips,1980;Pierson,Moskowitz,1964;Mitsuyasu,Honda,1974;Leikin,Rosenberg,1980;Mitsuyasu,Honda,1982;Keller,1985;Merzi,Graft,1985;Phillips,Hasselmann,1986;Donelan,Pierson,1987;Komen,et al.,1996;Engelbrecht,1997;Young,1999;Mitsuyasu,2002;Lavrenov,2003;Janssen,2009;Kinsman,2012)。根据这些公式和其他数据,全波数谱的能量可以分成下列五个波谱区域。

(1)较大能量载体的准线性重力波区域(Pierson-Moskowitz 谱)

$$F_1(K) = 4.05 \cdot 10^{-3} K^{-3} \exp\left\{\frac{-0.74 g^2}{[V^4(u_*) K^2]}\right\} \tag{2.1}$$

波谱:$0 < K < K_1 = K_2 u_{*m}^2 / u_*^2$。

式中：V 为 19.5m 高度处的风速(m/s)；$u_* = \sqrt{C_n V^2}$ 为摩擦速度(cm/s)；$C_n = (9.4 \cdot 10^{-4} V + 1.09) \cdot 10^{-3}$ 为气动阻力系数；$u_{*m} = 12\text{cm/s}$。

　　(2) 非线性短重力波区域：

$$F_2(K) = 4.05 \cdot 10^{-3} K_1^{-1/2} K^{-5/2} \qquad (2.2)$$

波谱区：$K_1 < K < K_2 \approx 0.359\text{cm}^{-1}$。

　　(3) 动力平衡交换区：

$$F_3(K) = 4.05 \cdot 10^{-3} D(u_*) K_3^{-\rho} K^{-3+\rho} \qquad (2.3)$$

式中：$\rho = \lg[u_{*m} D(u_*) / u_*] / \lg(K_3 / K_2)$；$K_2 < K < K_3 \approx 0.942\text{cm}^{-1}$。

　　这里，采用 Pierson 和 Stacy 近似，则有

$$D(u_*) = (1.247 + 0.0268 u_* + 6.03 \cdot 10^{-5} u_*^2)^2 \qquad (2.4)$$

或者采用 Mitsuyasu 和 Honda 近似，则有

$$D(u_*) = 1.0 \cdot 10^{-3} u_*^{9/4} \qquad (2.5)$$

另一种形式是：

$$F_3(K) = F_4(K_3) \left(\frac{K}{K_3}\right)^q \qquad (2.6)$$

式中：$K_2 < K < K_3 \approx 0.942\,\text{cm}^{-1}$；$q = \dfrac{\lg[F_2(K_2) / F_4(K_3)]}{\lg(K_2 / K_3)}$，这里 $F_4(K_3)$ 对应式(2.7)。

　　(4) 有限重力-毛细波 Phillips 谱的平衡区：

$$F_4(K) = 4.05 \cdot 10^{-3} D(u_*) K^{-3} \qquad (K_3 < K < K_v) \qquad (2.7)$$

$$K_v = 0.5756 u_*^{1/2} [D(u_*)]^{-1/6} K_m$$

$$K_m = \left(\frac{\rho_w g}{\gamma_0}\right)^{1/2} \cong 3.63\text{cm}^{-1}$$

式中：g 为重力加速度；ρ_w 为水的密度；γ_0 为表面张力系数。

　　另一种形式为

$$F_4(K) = 0.875 (2\pi)^{\rho_1 - 1} \frac{g + 3g K^2/13.1769}{(gK + g K^3 13.1769)^{(\rho_1+1)/2}} \qquad (2.8)$$

式中：$K_3 < K < K_4$；$\rho_1 = 5.0 - \lg u_*$。

　　这里 K_4 由下列方程定义：

$$F_4(K_4) = F_5(K_4) \qquad (2.9)$$

　　(5) 毛细波和弱湍流区域：

$$F_5(K) = 1.479 \cdot 10^{-4} u_*^3 K_m^6 K^{-9} \qquad (2.10)$$

$$K_v < K < \infty$$

使用式(2.1)~式(2.10)计算得到的全波数谱 $F(K,V)$ 如图 2.2 所示,波谱可用风速(V)来参数化表示。

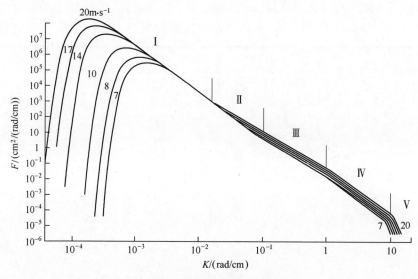

图 2.2　不同条件下的波数谱

根据式(2.1)~式(2.10)将五个频段整合在一起。风速是从 7~20m/s。

(Cherny I. V. ,Raizer V. Yu. *Passive Microwave Remote Sensing of Oceans*. P195,

版权归属 Wiley-VCH Verlag GmbH & Co. KGaA,授权使用该图片)

在较广的频段范围内,有更多与风产生表面波相关的波谱模型和近似表达式(Huang, et al. , 1981；Glasman, 1991a, b；Apel, 1994；Romeiser, et al. , 1997；Kudryavtsev, et al. ,1999；Hwang, et al. ,2000a, b；Plant, 2015)。众多研究者所参考波谱模型(Elfouhaily et al. ,1997)都是假定对偏振雷达观测数据的最优拟合。Elfouhaily 波谱基于海面的流体动力学特性,描述了从 Cox-Munk 斜率分布(Cox,Munk,1954)所获得的与风的相关性。

图 2.3 给出了基于 Zakharov 理论(Badulin, et al. ,2005)计算出来的自相似波谱。这个波谱是基于能量平衡方程数值解来定义的,它是进一步开展遥感研究所需的最合适的基于物理学的动态波谱理论模型。

2.4.3　表面动力学:理论要素

大气和海洋动力学的基本描述是基于 Navier-Stokes 方程:

$$\frac{\partial V}{\partial t} + (V \cdot \nabla)V = -\frac{1}{\rho}\nabla P + \upsilon_0 \nabla^2 V + F \tag{2.11}$$

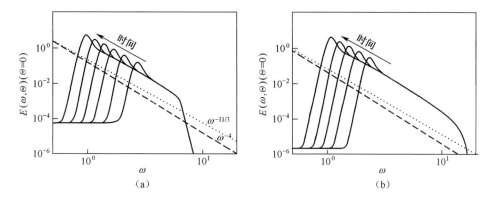

图 2.3　基于 Zakharov 理论自相似波谱的无量纲频率与无量纲能量谱密度关系曲线
若干小时内频谱的时间演变如箭头所示。指数渐近线:(虚线)"-4"和(点线)"-11/3",
风速:(a)10m/s 和(b)20m/s(改编自 Badulin,S. I. ,et al. ,2005,*Nonlinear Processes in
Geophysics*,12:891-945)。

$$\nabla \cdot V = 0$$

式中:V 为速度矢量;P 为在每点 r 瞬时 t 的压力矢量;ρ_t 为流体密度;v_0 为运动黏度;F 是力项(重力,搅拌项),一般考虑固体边界或自由表面和流体边界。因此,在通常情况下,在式(2.11)中引入非线性运动学和动力学边界条件。

对非线性方程式(2.11)的研究表明,可以找到两种主要类型的解——稳定解和不稳定解。在经典的理解中,这意味着"实际的运动不仅必须满足流体动力学方程,而且必须保持稳定,也即在实际条件中不可避免产生的扰动必须随时间的流逝而消失"(Monin,Yaglom,2007)。很显然,这样的假定对初始介质参数与方程的非线性度的关系施加了严格的限制。通常,将雷诺数 $Re = U_0 L / v_0$ (其中,U_0 为特征速度,L 为特征尺度,v_0 为运动黏度)作为稳定性的主要判据。临界雷诺数 Re_C 的值决定了运动状态是否稳定。如果 $Re < Re_{C'}$,该状态是稳定的,如果 $Re > Re_{C'}$,该状态是不稳定的。同时,该准则也用于估计 Navier-Stokes 方程中非线性项和耗散项的比值。

在波-波和波-流相互作用的常见情况下,波动能量的谱密度的演变通过动力学方程来描述(Hasselman,1962):

$$\frac{\partial N}{\partial t} + (U + C_g)\ \nabla N = I_{in} + I_{n1} + I_{ds} \tag{2.12}$$

式中:$N(K,r,t) = \rho \omega_0 / |K| S(K,r,t)$ 为能量谱密度;C_g 为当地波群速度;U 为海流速度矢量;$S(K,r,t)$ 为二维波数谱。

该过程由方程式(2.12)右边的净源函数 $I_s = I_{in} + I_{nl} + I_{ds}$ 描述,它对作用谱密度进行修正。这个源函数表示为三个项的和:从风到波浪的能量通量 I_{in}、由

15

非线性共振波-波相互作用引起的能量通量 I_{nl}、由于波浪破碎和其他耗散过程导致的能量损失 I_{ds}。在如由内部波包引起的不均匀海洋表面流场的情况下,表面波的色散关系可写为

$$\omega(K,r,t) = \omega_0(K,r) + KU \qquad (2.13)$$

式中:$\omega_0(K,r)$ 为初始(非扰动)表面波的色散项。

与任一流体动力学过程(如内波或表面海流)相关的扰动谱函数可以描述如下:

$$f(K,r,t) = \frac{S_f(K,r,t) - S(K)}{S(K)} \qquad (2.14)$$

式中:$S(K)$ 为初始(未扰动)波数谱。

从原则上来说,在式(2.11)~式(2.14)的基础上可以计算扰动谱 $S_f(K,r,t)$,并将其作为海洋微波模型和应用的输入参数。这种方法已用于 JOWIP 和 SAR-SEX 野外试验(Gasparovic,et al.,1988;Thompson et al.,1988)对表面波和内波的雷达信号的定量分析。很明显,类似的描述可能也适用于微波辐射测量信号的解释,该信号与表面粗糙度扰动的影响有关。

许多作者对能量平衡方程进行了分析(Phillips,1980;Zakharov,Zaslavskii,1982;Zaslavskiy,1996),特别研究了内波场中表面调制和表面波-流相互作用的问题。然而,当式(2.12)中的源函数 $I_{ds} = 0$,或 $I_{ds} = I_{in}$,或 $I_{ds} = I_{nl}$ 时,可以仔细考虑使用一些简单的方法。此外,全动态非线性式(2.11)和式(2.12)的通用特征允许从数值上模拟不同的海洋场景和情景,包括动态表面波结构和不稳定性的产生。

2.4.4 表面波-波相互作用与表征

非线性波-波相互作用可分为弱和强两种类型。对于具有相对较小斜率的有限振幅的表面波,第一类同步相互作用是一阶非线性效应。非线性导致波动特性在空间和时间上发生缓慢变化,并产生微小的扰动。这个过程的特点是长时间的相互作用。第二种类型的特点是相互作用的时间和空间尺度小。在这种情况下,不同类型的不稳定性提前发生。例如,强烈的相互作用导致波浪破碎现象。

对于一组三列表面波的二阶共振相互作用,必须同时满足以下同步条件:

$$K_1 = K_2 + K_3, \ \omega_1 = \omega_2 + \omega_3, \ \omega = (gK)^{1/2} \qquad (2.15)$$

式中:K 和 ω 分别为波数和波的频率。式(2.15)没有非平凡解,但是在该阶不会出现共振,只能观测到波剖面的扰动影响(Phillips,1980)。

二阶和三阶的三个波分量 (K_1,K_2,K_3) 相互作用产生了有运算的分量 $(K_1 \pm$

$K_2 \pm K_3$），对于一组四列表面波的共振，同步条件必须满足或近似满足

$$K_1 \pm K_2 \pm K_3 \pm K_4 = 0，\omega_1 \pm \omega_2 \pm \omega_3 \pm \omega_4 = 0，\omega = (gK)^{1/2}$$

(2. 16)

对于四波相互作用，式(2. 16)存在非平凡解：

$$K_1 + K_2 = K_3 + K_4，\omega_1 + \omega_2 = \omega_3 + \omega_4，\omega = (gK)^{1/2} \qquad (2. 17)$$

该方案描述了深水中弱非线性表面重力波的四波相互作用(Zakharov，1968)。这种相互作用机制导致了时空谱中的能量转移，并影响其在风浪产生条件下的扩展(Hasselman，1962)。

当两个主波数重合（$K_3 = K_4$）时，四波相互作用模型存在一个重要且特殊的情况，共振条件式(2. 17)可以改为

$$K_1 + K_2 = 2K_3，\omega_1 + \omega_2 = 2\omega_3 \qquad (2. 18)$$

当波数矢量 K_1 与 K_2 正交时，在实验室里对这些条件进行测试和实验研究(Phillips，1980)。但在开放式的海洋条件下，表面波的若干系统严格满足共振条件是不可能的。利用卫星、机载雷达和光学遥感数据，研究了弱非线性重力波之间非稳态和非相干相互作用导致的准同步现象(Beal，et al. ，1983；Grushin，et al. ，1986；Volyak，et al. ，1987；Raizer，et al. ，1990；Raizer，1994；Voliak，2002)。

在海洋环境中，当满足下列条件时，有可能观测到准共振波分量：

$$K_1 + K_2 = K_3 + K_4 - \Delta K$$

或者有

$$K_1 + K_2 = 2K_3 - \Delta K，或 2K_1 - K_2 = K_3 + \Delta K \qquad (2. 19)$$

式中：ΔK 为相位失配量，相位失配的值可以表征相互作用波的群体结构，并依赖于波生成系统的非平稳或不均匀程度。

1976—1978 年，利用在 2. 25cm 波长工作的机载侧视雷达"Toros"对海面大尺度波—波相互作用现象进行早期的遥感研究。自 1981 年以来，雷达成像和航空摄影方法已同时应用于研究风致重力波的波群结构和表面非线性波波相互作用的动力学特性(Grushin，et al. ，1986；Raizer，et al. ，1990；Voliak，2002)。

在相干或数字处理器中对雷达和光学图像进行标准谐波二维分析，可以得到关于波分量的空间谱和角分布信息，也可以使用数字傅里叶变换将接近光谱最大值区域内的空间频率(如波数矢量)高精确度地分离出来。因此，可以测试波数矢量的不同方向，例如，如果任何波分量之间存在同步性，则可以将结果识别为非线性波-波相互作用。然而，由于相互作用的表面波不是单色的，通常不会观察到严格满足的同步现象。

从雷达图像和航空摄影中可以清楚地看到，有若干个表面波系统以不同的角度取向。数字二维傅里叶分析是为了精确测量波数矢量。此外，低频滤波和

空间平均的方法可用于精确测定大尺度的波分量。

图2.4给出了在频谱分析后机载雷达图像中记录的波-波相互作用的第一个例子(Volyak et al.，1985，1987)。三波系统表现为：两个基本波和一个以约30°角定向的第三个附加波系统。波数矢量图 K_{10}（附加系统）、K_{20} 和 K_{30}（两个基本系统）说明了它们的空间分布。一个简单的测试表明，四波相互作用方案是满足的：

$$\sqrt{|K_{20}|} + \sqrt{|K_{30}|} = 2\sqrt{|K_{10}|} \qquad (2.20)$$

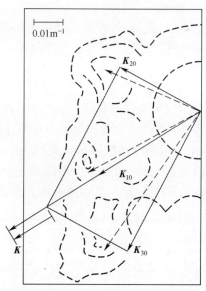

图2.4 基于雷达的实验波数矢量图对应四波相互作用方案

虚线箭头：来自直接分析的数据；实线箭头：校正值。点划线完成空间同步平行四边形 $K = 2K_{10} - K_{20} - K_{30}$。

获得波数(或波长)和角度的下列值：$|K_{10}| = 0.033\text{m}^{-1}(\Lambda = 190\text{m})$，$\alpha = 33°$；$|K_{20}| = 0.045\text{m}^{-1}(\Lambda = 140\text{m})$，$\alpha = 62°$；$|K_{30}| = 0.025\text{m}^{-1}(\Lambda = 250\text{m})$，$\alpha = -29°$。波矢量失配值的模 $|K| = 0.013\text{m}^{-1}$，在这种情况下，随机调制表面波的"准同步"三波相互作用得到了证明。

另一个例子涉及从 SEASAT 合成孔径雷达(SAR)图像中获得的实验数据(Beal，et al.，1983)。尽管雷达图像具有掩盖了波系统的清晰散斑结构，但仍可

以计算出大量原始图像光谱并用于测试波-波相互作用。具体说来,它已被
Volyak 等人(1987)证实:表面波结构的"空间同步几何构型"满足波数矢量和模
不同组合的四波相互作用方案,即式(2.19)。波矢量在空间中的分布取决于海
洋表面状况。这一事实对于在海洋表面的主动/被动和光学观测中的探测对象
非常重要。

非线性波-波相互作用也可以使用海洋表面的高分辨率光学(在可见光范
围内)图像进行研究。特别地,我们的机载光学数据(1985—1992 年获得的)使
我们能够根据式(2.19)在非平稳海洋表面条件下开发不同的四波相互作用方
案。例如,在强风浪区,空间谱的演变伴随着波分量(波长 $\Lambda = 20 \sim 40\mathrm{m}$)的重
新分布,对大量高分辨率光学数据进行更详细的数字分析,结果表明,波-波相
互作用也可以在短重力波($\Lambda = 3 \sim 5\mathrm{m}$)的区域内进行测量。

最后,根据不同的空间分辨率和互换而产生的雷达/光学遥感观测结果,可
以得到关于二维甚至三维波系统动力学和非线性相互作用引起的扰动的独特信
息。大尺度重力波调制也可以通过组合的雷达/光学遥感数据以较好的精度识
别出来。

2.4.5　弱湍流理论

了解海洋湍流及其表面现象对于发展先进的遥感技术和非声学探测方法至
关重要。这种现象非常复杂,多年来许多研究人员一直对其进行研究。理论和
实验数据可以在若干著作及其相应的参考章节中找到,例如(Monin,Ozmidov,
1985;Thorpe,2005)。湍流理论的一些要素对于所谓的湍流尾迹及其与风浪的
相互作用也很重要(Benilov,1973,1991)。

海洋表面湍流可以分为两种类型:弱湍流和强湍流。弱湍流通常与深水中
重力表面波的动力学特性有关,而强湍流则是由波浪破碎活动而产生的。在非
线性波-波相互作用、强海流、调制不稳定性和/或局部水动力扰动的影响下,弱
湍流和强湍流都有可能出现。

弱湍流理论是基于空间波谱或波动作用的谱密度的动力学方程解。如果色
散定律是非衰减类型(如表面引力波),则该方程解释了四波共振相互作用;如
果色散定律是衰减型(如毛细波),则该方程解释了三波相互作用。如果波场是
统计各向同性的,那么这些方程就称为 Kolmogorov 谱的幂律形式的精确平稳解
(Monin,Yaglom,2007)。

对于表面重力波,波能的谱密度存在两个解。第一个解是:

$$F(K) = \alpha q g^{-1/2} q^{1/3} K^{-7/2} \qquad (2.21)$$

式中:q 为沿光谱的能量通量;α 为无量纲常数,第二个解是:

$$F(K) = \alpha q p^{1/3} K^{-10/3} \qquad (2.22)$$

式中：p 为沿光谱的作用通量，已经使用海洋学（原位）测量和一些遥感数据对这些光谱进行了多次测量。

在毛细波的情况下，只有波-波共振三重波，对应的 Kolmogorov 谱为

$$F(K) = \frac{3}{2}\alpha\sigma q^{1/2}\sigma^{1/4}K^{-11/4} \qquad (2.23)$$

式中：σ 为表面张力系数。注意式（2.21）~式（2.23）中指数的幅值均小于"4"（符合 Phillips 平衡谱）。

值得注意的是，最简形式的弱湍流理论不能解释静止海面条件下波能的窄角分布。在此基础上，人们从理论上研究了波场与非势平均表面海流的相互作用。研究发现，在剪切海流的作用下，表面波的空间散射引起的重力波的角谱较窄。但是，海洋中角波谱的形成机制尚未得到充分研究，需要进一步研究。

2.4.6 海洋中的流动不稳定性

通过对非线性波动力学的理解，流体流动理论的研究取得了很大的进展。特别是，科研工作者们已经研究并描述了多个波相互作用、二次调制不稳定性和放大机制在产生完全发展的湍流和间歇性的相干流体动力学结构的过程中的作用（Moiseev，Sagdeev，1986；Moiseev，et al.，1999；Charru，2011）。在现实世界中，强的表面不稳定性的一个典型例子便是所谓的 suloy（这是一个俄语单词）或英文术语——离岸流（Barenblatt，et al.，1985，1986a，b；Fedorov，Ginsburg，1992）。

不稳定性在海洋边界层动力学中起着重要作用，通过表面波谱的变化来实现波浪运动向湍流的过渡。由于表面的不稳定性，波能的重新分配通过多个级联自发地发生，为此可能导致某些波分量的激发或抑制。从理论上讲，这意味着相应的电磁（微波）响应也会发生变化。虽然很难利用被动微波辐射计记录波数频谱中的窄带短期变换特征数据，但是在某些特定情况下，它可以检测和识别微波信号的平均偏差。

流体动力学的不稳定性已得到广泛研究（Faber，1995；Grue，et al.，1996；Riahi，1996；Drazin，2002；Manneville，2010；Charru，2011；Yaglom，Frisch，2012）。在流体动力学中，经常使用下列的不稳定性分类：①如果在临界失稳参数的影响下，基本的流动状态转变为另一种状态，则可能会发生初级不稳定；②由于初级不稳定状态已经改变了流动状态，并且由于临界不稳定性参数的影响而再次改变，所以发生二次不稳定；③三次不稳定是初级和次级不稳定连续作用的结果。

与此同时，在现实世界中已经观测到许多著名的流体动力不稳定性类型（Faber，1995），它们是：

（1）Kelvin-Helmholtz 不稳定性：位于两种以不同速度流动的流体界面上。

（2）Rayleigh-Taylor 不稳定性：位于两种不同密度的流体界面上。

（3）Benjamin-Feir 不稳定性：或为水面上非线性 Stokes 波的调制不稳定性。

（4）Taylor-Couette 不稳定性：与对流卷、涡旋和/或螺旋涡流相关。

（5）Benard 不稳定性：发生在多种海洋-大气对流中。

（6）Baroclinic 不稳定性：发生在分层剪切流中。

分析形成从小尺度到大尺度的非线性能量抽运的二次不稳定过程，对于等离子体和流体动力学研究具有实际意义（Moiseev，et al.，1999；Rahman，2005）。在这种情况下，流体动力学系统（如剪切流动）在从一种状态到另一种状态的转捩过程中会出现自相似性。从理论和实验中可以得知，二次不稳定性是一种可能的波生成机制，可以触发和放大表面波谱中的某些谐波（Craik，1985）。在多参数和非平衡动力系统的非线性相互作用中，如海洋上层的分层湍流中，自相似的生长过程和/或异常运动可能发生并在空间和时间上进行演化。如果采用基于分形的方法对所收集到的数据进行处理，则可以通过微波辐射计探测自相似流体动力学结构的表面现象。

对于二次不稳定性非自发形成的系统，在稳定阈值（或其附近）处出现极其有趣的现象。例如，对于有强流动、若干个物理参数梯度、强剪切流和其他"关键"运动的海洋区域，出现这种现象是非常典型的。由于非线性演化，初级不稳定性出现了饱和。但是背景流动和物理参数梯度通常不会消失，只有当运动低于稳定阈值时，它们才会改变。事实证明，如果某种外部作用或扰动进入这样一个不稳定的系统，其能量可能会显著增加。

近年来，对具有不连续剖面的分层剪切流中"爆裂"型表面波的共振相互作用的研究，获得了研究者很大的关注（Craik，1985）。这种"爆裂"型不稳定性解释了在分层平均流存在时海洋中湍流斑点的形成。其最大的兴趣点在于最小"爆裂"时间的进程。在湍流的剪切流中，这种快速增长"爆裂"解的存在可能性并不明显，但是已经通过使用 Navier-Stokes 方程的数值研究（Knobloch 和 Moehlis，2000；Jiménez，2015）对其进行预测。

理论上，考虑两种不同密度的理想不可压缩流体的半无限层的运动。下层液体的密度大于上层液体的密度，表面张力作用于界面。在这种情况下，无穷小周期扰动的色散方程分为两个区域：增长区域和中性稳定扰动区域。

一维情形应考虑的一个重要特征是，"边界"模式实际上是零能量波。波数 K_1 和 K_2 有两种边界模式。它们之间也有一个同步：$K_2 = 2K_1$。这两种模式之间发生共振相互作用。三维几何的情况（在沿着垂直坐标的具有模式结构的界面平面中的二维相互作用）具有不同的特征。

　　具有零能量波的边界模式的一个重要特征是波相互作用的时间变化。结果表明,慢变波幅的非线性方程描述了空间均匀情况下的波-波相互作用,并产生了"突发"型自相似解。在该解中,波的振幅与 $A \sim (t-t_0)^{-2}$ 成比例增长,其中 t_0 是"突发"的时间。重要的是,在接近阈值的"爆裂"情况下,"爆裂"时间与小参数的平方根(而不是像通常"爆裂"情况下的一次方)成反比。在速度和密度剖面为不连续的分层剪切流中,内波的共振相互作用(当这些波为边界模式时)与上文讨论的速度和密度剖面为不连续流中的边界模式相互作用具有相同的特征。这是有限幅度的常规信号在稳定性阈值处与介质相互作用的行为,这些都是假设湍流没有得到充分发展时的信号放大情况。

　　然而,众所周知,湍流可以放大大尺度运动。因此,对大尺度内波不稳定性的分析是一个重要的示例,这种不稳定性是一个参数接近湍流起始阈值的剪切流。可以看到由于湍流的动量通量和浮力所引起的湍流波动不稳定性。随着波能的增加,湍流能量密度中相应的可变分量也增加。进一步的分析表明,不稳定条件是非常适中的:从本质上说,唯一的要求是沿着分层方向的波扰动的特征长度和垂直于它的波扰动的特征长度是可比的。该过程有一个阈值,并设为 $A > A_n$,其中 A_n 取决于内波的局部 Richardson 数和模式结构。不稳定发展的特征时间为 $\tau > 1/\Omega$,其中 $\Omega = K(C_f - U)$, K 是垂直于分层方向的扰动的波数, C_f 是相速度, U 是无扰流速度。由于湍流通量对波的影响,其幅度随时间的变化很小。湍流波动不稳定的增长时间不可能非常接近 $1/\Omega$ 。

　　另一种类型的不稳定性一般称为二次耗散不稳定性(Moiseev,Sagdeev,1986;Herbert,1988),它是直接产生低频流体动力不稳定性的一种有趣的可能机制。二次不稳定过程导致对动力系统对称性的自发破坏。例如,二次不稳定性将初始一维过程"转移"到二维过程。因此,海洋-大气界面对流过程的初始阶段导致了垂直和水平尺度相当的细胞的产生,以及简单的拓扑结构。然而,湍流波动场(由对流本身产生或者由于某种其他原因产生)变成旋转回归线状。当考虑海洋-大气界面中的这种湍流时,对流过程的第二阶段就会出现——产生大尺度结构,其水平尺度明显大于垂直尺度,并且具有特殊的流线型。

　　Moiseev 和 Sagdeev(1986)的论文试图简要地说明:"在一个复杂系统中自发的规则行为是该系统中某种类型不稳定性发展的结果,与外部组织场的影响无关。"混沌形成及其结构的特征主要依赖于二次不稳定性的唯一性。因此,由于风浪与高度动态和局部湍流环境(可能是尾流)之间的非线性相互作用,在海洋表面粗糙度场中可能会出现二维类相干结构。这种复杂的流体动力学事件可以作为可变几何的明显特征,通过高分辨率被动微波辐射计-成像仪来探测(第6章)。

总的说来,不稳定诱导的放大机制可能触发波数谱在高频空间区间内的多重激发。可能的原因与以下过程相关:

(1) 长−短表面波和波−波共振相互作用的运动学。

(2) 表面波−流相互作用。

(3) 海洋边界层参数的振荡(风速、阻力系数、粗糙系数)。

(4) 声学作用和/或水下声学效果("参数激励")。

这些现象或联合效应的海面表现也可以通过敏感的微波辐射计进行记录。

2.4.7 表面波和内波的相互作用与表现

海洋表面波和内波相互作用的表现形式是遥感研究的一项重要任务。前人开创性的工作(Hughes and Grant,1978;Hughes,1978)描述了由内波诱发的海流对表面波的调制。通常,会考虑高频表面波与低频内波(表面波比内波短)之间相互作用的特例。这种相互作用在三波共振(Miropol'sky,2001)区域表现最强,进而产生强表面波(Phillips,1980),并且致使表面波在内波存在的情况下出现"阻塞"效应(Basovich,Talanov,1977;Basovich,1979;Bakhanov,Ostrovsky,2002)。四波相互作用在三波过程被禁止的参数区域内生效。由于自身效应(Zakharov,1968),它们首先导致表面波的调制不稳定性,并且由于表面波与内波之间的相互作用而产生额外的调制不稳定性。对于分层流体的双层模型(Petrov,1979a,b),已经考虑了这种调制不稳定性,其中内波在重质和轻质流体之间的界面处发生。因此,在离散分层的情况下,内波是一种潜在的波,具有旋涡特性,与连续分层介质的情况相反。

流体动力学理论发展的重要一步是对不同的表面波−内波相互作用方案的实验测试。海岸内波的雷达特征(Gasparovic,et al.,1988)和描述由内波诱发的海流对表面波调制的模型(Hughes,1978)是众所周知的。

Mityagina 等人于 1991 年首次利用雷达和光学数据对表面波和内波之间的五波相互作用的影响进行了试验研究。机载观测是于 20 世纪 80 年代在堪察加半岛的一个暗礁上进行的。雷达和光学图像中的亮度调制清楚地反映了一组密集的内波包的存在。试验区的条件为:风速 7m/s,温跃层深度约 27m。

对图像的初步分析表明,在低频区间内,观察到两个表面波(s)和一个内波(i)之间的三波相互作用:

$$\boldsymbol{K}_{s1} - \boldsymbol{K}_{s2} = \boldsymbol{K}_i,\ \omega(\boldsymbol{K}_{s1}) - \omega(\boldsymbol{K}_{s2}) = \omega(\boldsymbol{K}_i) \qquad (2.24)$$

(理论上不存在包括三表面波和一内波的四波共振相互作用。)

为了更详细地研究表面波−内波相互作用,针对相同海域的雷达和光学数据,应用数字傅里叶技术进行处理。因此,利用五波相互作用的共振方案对成像数据进行了分析。

$$\begin{cases} 2K_{s0} = (K_{s0} + K_{s1}) + (K_{s0} + K_{s2}) + K_i , \\ 2\omega(K_{s0}) = \omega(K_{s0} + K_{s1}) + \omega(K_{s0} + K_{s2}) + \omega(K_i) \end{cases} \tag{2.25}$$

在这种情况下,考虑四种表面波(s)和一种内波(i)分量:两个具有相同矢量 K_{s0} 的波分量与波数谱的中心最大值相对应,矢量为 $K_{s0} + K_{s1}$ 和 $K_{s0} + K_{s2}$ 的两个侧分量,以及矢量为 K_i 的内波。式(2.27)可表示为 $\Lambda_m^2 = \Lambda_s \Lambda_i$,其中 Λ_i 是内波的波长, Λ_m 是表面调制的波长, Λ_s 是初始表面波的波长($\Lambda_i = 400m$, $\Lambda_s = 42m$, $\Lambda_m = 130m$)。尚未研究出更详细的流体动力学理论,用于描述五波相互作用并给出相互作用系数、调制不稳定性特征和表面波增量的值。

值得注意的是,当一组准线性稳态内波在很长一段时间内产生时,并且风速不变其目标是为了获得理想的海洋条件。在非稳态风场中强非线性内波相互作用或海洋-大气边界层强分层的情况下,可以观察到另外一种情况。在这些条件下,内波的雷达特征具有复杂的空间非均匀结构,并且难以识别图像上的任何波-波同步现象。

1992年,美国/俄罗斯联合内波遥感试验获得了重要数据(见5.5.2节)。利用机载雷达和光学技术,研究了重力表面波与内波包之间的强相互作用。经过对大量光学和雷达数据进行数字分析后,发现光学图像的傅里叶谱具有清晰的多模结构,即多个分离的光谱分量(Etkin,et al.,1995)。被测量的波数区域对应于波长 $\Lambda_s = 5 \sim 30m$ 的表面风波,主波分量 $\Lambda_{sm} = 11 \sim 13m$ 。所表现出的不同光谱特征可能与强非线性多波相互作用有关,这种相互作用是来自由表面海流不均匀性引起的复杂调制。

在共振多波相互作用的理想情况下, n 波分量之间的同步必须满足:

$$\sum |K_n| = 0 \text{ 或 } \sum (|K_n| - |\Delta K_n|) = 0 , \sum \omega(|K_n|) = 0 \tag{2.26}$$

式中: $|\Delta K_n|$ 为相互作用的谱分量的波数失配量。然而,多重相互作用的理论(如果存在的话)似乎不太适合描述现实世界的波现象,且确定性流体动力学方程也不能预测具有大量共振相互作用模式的动态系统的行为。同时,解析理论(Krasitskii and Kozhelupova,1995)定义了五列表面重力波之间的弱非线性共振相互作用。

我们认为可以采用统计的方法描述多个非线性准共振波相互作用过程。例如,从海洋光学或雷达数据中提取的有价值的波矢量分量应满足特定的空间分布规律,这些规律与许多相关的基于物理学的交互图相关联。它们的统计表征可以使用乘积(或多重分形)级联模型,这可能适合实验图。但如果可能的话,可以指定和研究相互作用过程的主要类型,当然这项研究只能通过遥感观测来进行。

2.4.8　任意分层海洋的模型

在有限深度的连续分层海洋的理论中,有人已经提出了表面波与内波的相互作用模型,即三波相互作用过程(Rutkevich,et al.,1989)。利用重力场中不可压缩流体的欧拉方程,可以得到基本的演化抛物线方程。在这种情况下,内波的影响发生在摄动方法的第三阶中。当考虑到内波对高频表面波的调制作用时,可推导出关于表面扰动的新色散关系。对这种相互作用的最大贡献是由内波给出的,内波频率与表面波调制频率共振。色散关系可从一个抛物线非线性方程获得,该方程对应于四波相互作用过程(一个内波、两个表面波及其包络)。因此,出现衰减不稳定性和调制不稳定性。通过对这些不稳定性进行研究,找到了不同的准则。在深水情况下,不稳定性具有最明确的漂移特征;在浅水情况下,不稳定性具有最大的增量,但它是在一个狭窄的频率区域中实现的。由波-波共振相互作用引起的调制不稳定性发生在表面波传播方向与其包络线之间夹角的狭窄区域。调制不稳定性是绝对的,并引起短波包的产生。它也能以与内波相同的频率激发波崩塌或静止表面孤子出现(Moiseev,et al.,1999)。

2.4.9　双层分层和相互作用的模型

当表面波的波长小于内波的波长时,有模型(Petrov,1979a)描述了表面波和内波之间非线性相互作用的特征。考虑两层液体的模型,这两层液体可以认为是具有明显密度跃层的海洋分层模型。与任意分层海洋模型不同,该模型给出了不同类型的高频表面非线性孤子,这些孤子由内波引起的通道洋流"阻塞"。这种现象是内波场具有外部源的自作用的例子。因此,"自阻塞"的效应是显而易见的。为了研究非线性波-波相互作用,应用哈密顿变分原理。波互作用哈密顿函数以 $H = H_s + H_i + H_{is}$ 的形式表示,其中,H_s 是表面波相互作用的哈密顿函数(四波相互作用),H_i 是内波相互作用的哈密顿函数,而 H_{is} 是表面波与内波相互作用的哈密顿函数(三波相互作用)。因此,可推导出孤立表面波基本特征的解析表达式。在内波场中,短表面波的频率变化是由两种机制引起的:由于介质参数的调制而产生的频率变化,以及由于运动介质引起短波夹带而产生的多普勒频移。模型中所研究的相互作用的一个具体特征是多普勒机制的主导作用,其通过在自由表面附近的长内波引起的运动流体流动改变表面波的频率。在此,人们发现,与自由表面形变相关的频率校正的参数效应可以忽略不计。

当它们由于表面波和密度跃层振荡之间的相互作用而出现时,该理论的结果可用来研究表面波"包络孤子"的行为。在这种情况下,在表面波的非线性和界面的非线性振动导致调制增长时,就显现出调制不稳定性的影响。包络孤子的长度取决于波传播的速度。数值估计值为：$L = 400m$ 和 $A = 1 \sim 10cm$，其中，L 和 A 是包络孤子的长度和振幅。这样一个包络孤子可以长距离传播（长达 10km）。实验室和数值研究（Slunyaev, et al. , 2013）表明，形成表面包络的波包群（或孤立群）比线性波甚至非线性 Stokes 波相对稳定且快得多。

分析由于内波效应导致长表面波非线性阻尼的影响（Petrov, 1979b），对于两层海洋模型的情况，随机相位近似考虑了表面波-内波的相互作用。研究发现，在各向同性和各向异性随机内波场中传播的长相干表面波存在阻尼衰减现象。一些数值估计表明，对于自然海洋条件，在这两种情况下，阻尼衰减的值约为 $10^{-4} s^{-1}$。

这种阻尼不依赖于表面波的长度，其结果适用于任意形式的扰动。在弱非线性相互作用理论中，由于它们与随机内波的相互作用，长表面波的阻尼可以达到极限的最大值，这一点很重要。在这种情况下，从表面波-内波相互作用的时刻开始，表面波在约 1000km 距离上将衰减 e 因子。

综上所述，我们在此列举波浪流体动力学理论的若干方面内容，这些内容对遥感研究具有重要作用。

(1) 多尺度表面波的非线性相互作用。

(2) 二维和三维表面波结构的产生。

(3) 长表面波对短表面波的调制。

(4) 非均匀海流场诱导的表面波的产生和演变。

(5) 湍流对表面波的阻尼效应。

(6) 表面波不稳定性和波数谱激发效应的发展。

(7) 近海面流体动力场的非线性动力学和时空重组，包括剪切流动。

(8) 近海面海洋层温盐对流过程的发展（见 2.6 节）。

这里所展示的理论简图证明了在分层海洋中非线性波-波相互作用产生的大尺度表面波流体动力学过程（扰动）的重要作用。这些结果对海洋微波遥感研究及深入应用具有重要的价值。

2.5 波浪破碎与分散介质

波浪破碎是海洋中最丰富的非线性现象之一。由于波浪破碎及空气和水的强烈混合，各种类型的两相分散介质（如气泡、泡沫、白浪、飞沫、气溶胶及其聚合物)都出现在海洋与大气的界面,这种相变导致微波发射特性产生相当大的变化。

在本章中,我们将在微波遥感背景下讨论这些有趣事件。已有若干本著作(Bortkovskii,1987;Kraus,Businger,1994;Masse,2007;Sharkov,2007;Steele,et al.,2010;Toba,Mitsuyasu,2010;Babanin,2011;Soloviev,Lukas,2014)提供了关于海洋观测和波浪破碎场分析的更详细信息。

2.5.1　波浪破碎机理

Stokes(1847)和 Michell(1983)首次提出并完善了深水区单个波浪破碎指标,具体内容如下(Massel,2007):

(1)波峰处流体的质点速度等于相速度。

(2)波峰顶部峰尖的夹角为120°。

(3)波高与波长的比例约为1/7。

(4)波峰顶部的质点加速度为0.5g。

在现实世界中,波浪破碎过程一方面受限于能量重新分配到波谱中的平衡破坏,另一方面受限于波谱最大值范围内的风浪引起的大气激励(泵浦)。由于这种重新分配过程非常缓慢,风力产生的波浪变得不稳定并且破裂。波浪破碎过程已有大量的动力学模型和数值模拟结果(Hasselman,1974;Melville,1994;Terray,et al.,1996;Chen,et al.,1997;Makin,Kudryavtsev,1999;Banner,Morison,2010;Irisov,Voronovich,2011;Chalikov,Babanin,2012),其中大部分是基于波谱在低频段区域发生变化、导致波能被大量耗散的说法。波谱的变化可由平衡动力学方程(2.12)来描述。原则上,基于频谱的模型和解决方案适用于微波遥感,在这种情况下,一般认为波浪破碎对雷达后散射或发射的影响可以是大尺度平均。

对于波浪破碎的统计表征,Phillips(1985)引入了多尺度破碎率 $\Lambda(c)\mathrm{d}c$,它是指在速度范围 $(c,c+\Delta c)$ 内每单位面积所破裂波峰的平均长度。Phillips 的理论概念一般用于估计由于波浪破碎而产生的总能量耗散率:

$$E = b\rho g^{-1} \int c^5 \Lambda(c) \mathrm{d}c \qquad (2.27)$$

从波浪到海流的动量通量为

$$M = b\rho g^{-1} \int c^4 \Lambda(c) \mathrm{d}c \qquad (2.28)$$

以及活性白浪份数为

$$W_A = T_{\mathrm{phil}} \int c \Lambda(c) \mathrm{d}c \qquad (2.29)$$

式中:g 为重力;ρ 为水的密度;b 为数值常数或"破碎参数";T_{phil} 为 Phillips（1985 年）引入的气泡平均持续时间。

遥感测量（Phillips, et al. ,2001;Melville, Matusov, 2002;Thomson, Jessup, 2009;Callaghan, et al. ,2012;Gemmrich, et al. ,2013）证明了 $\Lambda(c)$、E、M 与波浪破碎统计之间的稳健关系。特别是,Melville 和 Matusov(2002)发现,从波浪到海流的动量通量以及波浪耗散与风速 M、$E \sim V^3$ 成正比,并受中等尺度波浪的支配。Phillips 基于 $\Lambda(c)$ 的模型也是为遥感应用而提出的并得到了应用（Reul, Chapron,2003;Irisov,2014;Irisov,Plant,2016）。总体而言,单参数白浪覆盖模型有一定的局限性（Guan, et al. ,2007）,因为它们没有描述各种泡沫/白浪特性。

影响波浪破碎过程的另一个机理涉及气流波动对海洋表面的影响。波浪破碎的强度取决于海面风的漂流和涌浪（Phillips, Banner,1974）的存在。在这个模型中,极限波高较小,估计约为 Stokes 波极限值的 1/3。

在开放的海洋中,波浪破碎过程要早于两种理论所建议的时间。在自然界中,表面海流和风速波动的影响是显著的。因此,大尺度和小尺度表面波-波相互作用的条件发生了变化,极限波的构造由海洋边界层的动力学参数决定（Kitaigorodskii,1984）。

破碎波剖面的几何形状、结构和演变如图 2.5 所示（Bunner, Peregrine, 1993）。类似于下坡表面的流动,波浪破碎区域形成两相湍流。尽管波浪破碎的流体动力学理论尚未得到充分发展,但一些理论估计值与破波过程早期阶段的实验室测量结果（Longuet-Higgins, Turner,1974;Rapp, Melville,1990）相一致。

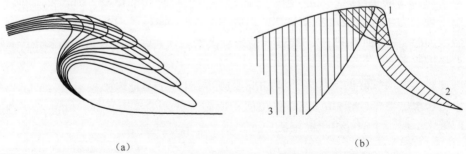

(a)   (b)

图 2.5　波形(a)和波浪破碎动力区(b)的时间演化
1—水质点的速度大于表面波的相速度;2—水质点的加速度大于重力加速度 g;
3—水质点的加速小于 $g/3$。(改编自 Bunner M. L. 和 Peregrine D. H. ,1993,
《*Annual Review of Fluid Mechanics*》,25:373-397;Cherny IV 和 Raizer V. Yu,*Passive Microwave Remote Sensing of Oceans*195 p. 1998。Copyright Wiley-VCH Verlag GmbH &Co. KGaA。经许可转载）。

在自然界中,下列类型的波浪破碎是有区别的:

（1）崩破波——波峰向前溢出，形成泡沫和湍流水流。

（2）卷破波——波峰形成壮观的开放卷曲状，有相当大的力量在推动波峰前进。

（3）滚破波——波面形成陡峭的面会随着波浪向前移动而坍塌。

（4）激散破波——长且相对较低的波浪，其前波面和波峰随着海浪上下滑动时保持相对稳定状态。

对波浪破碎的最适当的定量研究方法是基于数值 Navier-Stokes 模拟（Lin，Liu，1998；Chen，et al.，1999；Iafrati，2009；Ma，2010；Higuera，et al.，2013；Lubin，Glockner，2015）。为此，采用计算流体动力学的方法和算法。数值实验产生了令人印象深刻的结果，可能是关于一维、二维甚至三维非线性表面波的产生、传播、相互作用和演化的最有价值的结果，包括波浪破碎形状构型和模式。然而，由于波运动的随机性和多尺度性，Navier-Stokes 解和数值模拟在实际海洋环境中的应用仍然是一项艰巨的任务。

波浪破碎是导致海洋-大气系统相变的主要过程。因此，海洋表面产生的两相分散介质（气泡、飞沫、泡沫和白浪）对海-气相互作用和传质过程有着很重要的影响（Bortkovskii，1987；Melville，1996）。

海洋分散介质的分类如表 2.2 所列。它们的微观结构差异很大，使用传统的流体动力学理论很难预测其行为参数，除非采用一种常识性的说法，即它是空气和水的非均质混合物。出于分析目的，海洋分散介质更为复杂、更为现实的定义应该基于详细的自然观察和测量。事实上，整个泡沫、白浪、飞沫系统可以分成若干种类型，如图 2.6 所示。它们表现出高度可变的物理和电磁特性。可以定义最动态的分散对象（图 2.6（b）），并将其充分模拟为具有不同几何形状、尺寸、分布和聚集稳定性的具有气态和液态颗粒的两相湍流成分的分层流。这种描述在高等遥感研究中应用比仅仅采用统计或层状的空气-水混合物更为现实。

表 2.2　海洋分散介质的分类及参数

主要特性	白浪（羽流）	泡沫条纹	飞沫	气溶胶	亚表面气泡
覆盖范围/m	0.5~10	3~30	10~20（局部成云状）	>1000	>1000
层的平均厚度/m	0.01~1.0,多层	0.01~1.0,单层	0.2~1.5>1.5	0.5~10	0.01~0.05
水体积浓度/%	20~50	<5~10	0.01~0.1	<0.01	0.5~1.0
颗粒大小/cm	0.5~1.0	0.01~0.5	0.01~0.1	<0.01	<0.01
存在周期及稳定性	若干秒（不稳定）	若干分钟、若干小时(稳定)	若干秒（不稳定）	若干分钟（稳定）	若干小时(稳定)

来源：Cherny I. V. 和 Raizer V. Yu. Passive Micronave Remote Sensing Oceans，195 p，1998. 版权属于 Wiley-VCH Verlag GmbH & Co. KGaA，许可使用

(a)   (b)   (c)

图 2.6　具有不同微波特性的主要类型的海洋分散介质

(a)水动力羽流;(b)两相湍流;(c)茂密的海洋飞沫。(图片来源:(a)http://www.wallpapersxl.com/
wallpaper/1680x1050/syndicate-wave-breaking-the-free-information-society-208959.html;
(c)http://hqworld.net/gallery/details.php?image_id=5518&
sessionid=3233f4f17412bcf40f60b1358542959f)。

2.5.2　泡沫和白浪

泡沫属于一类胶体体系,包括两相状态:气相和液相。泡沫的物理状态由其稳定性和内部分散结构决定。因此,所有胶体都被认为是具有大面积空气-水界面的非均质体系,泡沫基本上不稳定。存在几秒钟的泡沫被认为是不稳定的,但泡沫存在几分钟或几小时则会被认为是稳定的。

泡沫作为分散胶体体系的结构分类如下(Bikerman,1973;Weaire,Hutzler,1999;Zitha,et al.,2000;Breward,1999):

(1) 理想球形颗粒(气泡)的单分散或多分散体系,混乱分布在液体介质中。

(2) 密集的球形气泡的连续结构。

(3) 不规则多面体形状的密集气泡的蜂窝系统。

(4) 在多面体胞元中形成的由薄液膜组成的干泡沫。

有两类海洋泡沫:动态泡沫(其寿命小于 1min)和稳态泡沫(其寿命大于 1min)。以下术语用于描述海洋泡沫的物理条件:"飞沫""白浪""薄泡沫""泡沫条纹"和"泡沫切片"。这些类别是常规的且基于海洋观测结果的归纳总结。尽管这些术语可能没有完全描述各种环境下两相结构和情况,但是为了区分它们的微波发射特性,在遥感中使用了两个简单的术语"泡沫"和"白浪"。

如详细的特性研究(Miyake,Abe,1948;Abe,1963;Raizer,Sharkov 1980;

Bortkovskii，1987）所示，薄且稳定的泡沫切片的微观结构表现为一种由密集气泡构成的浓缩气体乳状液，或者说是位于海面上的乳液单层膜。进入单层膜的气泡直径是 0.01~0.5cm。另一种类型代表厚度 1.0~2.0cm 的多面体泡沫。单个胞元的大小可以达到若干厘米。这两种结构的动态特性不同：泡沫单层稳定，但多面体泡沫不稳定。图 2.7 显示了实验室泡沫样品（Raizer，Cherny，1994）。

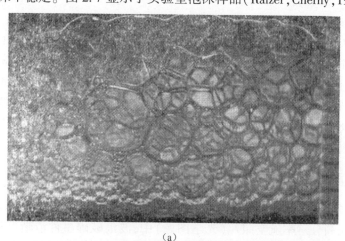

（a）

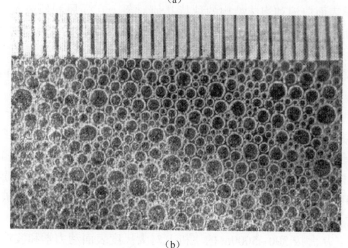

（b）

图 2.7　泡沫微观结构

（a）多面体泡沫结构；（b）水面上的乳剂单层气泡。

（Raizer 的原始照片，改编自 Cherny，I. V.，Raizer，V. Y. 1998，Passive

Microwave Remote Sensing of Oceans，Wiley）。

在现实世界中，最丰富的不稳定分散结构就是白浪气泡羽流（在声学中不应与深海泡沫羽流混淆）。我们把羽流定义为位于风浪波峰之上的一种剧烈的、极度饱和的、两相湍流的气流。羽流是由强风引起的大尺度重力波波峰的级联崩溃造成的。空气-水强混合和重力产生自由落体射流,该射流由气泡和具有复杂结构和几何形状的水粒子的聚集物组成。根据曝气过程,颗粒的大小可以在 0.1～10cm 变化。即使在 S 和 L 波段,大量羽流对微波辐射的影响也足够强大(Raizer,2008)。

许多海洋学家已经在开放海域探索了白浪现象(Blanchard,1971;Monahan,MacNiocaill,1986;Bortkovskii,1987;Lamarre,Melville,1994),但对白浪羽流内物理性质和分散微观结构知之甚少。图 2.6(a)中的照片说明:在风浪破碎时形成强大的白浪羽流。致密的白浪羽流的有效厚度可以从几十厘米变化到几米。实际上,实验室研究(Monahan,et al.,Zietlow,1969;Zheng,et al.,1983;Peltzer,Griffin,1988;Callaghan,et al.,2012,2013)表明,动态多分散性泡沫和白浪羽流的微观组织参数与整体稳定性之间存在着关系。

2.5.3 波浪破碎和泡沫/白浪统计特性

在许多海洋学和遥感学研究中,波浪破碎和泡沫/白浪统计特性是重要的研究内容。在高分辨率航空照片(光学图像)中,波浪破碎事件清晰可见,其形式为代表海洋表面白浪和泡沫结构的独特几何对象。在强风和烈风条件下,白浪和泡沫的面积分数也会随着蒲福氏风级(Beaufort scale)的变化而发生显著变化,其中蒲福氏风级由航空摄影测量并记录。波浪破碎活动(强度)不仅由风浪动力学定义,而且还取决于海洋-大气边界层、亚表面波过程和海面洋流的参数及稳定性。因此,有时可以在低风时观察到波浪破裂事件。

首次利用安东诺夫 An-30 型飞机(1981—1986 年),在太平洋上空采用高质量航空摄影及大量被动微波辐射计对海洋表面进行了系统的机载观测。然后,利用注册登记号为 CCCP-65917(1987—1992 年)的图波列夫 Tu-134SKh 飞机实验室,配备六波段光学航空相机 MKF-6、Ku 波段(2.25cm 波长)机载侧视雷达(SLAR"Nit")和若干个波长为 0.8cm、1.5cm、8.0cm 和 18cm 的被动微波辐射计(见 5.5.2 节)对上述区域进行观测。

特别是,从海拔 300～5000m 的飞机上对大尺度表面动力学和波浪破碎场进行观测,观测结果为在变向风和提取条件下提供了高质量的海洋表面光学图像(Raizer,et al.,1990;Raizer,1994)。例如,在飞行高度为 5000m 的情况下,MKF-6 单帧的尺寸约为 3km×5km,空间分辨率约为 3～5m。使用数字图像处理获得所需的信息,包括二维快速傅里叶变换(FFT)以及对光学图像中记录的泡沫/白浪物体进行形态和统计分析。

当时,为了定量分析泡沫/白浪覆盖范围和几何统计特性,已经引入了以下度量:对图像中可见的单个泡沫和/或白浪目标,面积 A、周长 P、最大和最小线性尺寸 L_{max} 和 L_{min} 以及无量纲拓扑度量 P^2/A 和 $A/L_{max}L_{min}$。由于需要对大量光学数据进行数字处理,因此针对不同的海洋表面条件定义了泡沫/白浪度量指标的统计分布。例如,在有限的获取条件下观察到泡沫和白浪覆盖率统计值(度量)的强转换(Raizer,1994)。

此外,泡沫和白浪的平均总面积分数($W\%$)对风速(U)的依赖性是从机载光学数据中高精度地测得的。

我们必须注意到,为了确定开放海洋中的相关性 $W(U)$,已经进行了大量的光学和视频观测(Monahan, 1971; Ross, Cardone, 1974; Monahan, O'Muircheartaigh, et al., 1980, 1986; Bortkovskii, 1987; Wu, 1988b; Monahan, Lu, 1990; Bortkovskii, Novak, 1993; Zhao, Toba, 2001; Stramska, Petelski, 2003; Lafon et al., 2004; Bondur, Sharkov, 1982; Sugihara, et al., 2007; Callaghan, et al., 2008; Callaghan, White, 2009)。

然而,对于函数 $W(U)$,其数据采集和经验近似仍然存在一些不确定性。问题不仅在于各种各样的海洋环境条件。事实上,光学图像中可见的泡沫和白浪物体具有不同的对比度、模糊的边界和不清晰的轮廓。这种情况使得难以准确测量泡沫和白浪物体,从而导致计算其几何参数和面积分数时存在误差。为了获得统计上可靠的数据和相关性,已经开发并应用了一种用于自动识别和分析光学图像中泡沫/白浪物体的特殊算法(Raizer, Novikov, 1990)。

一般来说,幂类型公式:

$$W = a\,U^b \tag{2.30}$$

式中:W 为泡沫和白浪覆盖海面的瞬时分数;U 为 10m 海拔高度的风速;a 和 b 为经验常数,式(2.30)可用于微波遥感应用中。例如,对数据集的优化(Monahan, O'Muircheartaigh, 1980)可在 $5<U<25$m/s 的风速范围内得出 $a = 3.84 \times 10^{-6}$ 和 $b = 3.41$。表 2.3 和图 2.8 总结了一些建议的近似值(Zhao, Toba, 2001)。

表 2.3　白浪覆盖率与风速的幂律公式 $W = a\,V^b$ 中经验系数

作者	$a(\times 10^{-6})$	b
Blanchard (1963)	440	2.0
Monahan (1969)	12	3.3
Monahan (1971)	13.5	3.4
Tang (1974)	7.75	3.23
Wu (1979)	1.7	3.75
Monahan, O'Muircheartaigh (1980)	3.84	3.41
Wu (1988b)	2.0	3.75
Hanson, Phillips (1999)	0.204	3.61

在过去若干年中,基于卫星的微波观测结果已被用于评估全球海洋中泡沫和白浪覆盖率的全球分布情况(Anguelova,Webster,2006;Anguelova,et al.,2009;Bobak,et al.,2011;Salisbury,et al.,2013;Albert,et al.,2015;Paget,et al.,2015)。该算法基于利用经验关系式(2.30)反演风矢量和利用微波数据。从理论上讲,由光学和微波数据估计的泡沫和白浪面积分数的值不应该相同(由于海洋微波和可见光辐射的物理机制不同);但是,该方法给出了令人期待的统计结果,这表明最好的选择仍然是提供光-微波综合观测以改善信息的准确性并减少可能的误差。

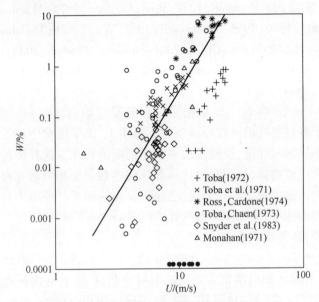

图2.8　白浪面积分数对风速的经验依赖性

实线可表示为 $W = 2.98 \times 10^{-5} U^{4.04}$

(选自 Zhao,D. 和 Toba,Y. 2001. *Journal of Oceanography.* ,57(5):603-616.)

值得注意的是,在充分发展的风暴条件下,可发生"W饱和"效应。饱和度不用简单的幂律近似来描述。在这种情况下,面积分数 W 不明显依赖于海洋表面状态,并且函数 $W(U)$ 的行为通过风浪系统中的能量平衡来定义。

提供泡沫/白浪活动统计特性的新方法是基于分形(或多重分形)维形式。分形几何描述了动态系统和自然物体的空间自相似性和缩放比例(Mandelbrot,1983)。利用分形分析技术通过遥感(红外、光学、视频)数据研究波浪破碎场实际上是一项艰巨的任务。尽管如此,这种基于机载光学观测结果的研究早已进行(Raizer,Novikov,1990;Raizer,et al.,1994;Sharkov,2007)。

让我们考虑一些原则性结果。有两种基本方法来计算光学图像中的波浪破碎场的分形维数。第一种方法基于所谓的盒子计数方法,其产生 Hausdorff 维数:

$$D_H = \lim_{r \to 0} \frac{\lg N(r)}{\lg(1/r)} \qquad (2.31)$$

式中:$N(r)$ 为完全覆盖数据集所需的边长为 r 的正方形最少数量(如二进制图像)。

第二种方法是基于单个类似分形地球物理对象的面积 A 和周长 P 之间的简单关系。在我们的例子中,在光学图像中可见的每个物体(泡沫条纹或白浪)的分形维数可以从所谓的面积-周长关系中来估算:

$$P \sim (\sqrt{A})^{D_s} \qquad (2.32)$$

式中:A 为面积;P 为所选单个研究对象(泡沫或白浪)的周长。图像上研究对象集合的分形维数 D_s 的平均值产生了分形维数的平均值 $\overline{D}_s$。

图 2.9 给出了大量海洋光学数据的分形分析结果。对于中等暴风雨环境中的海洋,发现 Hausdorff 分形维数在 $D_H = 1.1 \sim 1.3$ 的范围内变化(图 2.9(a))。同时,面积-周长关系式(2.32)的回归系数分别给出了白浪和泡沫条纹的分形维数值 $\overline{D}_s = 1.39$、1.23(图 2.9(b))。统计上,泡沫条纹(斑块)和白浪的计算分形维数不同。

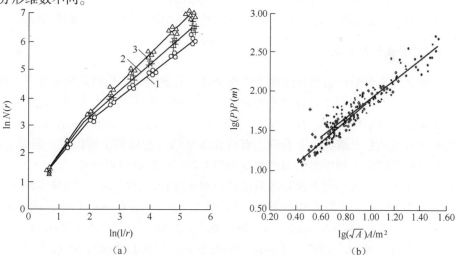

图 2.9　从光学数据中获得泡沫和白浪覆盖率的分形特征

(a)对于总泡沫和白浪覆盖率,$\ln N(r)$ 与 $\ln(1/r)$ 的关系:分形维数的值大致对应于蒲福风力(Beaufort wind force)的三个等级,$1 - 3 \div 4(D_H = 1.05)$,$2 - 4 \div 5(D_H = 1.15)$ 和 $3 - 5 \div 6(D_H = 1.25)$;(b)对于泡沫条纹(*)和白浪(◇),周长 P 作为面积平方根 $\sqrt{A}$ 函数的对数-对数图。实线是对不同面积 A 的线性最小二乘法拟合。蒲福风力等级是 4(改编自 Cherny, I. V. 和 Raizer, V. Y. 1998. *Passive Microwave Remote Sensing of Oceans*. Wiley.)。

海洋内波领域一个重要的研究内容就是波浪破碎动力学。众所周知,内波的影响导致波浪破碎波的统计数据发生变化。由于内波、表面波及与其所诱导的表面海流之间的相互作用,波浪破碎作用的频率(强度)和泡沫/白浪覆盖率的总面积分数增加。波浪破碎强度和泡沫/白浪几何形状与内波场的结构相关联。

1981—1991年期间在北太平洋进行的航空器实验表明,在有或没有内波波源的情况下,通过泡沫和白浪光学测量所得的分形维数是变化的。这种效应在中等风和强风下表现明显。这可以用波浪破碎强度(制动作用频率)的变化和泡沫与白浪覆盖率的统计特性来解释。

例如,在表面海流的影响下,随机波浪破坏结构可能会变成有序型结构。此外,表面海流梯度影响能量耗散的速度,而能量耗散速度则导致波浪破碎过程的变化。据推测,波浪破碎的强度(频率)在海流汇聚区域增加,在海流发散区域减小。内波引起表面波的空间调制,因此即使在低风时也能加速波浪破碎过程。

由于在现实世界中对波浪破碎过程进行准确的流体动力学和统计建模存在一些困难,因此,可以利用高分辨率光学微波观测获得所需的信息。遥感数据使研究人员能够采用不同的数字方法和技术来分析波浪破碎和泡沫/白浪事件的空间统计特征。例如,通过光学微波成像数据计算的泡沫/白浪覆盖率的分形维数除了可以用于确定蒲福风力等级之外,还可以提供一个暴雨海况的定量评价标准。

2.5.4 表面气泡总数

表面气泡数量代表浮在海面上的单个球形气泡簇。它们被认为是处于一层薄薄的海洋泡沫和海洋上层的近海面泡沫云之间的中间类型。表面气泡形状类似于水面上的半球壳体。在大风时,泡沫群通常会覆盖巨大的海洋空间,而且可能无法直接从船上或飞机上看到。有时会观察到气泡膜的干涉图像。但是,气泡在波长级的毫米和厘米范围内产生相当大的海洋微波辐射变化。

泡沫群的主要环境来源是波浪破碎和泡沫/白浪衰变。多年来,许多研究者一直研究海面气泡的产生机理和物理性质(Johnson, Cooke, 1979; Johnson, Wangersky, 1987; Walsh, Mulhearn, 1987; Baldy, 1988; Wu, 1988a; Monahan, Lu, 1990; Thorpe, et al., 1992; Thorpe, 1995; Bowyer, 2001; Woolf, 2001; Leifer, et al., 2006)。这些研究及其他的研究表明,波浪破碎后产生的初始气泡群非常密集且紧凑。海面气泡的大小分布范围为0.01~1cm不等。气泡的稳定性和尺寸大小取决于海水的密度、温度和盐度(Hwang, et al., 1991; Slauenwhite, Johnson, 1999; Wu, 2000)。

运动物体后面的空气与水的机械混合也会产生气泡。在这种情况下,产生了二维气泡模式——"气泡尾迹"和/或"气泡射流"。船舶的汽泡尾迹可能会长期存在于海面。气泡尾迹的存在会导致传播的声信号发生变化（Trevorrow，et al.，1994；Phelps，Leighton，1998；Stanic，et al.，2009）。

最后，在不同的海洋生物过程、有机颗粒、表面活性物质和污染物的影响下，海面上会出现气泡群（Garrett，1967，1968；Clift，1978；Johnson，Wangersky，1987）。有机薄膜可以稳定气泡的寿命，在空气-海洋界面形成致密的气泡斑块。这些气泡涂覆有表面活性剂材料，提供了抵抗表面张力压力和气体扩散的稳定源。稳定气泡的扩展表面单层膜产生了一种特殊的环境电磁衍射屏或光栅，影响了声波信号的传播。

2.5.5　飞沫和气溶胶

风产生海洋飞沫的机理有多种：风直接剪切波峰、毛细波波峰的气动吸力以及水面气泡的破裂。飞沫代表位于海面上方的液体颗粒（液滴）系统，而近海面气溶胶包含液体和固体海盐颗粒。飞沫和气溶胶产生的主要环境来源是由于波浪破碎、泡沫/白浪和气泡破裂事件引起的液滴喷射（图 2.10）。飞沫和气溶胶是海洋-大气系统的重要组成部分，对海-气交换和通量做出重大贡献。

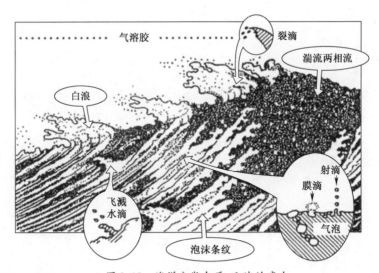

图 2.10　海洋分散介质，飞沫的产生

（改编自 Andreas，EL，et al.，1995.*Boundary-Layer Meteorology*，72：3-52；Raizer，V. 2007. IEEE Transactions on Geoscience and Remote Sensing，45（10）：3138-3144。Doi：10.1109/TGRS.2007.895981）

许多研究人员在自然界和实验室里对海洋飞沫和近海面气溶胶的结构和动力学进行了研究（Blanchard，1963，1983，1990；Monahan，1968；Wu，1979，1989a，

1990a,b,1992a,b,1993；Monahan, et al. , 1982；Bortkovskii, 1987；Andreas, 1992；Fairall,et al. ,1994；Spiel,1994,1998；Andreas,et al. ,1995,2010；Anguelova,et al. , 1999；Lewis, Schwartz 2004；Kondratyev, et al. , 2005；Callaghan, et al. , 2012；Veron,et al. ,2012；Norris,et al. ,2013；Grythe,et al. ,2014；Veron,2015）。

在海洋微波遥感应用中,至少需要考虑三个主要参数:①体积浓度;②尺寸分布;③海面上的液滴/颗粒的高度分布。这些参数可以纳入海洋微波辐射模型中(见第3章)。

有关海洋飞沫特性的经典文献数据如图2.11所示。从外场实验可知,海洋飞沫的尺寸分布遵循幂律 $p \sim r^{-n}$,其中 r 是液滴的半径。根据风况,指数 n 取值范围是:2~8。液滴的直径范围很宽: $10^{-4} \sim 10^{-2}$ cm。海洋表面密集飞沫的高度主要取决于液滴产生机制(Blanchard,1963；Bortkovskii,1987),一般为10~40cm。近海面附近海洋飞沫中的水质量浓度为 $10^{-4} \sim 10^{-1}$ g/ cm³ 。密集的飞沫层主要位于破碎风浪的峰顶部。飞沫的大小和体积浓度的垂直分布是高度不均匀的。通常,小尺寸的液滴和气溶胶覆盖无泡沫的水面,大尺寸的液滴主要形成在泡沫和白浪区域上。

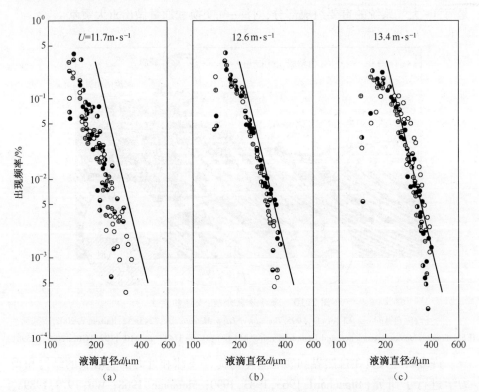

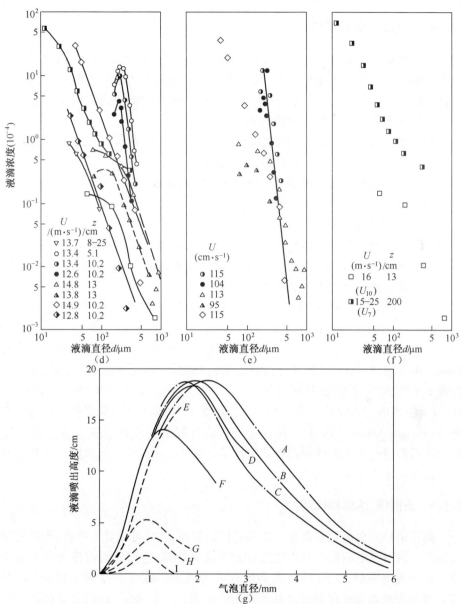

图 2.11　近海面的海洋飞沫尺寸分布,在不同风速下,液滴出现的概率密度

（a）U = 11.7m/s；（b）U = 12.6m/s；（c）U = 13.4m/s。（d）~（f）不同海面条件下液滴浓度,
U 是风速, μ_* 是摩擦速度, z 是离平均海面的高度。（改编自 Wu,J. 1979. *Journal of Geophysical Re*,84（C4）:
1693 – 1704.）（g）射滴高度作为气泡直径、温度和盐度的函数。A - 4℃ 海水；B - 16℃ 海水（顶部液滴）；
C - 30℃ 海水（顶部液滴）；D - 22 ~ 26℃ 海水（顶部液滴）；E - 4℃ 海水（顶部液滴）；F - 21℃ 蒸馏
水（顶部液滴）；G - 22 ~ 26℃ 海水（第二层液滴）；H - 22 ~ 26℃ 海水（第三层液滴）；F - 22 ~ 26℃
海水（第四层液滴）。（改编自 Blanchard,D. C. 1963. In *Progression Oceonography*,pp. 73 – 202. Pergamon
Press. Doi:10. 1016/0079-6611（63）90004-1. ）

2.5.6 近海面(水下)气泡

近海面层(<1 m)中的气泡是海洋-大气气体交换的重要元素。由破碎波产生的气泡云会形成高度集中的通风层,从而引起电磁感应趋肤深度的显著变化。因此,近海面气泡可以在微波频率下产生高对比度的特征(见第 3 章)。

海洋中气泡产生的来源和机制如下:

(1)由于海洋-大气相互作用而形成的分布全球的表面气泡云。

(2)甲烷和二氧化碳气体从深水到海面的转移。

(3)由波浪破碎活动所造成的空气和水的机械混合。

(4)雨滴和飞沫对海面的影响。

(5)船舶螺旋桨桨叶旋转引起的空化现象(水动力空化)。

(6)强声波向海水中的传播(声空化);运动物体上强湍流引起的空泡流。

(7)水下爆炸、地震、核弹试验、潜艇和鱼雷破坏。

(8)极高速运动的水下航行器。

利用声学探测和环境噪声测量方法研究了海洋上层中的气泡特性(Kolobaev,1976;Kerman,1984;Vagle,Farmer,1992;Leighton,1994)。自然观测(Medwin,1977;Clift,et al.,1978;Johnson,Cooke 1979;Mulhearn,1981;Thorpe,1984;Medwin,Breitz,1989;Wu,1989a;Wu,1992a;Anguelova,Huq,2012)显示近海面气泡的尺寸分布服从幂律 $p \sim a^{-n}$,其中 n 在气泡半径 $a = 10^{-4} \sim 10^{-1}$ cm 范围内的取值范围为 3.5~5.5。图 2.12 显示了回声探测仪测量的气泡分布(Farmer,Lemone,1984)。海洋上层气泡体积浓度可达 20%以上。图 2.13 显示了典型情况下气泡体积浓度的估计值。这些数据说明了泡沫的产生和浓度是如何取决于内部来源的类型。

2.5.7 表面膜、油膜和乳液

海洋中经常会遇到表面膜。根据它们的起源,它们可以分为两类:天然的和人为的。由海洋中的化学和生物过程而形成天然膜,它们一般被称为表面活性膜。由于人类的活动,海洋表面会出现人为浮油。这些是受污染的油(或石油)、其他合成物和洗涤剂油产品的表面活性膜。一般来说,它们聚集在沿海经济发达的地区。

表面活性膜表现为"光滑表面"区域的形式。这种膜的厚度等于若干个单分子层的厚度($10^{-7} \sim 10^{-6}$ cm)。有机表面活性膜改变周围水的光学特性。有时,由于短重力波的斜率变化,它们的存在会导致反射光中出现异常现象。有各种各样的膜构型:它们可以是沿着风向的长条纹,或者是让我们联想到 Langmuir

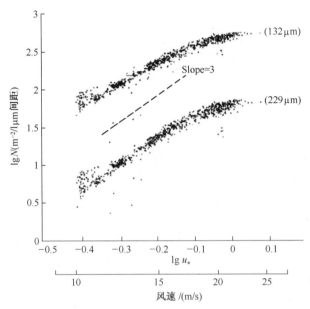

图 2.12 根据风速(U)和摩擦速度(μ_*)推导出海洋近海面的气泡密度

声学频率为 25.0kHz 和 14.5kHz 时的水下环境噪声测量。气泡共振半径:132μm 和 229μm。

(改编自 Farmer, D. M. 和 Lemone, D. D. 1984。*Journal of Physical Oceanography*, 14(11):1762-1778。)

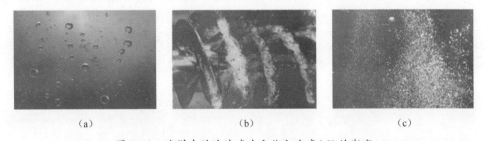

      (a)   (b)   (c)

图 2.13 海洋中的泡沫产生和体积浓度(C)的渐变

(a)天然氧气通风,$C<0.1$;(b)空化流动,$0.1<C<0.3$;(c)深水气泡羽流,$C>0.3$。

(改编并修改(a) http://michaelprescott. typepad. com/. a/6a00d83451574c69e201b8d0890adb970c-pi)。

膜的单独区域。表面膜是海洋过程和内波的指示器(Kerry, et al. ,1984;Gade, et al. ,2013)。

    对于遥感应用而言,最令人感兴趣的是表面膜与风浪的相互作用效应。单分子表面膜对小尺度波分量有较强的阻尼作用,导致风浪谱发生变化(Hühnerfussand, Walter, 1987;Alpers, Hühnerfuss, 1989;Wu, 1989b;Ermakov, et al. ,1992;Wei, Wu, 1992;Gade, et al. ,2006 ;Ermakov, 2010)。由阻尼效应引起

的波能谱密度的变化在 3～15Hz 的宽频率范围内被记录下来。雷达观测结果（Hühnerfuss，et al.，1994；Espedal，et al.，1996；da Silva，et al.，1998；Karaev，et al.，2008）也表明，表面活性膜明显改变了风场中重力-毛细波的产生机制，进而显著地改变了后向散射信号。由于单分子油醇膜对海面的影响，L 波段亮温出现了大幅度降低（Alpers，et al.，1982）。然而，作者通过薄膜介电常数的异常分散来解释这种影响，但不是通过阻尼表面波分量来解释这种影响。

与表面活性膜不同，油膜不会形成单分子层。典型油膜的厚度范围是 10^{-4} ～ 1cm。原油薄膜给人一种银光闪闪的感觉，较厚的油膜呈深色而没有干涉图样。水/油乳液层让观察者想起厚厚的"巧克力慕斯"。这种乳剂层的厚度可以有若干厘米。

实验研究（Creamer，Wright，1992；Tang，Wu，1992）显示了油膜对风浪产生过程的影响。在波峰上，膜的厚度通常比波谷的厚度大。污染膜对表面波光谱高频成分的抑制作用强于有机膜。与此同时，它们也阻止了海洋与大气之间的大规模热量交换。在浮油区，由于太阳辐射吸收和屏蔽的影响，海洋表面的温度可以升高到 1～2℃。

近几十年来，微波雷达（SAR）遥感成像技术已经发展并应用于监测海洋溢油（Onstott，Rufenach，1992；Ivanov，2000；Brekke，Solberg，2005；Solberg，et al.，2007；Jha，et al.，2008；Klemas，2010；Zhang，et al.，2011；Salberg. et al.，2014；Migliaccio，et al.，2015）。虽然这个主题超出了本书的范围，但可简要列举了溢油在水面上引起的主要水动力过程。它们如下：①对流；②湍流扩散；③表面扩散；④垂直机械分散；⑤乳化；⑥蒸发。有关溢油流体动力学的更多信息，请参阅其他著作（Ehrhardt，2015；Fingas，2015）。

2.6　温盐精细结构

"温盐精细结构"反映了与温度、盐度和密度垂直剖面相关的非常重要的一类非均质性海洋结构。在 1960—1970 年代，人们首次对海洋温盐精细结构进行基本研究，并由 Fedorov 在其专著（1978）中发表。逆温和逆盐表现为高频空间振荡（温盐线波动）。在世界海洋不同区域的收集的实验数据表明，在小于 200～300m 深度处的最大逆温和逆盐可以达到 1℃ 和 0.5 psu（Practical salinity units，实际盐度标准）的值。图 2.14（Lips，et al.，2008）展示了一个详细而有趣的对海洋上层（波罗的海）海洋温盐波动进行测量的实例。

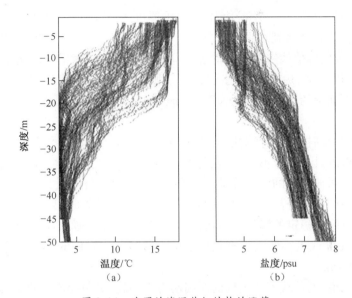

图 2.14　波罗的海温盐细结构的涨落

(a)温度和(b)盐度的垂直变化(改编自 Lips,U.,et al.,2008。

In US/EU-Baltic Symposium"Ocean Observations,Ecosystem-Based Management & Forecasting,"

Tallinn,27-29 May,2008. IEEE Conference Proceedings,pp. 326-333.

(互联网搜索:Bornholm_Taavi_very_final_version. pptx - BALTEX.)

温盐波动是由天然微湍流和分子过程产生的。通常,波动的特征频率大于
1Hz,并且典型的空间尺寸大约为几厘米的量级。温度、盐度和密度微小波动的
分布形成精细深海分层结构或海洋温盐精细结构。事实上,温盐精细结构已经
在海洋中以不同形式存在。在输运过程中,特别是从深水到表面的热传导,它通
过混合、分子扩散、湍流扩散和对流的过程发挥最重要的作用。由于非均匀性的
动态性,深海中可能会出现不同类型的扰动和不稳定性。这些波扰动传播到海
洋表面以及与风浪的相互作用可能导致温度、盐度、粗糙度、海面洋流或波浪破
碎场等出现异常或产生二维或三维流体动力特征。

研究者还发现特征时间尺度或个体非均匀性存在的时间与相应的空间尺度
相关。根据已知的观察结果进行的估计(Fedorov,1978)表明,这些尺度的平均
比例是 $H/L=10^{-4}\sim10^{-3}$,其中 H 和 L 是精细结构中个体的垂直和水平特征尺
寸。另一方面,模型估计表明,该过程的松驰时间可能会从数十小时变为数十
天,这取决于非均匀性的尺度。动态湍流和微湍流的存在也可能导致温盐扰动
更加迅速地形成,即海洋中温度和盐度的非均匀性。

有数据(Fedorov,1978)表明,精细结构中的逆温现象通常出现在局部地区。

典型的水平尺寸为 5~20km,个体非均质厚度为 5~20m。在主温跃层(140~170m 深度范围)观测到水平温度模式("显微勘察")。显微勘察提供了一组温度等值线,温度等值线有时具有深水温盐锋的特征。温度的大小随等值线内的深度增加(Fedorov,1978)。在主温跃层区域,不同海洋深度处记录了类似的结构。等密度面上的高温和盐度梯度区($\sigma_t = 25.00$)代表了可以随时间变化的窄温盐锋。

温盐细粒结构的统计特征也得到研究(Fedorov,1978)。温度和盐度波动的实验光谱密度具有幂律形式,并且与 $\Psi_{t-s} \sim K^{-2}$ 近似成正比。这种光谱对应于存在有许多明显偏差的温度和盐度分层。重要的是要注意,尺度大于 25~30m 的温盐谱的低频部分具有与内波的非平稳性和运动学效应相关的特征。频谱的高频部分反映了稳定的温盐线结构,尤其是逆温现象。垂直湍流混合是形成厚度为 5~10μm 或更小的垂直准均匀层的一般机制。它们的水平尺度可以从几百米变为1~5km。

一般来说,温盐线不均匀性的时间动力学、温度 T 和盐度 S 的场由不可压缩液体中的温盐平衡方程描述:

$$\frac{\partial T}{\partial t} + U \nabla T = k_T \nabla^2 T \tag{2.33}$$

$$\frac{\partial S}{\partial t} + U \nabla S = k_S \nabla^2 S \tag{2.34}$$

式中:$U(x,y,z)$ 为速度场;k_T 为分子热传导系数;k_S 为盐扩散系数。

式(2.33)和式(2.34)反映了在热和盐的垂直和水平通量实现局部平衡的所有类型的运动(静止、非平稳、湍流、分子)期间,温盐线结构形成和演变的过程。这些方程必须与 Navier-Stokes 方程一起考虑:

$$\begin{cases} \dfrac{\partial U}{\partial t} + (U \cdot \nabla) U = -\dfrac{1}{\rho_t} \nabla P + v_0 \nabla^2 U + F \\ \nabla \cdot U = 0 \\ \dfrac{\partial \rho_t}{\partial t} = 0 \end{cases} \tag{2.35}$$

式中:U 为速度;t 为时间;P 为压力;ρ_t 为密度;v_0 为运动黏度;F 为外力项(重力,搅拌项)。

式(2.33)~式(2.35)的系统可根据波动分量进行改写。例如,使用下面的形式:$U = <U> + U'$、$T = <T> + T'$ 和 $S = <S> + S'$,其中括号<>表示系综平均,并且上标′表示参数波动的一部分。该动力学方程系统可用于海洋中自由温盐线双扩散对流的数值模拟以及二维或三维温盐线模式的演化。

2.7　双扩散对流与不稳定性

双扩散对流或双扩散是海洋中的一种对流,起源于热和盐分子扩散的差异。根据平均温度和盐度分层,海洋中存在两种类型的双扩散对流:盐指对流和扩散对流(Turner,1974;Schmitt,1994;Brandt,Fernando,1995;Radko,2013)。

初始稳定分层和运动失稳是由动量和质量分子扩散速率的不均匀性引起的。这种现象在海洋学中是众所周知的,一个例子是在深海中形成具有特定分层密度场的圆形斜压旋涡,扩散阶段自湍流运动引起密度场变形期间开始。由于湍流机制已经不依赖于热和盐的分子扩散速率,所以该过程集中在薄的过渡层(密度跃层)中,以恒定的密度和速度值分离两个均匀的层。

假定温盐精细结构的形成机制与中尺度和大尺度分层中的盐和热组分之间势能的再分配有关。双扩散过程的特点是分子热导率系数 k_T(海洋条件的平均值为 1.4×10^{-3} cm^{-2}/s)和盐的分子扩散系数 k_S(典型值为 1.3×10^{-5} cm^{-2}/s)。对流是盐水与热分层之间能量交换的主要物理机制。

对于海–水状态,在最简单的流本静力学方法中,温盐线结构中密度偏差 $\Delta\rho = \rho - \rho_0$ 与温度偏差 $\Delta T = T - T_0$ 和盐度 $\Delta S = S - S_0$ 之间的关系由以下线性方程(Fedorov,1978):

$$\Delta\rho = -\alpha\Delta T + \beta\Delta S \tag{2.36}$$

式中:ρ_0、T_0 和 S_0 分别是密度、温度和盐度的初始值。其中,

$$\alpha = -\frac{1}{\rho_0}\left(\frac{\partial\rho}{\partial T}\right)_{S,P}$$

α 是盐度和压力 (S,P) 处于固定值时的密度梯度。且有

$$\beta = \frac{1}{\rho_0}\left(\frac{\partial\rho}{\partial S}\right)_{T,P}$$

β 是温度和压力 (T,P) 处于固定值时的密度梯度。

在温度 $T(x,y,z)$ 和盐度 $S(x,y,z)$ 的原始场相互补偿的情况下,不会出现密度的不均匀性。在另一种情况下,则会出现密度不均匀性,并且密度和压力的变化必须有助于局部运动 $U(x,y,z)$ 的发展。因此,该过程可以在分层海洋中产生非平稳运动,包括由于温度和盐度的水平非均质性的影响而形成的对流不稳定性。

无量纲的密度比可以用作双扩散对流发展背景下的温盐(不)稳定性判据。有两种形式的密度比可供使用(Fedorov,1978):

$$R_\rho = \frac{\alpha \Delta T}{\beta \Delta S} \qquad (2.37)$$

或者

$$R_\rho = \frac{\beta \Delta S}{\alpha \Delta T} \qquad (2.38)$$

该比值基于式(2.36),可以下列方式书写:稳定的温盐特性由分子描述,而不稳定的特性由分母描述。

显然,在中性层的情况下,$R_\rho = 1$。如果温度的垂直分布稳定 $\Delta T/\Delta z < 0$,并且由于盐度垂直分布 $\Delta S/\Delta z < 0$ 引入了密度分层的不稳定时,必须以式(2.37)的形式使用该比值。在逆温 $\Delta T/\Delta z > 0$ 的情况下,当盐度分布 $\Delta S/\Delta z > 0$ 部分或完全稳定时,必须以式(2.38)的形式使用该比值。

图 2.15 说明了不同类型的温盐对流(Zhurbas, Lecture on Oceanography, https://www.yumpu.com/en/document/view/33829134/lecture-6-oceanic-fine-structure/7)。温盐对流(Turner, 1973, 1978)的实验室实验和它们的数值模拟近似(Fedorov, 1978)结果表明,在存在两层分层的层状对流过程中,热量和盐量之间的比值 k_S/k_T 随着 $R_\rho = \beta \Delta S/(\alpha \Delta T)$ 数值的减小(从 7 到 1)而发生指数地变化。

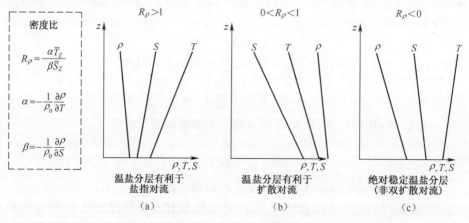

图 2.15 温盐对流类型

温盐分层有利于(a)盐指对流;(b)扩散对流;(c)绝对稳定温盐分层(非双扩散对流)。

(改编自 Zhurbas. Lecture on Oceangraphy, 网址: http://msi.ttu.ee/~elken/Zhurbas_L08.pdf.)

观察到两种温盐对流情况。当质量通量比为 0.15,且密度比 $R_\rho = \dfrac{\beta \Delta S}{\alpha \Delta T} > 2$ 时,第一个状态是"恒定的"。当质量通量的比值范围为 1.85~0.85,密度比

$1 < R_\rho = \dfrac{\beta \Delta S}{\alpha \Delta T} < 2$ 时,第二个状态是"可变的"。层间对流的恒定区域是由于温度和盐度梯度的影响而形成的,这些梯度是为了平衡而调整的。有一种观点认为,恒定区域的存在也是海洋盐指发展的典型情况。

盐指是环形对流的一种形式,在具有稳定密度分层的双组分液体介质中形成(Fedorov,1978;Charru,2011)。它们是由垂直温度梯度的稳定贡献和垂直盐度梯度的不稳定贡献共同作用的结果。盐指是对流胞元,垂直拉长。根据实验数据(Schmitt,2003;Huang,2009),它们具有正方形横截面,边长达 0.4cm,长度为几厘米。盐指与显著的向下热通量有关。在稳定的盐度分层流体中,由于局部温度梯度的存在,可以产生垂直周期性的对流胞元,从而形成盐指。实验室实验(Popov,Chashechkin,1979;Taylor,Buchens,1989;Taylor,1993;Taylor,Veronis,1996;Schmitt,2003)显示对流胞元的垂直尺寸随着过热温度线性增加而增加。在 0~4℃的过热温度范围内观察到的细胞大小从 0.4cm 到 1.2cm 不等。

在具有强烈的温度和盐度垂直梯度的海洋层中盐指发展时,黏性力可能与双扩散对流产生的浮力具有相同的数量级。众所周知,流动不稳定性的一般标准,即液体黏滞流动中出现湍流的一般判据是雷诺数 $Re = U_0(L/\nu)$,其中, U_0 是流动的特征速度; L 是运动的特征线性尺度; ν 是运动黏度。例如,对于层流, $Re \sim 2000$。与动力学不稳定点相对应的 Re 的一个特定值,雷诺数的临界值 Re_{crit}。如果 $Re < Re_{crit}$ 则该体系是层流,如果 $Re > Re_{crit}$ 则该体系是湍流。但是,雷诺数不是海洋原始湍流的充分判据。温度和盐度垂直剖面以及密度分层在海洋湍流发生时起到重要的作用。因此,其他有用的判据由理查森数(Richardson 数) $Ri = (g/\rho_0)(\partial\rho/\partial z)(\partial U/\partial z)^2$ 定义。在稳态的平面平行剪切流中,当发生湍流状态时,临界理查森数的值 $Ri_{crit} = 1/4$。 $Ri < Ri_{crit} \approx 1/4$ 的状态对应于流体动力学不稳定性的出现(例如,涡流扰动的发展在 $Ri = 0.05 \sim 0.1$ 时开始)。现场实验表明,对流不稳定性可能出现在 $Ri < Ri_{crit} \approx 1 \sim 2$ 的条件下(Fedorov,1978)。

在海洋中,温盐侵入会导致形成主温跃层的大尺度台阶状精细结构。例如,在 200~500m 深度处,测量厚度为 8~55m,水平尺寸至少 35km 的"个体"台阶(Zhurbas,Ozmidov,1983,1984)。台阶结构中的密度比不依赖于深度(平均 $R_\rho = 1.62$)。海洋主温跃层的这种台阶式侵蚀具有与双扩散效应有关的对流性质。

目前,在温盐过程影响下,海洋中盐指形成和深水台阶结构理论的研究还不够深入。显然,用于双扩散对流数值分析的动力学模型必须是三维的,这与自由对流的情况不同,例如,二维数学模型很好地解释了分层冷却海水中自由对流发展的影响(Bune 等,1985)。

2.8　自相似性和湍流入侵

大量野外测量数据的分析结果表明温跃层温度和盐度分布的普遍性。在这种情况下,基于自相似性假设(Barenblatt,1978b,1996),提出了海洋上层温跃层中温度、盐度和密度场结构的新概念。在这个理论中,考虑了稳定的温度或密度波存在的可能性。在确定输运机制的小尺度、均匀和定常运动的近似中,发现了超温的线性输运方程的解析解。因此,可以评估温跃层上部的垂直交换系数。

计算得到的交换系数大于分子系数,同时小于湍流扩散系数。这意味着可能存在温跃层的湍流侵蚀,这与双扩散对流或破碎内波的影响有关。后来,建立了上层海洋温跃层的非稳态湍流传热和传质的两相模型(Barenblatt,1982)。液体表示为两种渗透相的流体力学系统:湍流斑点和将它们分开的层流层。该模型解释了温跃层中温度跃变的存在和台阶结构的出现。原则上,该模型可用于描述盐指和逆温存在时的热-盐质量平衡。

海洋上层的温度跃迁或锋面是发生振荡运动同时也可能是产生内波的一个原因。在这些情况下,内波振幅放大效应可能发生,这会导致双扩散对流的进一步发展。耗散介质中的波阵面理论是众所周知的:它们是气体中的冲击波、等离子体中的无碰撞波前和固体中的电磁冲击波。然而,色散可能会显著影响波阵面的行为,特别是海洋中的波阵面。最近在 Korteweg-de Vries-Burgers 方程(Barenblatt,Shapiro,1984)的基础上开发了分层海洋中可能的波浪结构模型,已经发现,在选择特定的色散系数与黏度系数关系时,该方程解具有"行波"形式。振荡出现在波阵面之后。这种波阵面称为"色散波阵面",不像冲击波和平滑的阶梯形式。事实上,该理论预测了湍流诱导的序贯或前兆的出现。

其他特殊的湍流特征,如湍流斑点或入侵,与海洋中强烈的密度分层有关(Monin,Ozmidov,1985;Baumert,2005)。在近海面过渡边界层内有许多湍流斑点的来源;其中最重要的是:①风浪破碎伴随着间歇性湍流斑点的形成;②在剪切流中内波的破碎;③与由声波、机械或电学手段引起的脉冲干扰相关的水声行为;④深海中湍流尾迹的崩塌。

Barenblatt(1978a)对湍流斑点的描述如下:"湍流……具有不同寻常的空间结构,它集中在薄烤饼状的片层中,其在水平方向延伸的距离远超过其厚度。根据流体力学模型(BaleBrutt,978a,1991,1992),由于湍流的空间间歇性,上部的密度跃层(即在密度梯度陡峭的层中)中存在一种特殊的微观结构。强密度分层下的湍流集中在湍流斑点,并被周围非湍流流体挤压。图 2.16 取自 1992 年 Barenblatt 的论文,解释了海洋微观结构和上层密度跃层中湍流斑点的形成。这种斑点是由于在稳定分层海洋的剪切流中内波破碎而形成的。

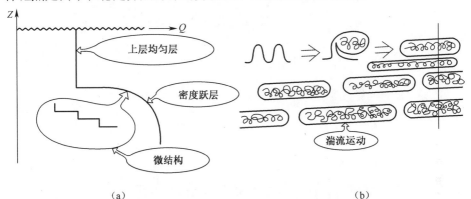

（a）　　　　　　　　　　　　　　　　　　　　　（b）

图 2.16　强密度分层作用下的湍流模型解释

(a)密度跃层上层的海洋微结构;(b)湍流斑点。(原图来自 Barenblatt,G. I.,1992),In Proceedings of Second International Conference on Industrial and Applied Mathematics. R. E. O'Mailey (ed.). Society for Industrial & Applied Mathematics SIAM,pp. 15−29.)

湍流斑点的动力学特性与斑点厚度 h 的变化是相关的,该厚度 h 可由下述方程(Barenblatt,1978a)描述:

$$\frac{\partial h}{\partial t} = k\Delta h^5 \qquad (2.39)$$

式中:t 为时间;Δ 为水平方向的拉普拉斯算子;k 为常数,取决于海洋分层。湍流斑点的厚度缓慢减小,半径增加非常缓慢:

$$h_0(t) \sim (t - t_0)^{-1/5}, \quad r_0(t) \sim (t - t_0)^{1/10} \qquad (2.40)$$

式中:h_0 为湍流斑点厚度的最大值;r_0 为湍流斑点半径。因此,中间渐近阶段的湍流斑点具有薄圆盘的形式。

图 2.17 说明了不同阶段海洋上层湍流斑点的转变。自然地,考虑以下三个阶段(Barenblatt,1978a)。阶段 1:自由入侵的初始阶段;阶段 2:中间静止阶段;阶段 3:最终黏性阶段。为此,我们增加了第四个相互作用阶段 4,它描述了由于与海面环境(风表面波、洋流等)的相互作用,大尺度薄湍流斑点(L 为 10~30cm 长)崩溃(或多重分裂)成许多中等或小尺度湍流斑点(L 为 10~20cm 长)的过程。阶段 4 可能会导致在海-气界面产生旋涡状的相干结构或其他湍流特征,这些特征可以使用高分辨率的被动微波图像进行检测。

湍流斑点在海面下湍流和表面波之间的相互作用中起着重要作用。微结构-湍流斑点形成一个均匀的层,有利于调制不稳定性、涡度异常或可能影响表

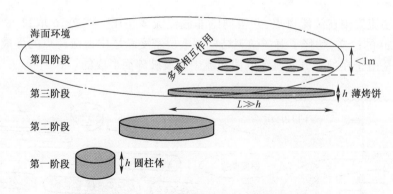

图 2.17　海洋中湍流斑点的结构和动力学

示意图说明了以下四个阶段,其中前三个阶段基于 Barenblatt 模型:初始阶段#1;中间静止阶段#2;
最终黏性阶段#3;相互作用#4。h 是厚度,L 是单个斑点的长度。

面波谱的小尺度涡旋的发展。因此,某些频谱成分或其组群可能会发生变换或激发,这种现象能被多波段被动微波辐射计探测到。

在这种情况下,至少可以考虑以下三种影响海洋表面微波信号变化的温盐效应:

(1)在粗糙度场中产生小尺度的周期性光栅和/或相干单元。

(2)湍流斑点的出现和粗糙度异常具有特殊的水文物理特征分布。

(3)通过扰动的空气-水界面的积分热量和质量通量的变化。

第一种情况对应于由于小尺度粗糙度分量的周期性重新分布,而在环境波数谱中出现的一组高频谐波。光谱的选择性多模激发伴随着光谱能量密度的角度重新分布。该效应具有局部特征,并且可能存在很短的时间。

第二种情况导致整个频谱的变形。例如,它可能是幂指数(指数)的变化。由于较高的温度(盐度)水平梯度的影响,引起表面张力系数的变化,所以湍流斑点引起波数谱表面张力部分的变形。但是,表面张力效应非常不稳定且缓慢。

最后,第三种情况反映了海洋-大气边界层中的热-流体动力学条件的变化。例如,海洋中能量活跃区的出现很可能发生在诸如台风、热带气旋漩涡和/或气旋涡等"危机"环境的情况下。微波辐射计在野外实验中观察到了它们的表面现象(Cherny,Raizer,1998)。

2.9　小结

在本章中,我们对海洋过程和现象进行了研究,这些过程和现象在遥感领域中是非常重要的,也受到了研究者极大的关注。以上考虑的水文物理因素是海洋-大气系统的主要组成部分,它们提供了微波频率下的宽带电磁响应。

一些环境因素如风浪、表面粗糙度、破碎波、泡沫、白浪、气泡、飞沫和浓密气溶胶,直接影响海洋辐射率,导致微波辐射可测量量的变化。其他因素如湍流斑点、侵入物、温盐和双扩散过程,以及近海面气泡流、喷射气流和尾迹,可以被视为深海过程的可能指标。在某些情况下,这些因素会引发表面干扰和/或多重相互作用的发展。因此,它们可能通过海洋-大气界面的动力学、结构和统计特性的变化间接影响海洋辐射率。

关于与遥感有关的应用流体动力学,有大量重要的科学问题仍未解决。其中诸如海洋中的波浪不稳定性、分岔和非线性波相互作用等自然现象值得进一步进行更加详细的研究。二维相干(自相似)流体动力学结构和海洋中复杂模式的产生和演化也是研究不足,这些问题也需要我们的关注。

在最近的遥感观测中,分层海洋中的输运过程和湍流以及深海事件对应的海面现象是最重要的问题。在实验室和野外实验中,需要进一步开展这些以及其他对于海洋上层微波研究过程至关重要的研究,以及将流体动力学的理论和数值方法应用到研究中。

参考文献

Abe,T. 1963. In situ formation of stable foam in sea water to cause salty wind dam-age. Papers in Meteorology and Geophysics,14(2):93-108.

Albert,M. F. M. A. ,Anguelova,M. D. ,Manders,A. M. M. ,Schaap,M. ,and de Leeuw,G. 2015. Parameterization of oceanic whitecap fraction based on satellite observations. Atmospheric Chemistry and Physics Discussion,15: 21219-21269. Doi: 10. 5194/acpd-15-21219-2015.

Alpers,W. ,Blume,H. -J. C. ,Garrett,W. D. ,and Hühnerfuss,H. 1982. The effect of monomolecular surface films on the microwave brightness temperature of the sea surface. International Journal of Remote Sensing,3(4): 457-474. Doi: 10. 1080/01431168208948415.

Alpers,W. and Hühnerfuss,H. 1989. The damping of ocean waves by surface films:A new look at an old prob-lem. Journal of Geophysical Research,94(C5):6251-6265. Andreas, E. L. 1992. Sea spray and the turbulent air-sea heat fluxes. Journal of Geophysical Research,97(C7):11429-11441.

Andreas,E. L. ,Edson,J. B. ,Monahan,E. C. ,Rouault,M. P. ,and Smith,S. D. 1995. The spray contribution to net evaporation from the sea:A review of recent progress. Boundary-Layer Meteorology,72:3-52.

Andreas,E. L. ,Jones,K. F. , and Fairall,C. W. 2010. Production velocity of sea spray droplets. Journal of Geophysical Research,115:C12065.

Anguelova, M. , Barber Jr. R. P. , and Wu, J. 1999. Spume drops produced by the wind tearing of wave crests. Journal of Physical Oceanography,29:1156-1165.

Anguelova, M. D. , Gaiser, P. W. , and Raizer, V. 2009. Foam emissivity models for microwave observations of oceans from space. In Proceedings of International Geoscience and Remote Sensing Symposium,July 12 - 17, 2009,Cape Town,South Africa,Vol. 2,pp. : Ⅱ -274- Ⅱ -277. Doi: 10. 1109/IGARSS. 2009. 5418061.

Anguelova, M. D. and Huq, P. 2012. Characteristics of bubble clouds at various wind speeds. Journal of Geophysical Research, 117: C030Anguelova, M. D. and Webster, F. 2006. Whitecap coverage from satellite measure-ments: A first step toward modeling the variability of oceanic whitecaps. Journal of Geophysical Research,111:C03017.

Apel, J. R. 1987. Principles of Ocean Physics(International Geophysics Series,Vol. *38*). Academic Press,London, UK. Apel,J. R. 1994. An improved model of the ocean surface wave vector spec- trum and its effects on radar backscatter. Journal of Geophysical Research,99(C8):16269-16291.

Babanin, A. 2011. Breaking and Dissipation of Ocean Surface Waves. Cambridge University Press, Cambridge, UK. Badulin,S. I. , Pushkarev, A. N. , Resio, D. , and Zakharov, V. E. 2005. Self - similarity of wind - driven seas. Nonlinear Processes in Geophysics,12:891-945.

Bakhanov, V. V. and Ostrovsky, L. A. 2002. Action of strong internal solitary waves on surface waves. Journal of Geophysical Research,107(C10):3139.

Baldy,S. 1988. Bubbles in the close vicinity of breaking waves: Statistical characteris- tics of the generation and dispersion mechanism. Journal of Geophysical Research,93(C7):8239-8248.

Banner,M. L. and Morison,R. P. 2010. Refined source terms in wind wave models with explicit wave breaking prediction. Part I: Model framework and validation against field data. Ocean Modelling,33:177-189. Doi: 10. 1016/ j. ocemod. 2010. 01. 002.

Barenblatt,G. I. 1978a. Dynamics of turbulent spots and intrusions in a stably strati- fied fluid. Izvestiya Atmosphere and Oceanic Physics,14(2):139-145(translated from Russian).

Barenblatt,G. I. 1978b. Self-similarity of temperature and salinity distributions in the upper thermocline. Izvestiya Atmosphere and Oceanic Physics,14(11):820-823(translated from Russian).

Barenblatt,G. I. 1982. A model of non steady turbulent heat and mass transfer in a liquid with highly stable stratification. Izvestiya Atmosphere and Oceanic Physics,18(3):201-205(translated from Russi2an).

Barenblatt,G. I. 1991. Dynamics of turbulent spots in stably stratified fluid. In Mathematical Approaches in Hydrodynamics. T. Miloh(ed.). Society for Industrial & Applied Mathematics,pp. 373-381.

Barenblatt,G. I. 1992. Intermediate asymptotics in micromechanics. In Proceedings of Second International Conference on Industrial and Applied Mathematics. R. E. O' Mailey(ed.). Society for Industrial & Applied Mathematics SIAM,July 8-12,1991,Washington,DC,USA,pp. 15-29.

Barenblatt, G. I. 1996. Scaling, Self - Similarity, and Intermediate Asymptotics. Cambridge University Press, Cambridge,UK.

Barenblatt,G. I. ,Leykin,I. A. ,Kaz'min,A. S. ,Kozlov,V. A. ,Raszhivin,V. A. ,Fillippov. ,I. A. ,Frolov,I. D. , and Chuvil'chikov,S. I. 1985. Sooloy(Suloy) in the White Sea. Doklady,USSR Academy of Sciences(Doklady Akademii Nauk SSSR),281(6):1435- 1439(in Russian).

Barenblatt,G. I. , Leykin, I. A. , Kaz' min, A. S. , Kozlov, V. A. , Raszhivin, V. A. , Fillippov. Ⅰ . A. , Frolov,

I. D. ,and Chuvilchikov,S. I. 1986a. Sooloy(suloy) in White Sea. Part. 1. Observations of the sooloy,and its connection with the tidal currents. Morskoy Gidrofizichesky Zhurnal(Marine Hydrophysical Journal),(2):49- 53(in Russian).

Barenblatt,G. I. , Leykin, I. A. , Kaz'min, A. S. , Kozlov, V. A. , Raszhivin, V. A. , Fillippov, Ⅰ . A. , Frolov, I. D. ,and Chuvilchikov,S. I. 1986b. Sooloy(suloy) in White Sea. Part 2. The Sooloy's connection with the local bottom relief,and the wave measuring. Morskoy Gidrofizichesky Zhurnal(Marine Hydrophysical Journal), (5):29-33(in Russian).

Barenblatt,G. I. and Shapiro,G. I. 1984. A contribution to the theory of wave front structure in dispersive dissipating media. Izvestiya Atmosphere and Oceanic Physics,20(3):210-215(translated from Russian).

Basovich,A. Y. 1979. Transformation of the surface wave spectrum due to the action of an internal wave. Izvestiya, Atmospheric and Oceanic Physics,15(6):448-452(translated from Russian).

Basovich,A. Ya. and Talanov,V. I. 1977. Transformation of the spectrum of short surface waves on inhomogeneous currents. Izvestiya,Atmospheric and Oceanic Physics,13(7):514-519(translated from Russian).

Baumert,H. Z. ,Simpson,J. H. ,and Sündermann,J. 2005. Marine Turbulence: Theories,Observations,and Models. Cambridge University Press,Cambridge,UK.

Beal,R. C. ,Tilley,D. C. ,and Monaldo,F. M. 1983. Large- and small-scale evolution of digitally processed ocean wave spectra from SEASAT synthetic aperture radar. Journal of Geophysical Research,88(C3):1761-1778.

Benilov,A. Yu. 1973. The turbulence generation in the ocean by surface waves. Izvestiya,Atmospheric and Oceanic Physics,9(3):160-164(translated from Russian). Benilov,A. Yu. 1991. Soviet Research of Ocean Turbulence and Submarine Detection. Delphic Associates Inc.

Bikerman,J. J. 1973. Foams. Springer,Berlin.

Blanchard,D. C. 1963. The electrification of the atmosphere by particles from bubbles in the sea. In Progress in Oceonography. M. Sears(ed.),pp. 73-202. Pergamon Press,New York. Doi: 10. 1016/0079-6611(63)90004-1.

Blanchard,D. C. 1971. Whitecap at sea. Journal of the Atmospheric Sciences,28(4): 645-651.

Blanchard,D. C. 1983. The production,distribution,and bacterial enrichment of the sea-salt aerosol. In The Air- Sea Exchange of Gases and Particles. P. S. Liss and W. G. M. Slinn(eds.),pp. 407-454. Kluwer,D. Reidel,Dordrecht,The Netherlands. Blanchard,D. C. 1990. Surface-active monolayers,bubbles,and jet drops. Tellus B,42:200-205.

Bobak,J. P. ,Asher,W. E. , Dowgiallo, D. J. , and Anguelova,M. D. 2011. Aerial radio- metric and video measurements of whitecap coverage. IEEE Transactions on Geoscience and Remote Sensing,49(6):2183-2193.

Bondur,V. G. and Sharkov,E. A. 1982. Statistical properties of whitecaps on a rough sea. Oceanology,22(3): 274-279(translated from Russian).

Bortkovskii,R. S. 1987. Air-Sea Exchange of Heat and Moisture during Storms. D. Reidel,Dordrecht,The Netherlands.

Bortkovskii,R. S. and Novak,V. A. 1993. Statistical dependencies of sea state char- acteristics on water temperature and wind-wave age. The Journal of Marine Systems,4(2):161-169.

Bowyer,P. A. 2001. Video measurements of near-surface bubble spectra. Journal of Geophysical Research, 106 (C7):14179-14190.

Brandt, A. and Fernando,H. J. S. 1995. Double-Diffusive Convection(Geophysical Monograph Series, Vol. 94). American Geophysical Union,Washington DC.

Brekke, C. and Solberg, H. A. 2005. Oil spill detection by satellite remote sensing. Remote Sensing of

Environment,95(1):1–13.

Breward, C. J. 1999. The mathematics of foam. Ph. D. dissertation. University of Oxford. https://core. ac. uk/ download/pdf/96508. pdf.

Bune, A. V. , Ginzburg, A. I. , Polezhaev, V. I. , and Fedorov, K. N. 1985. Numerical and laboratory modeling of the development of convection in a water layer cooled from the surface. Izvestiya Atmosphere and Oceanic Physics, 21(9):736.

Bunner, M. L. and Peregrine, D. H. 1993. Wave breaking in deep water. Annual Review of Fluid Mechanics,25: 373–397.

Callaghan, A. , de Leeuw, G. , Cohen, L. , and O'Dowd, C. D. 2008. Relationship of oce- anic whitecap coverage to wind speed and wind history. Geophysical Research Letters,35(23):L23609.

Callaghan, A. H. , Deane, G. B. , and Stokes, M. D. 2013. Two regimes of laboratory whitecap foam decay: Bubble plume controlled and surfactant stabilized. Journal of Physical Oceanography,43:1114–1126.

Callaghan, A. H. , Deane, G. B. , Stokes, M. D. , and Ward, B. 2012. Observed varia- tion in the decay time of oce- anic whitecap foam. Journal of Geophysical Research,117:C09015.

Callaghan, A. H. and White, M. 2009. Automated processing of sea surface images for the determination of whitecap coverage. Journal of Atmospheric and Oceanic Technology,26(2):383–394.

Chalikov, D. and Babanin, A. V. 2012. Simulation of wave breaking in one-dimen- sional spectral environ- ment. Journal of Physical Oceanography,42(11):1745–1761. Doi: 10. 1175/JPO-D-11-0128. 1.

Charru, F. 2011. Hydrodynamic Instabilities (Cambridge Texts in Applied Mathematics). University Press, Cambridge, UK.

Chen, G. , Kharif, C. , Zaleski, S. , and Li, J. 1999. Two-dimensional Navier-Stokes sim- ulation of breaking waves. Physics of Fluids,11(1):121–133.

Chen, Y. , Guza, R. T. , and Elgar, S. 1997. Modeling spectra of breaking surface waves in shallow water. Journal of Geophysical Research,102(C11):25035–25046.

Cherny, I. V. and Raizer, V. Y. 1998. Passive Microwave Remote Sensing of Oceans. Wiley, Chichester, UK.

Clift, R. , Grace, J. R. , and Weber, M. E. 1978. Bubbles, Drops, and Particles. Academic Press, New York.

Cox, C. and Munk, W. 1954. Statistics of the sea surface derived from sun glitter. Journal of Marine Research,13 (2):199–227.

Craik, A. D. D. 1985. Wave Interactions and Fluid Flows. Cambridge University Press, Cambridge.

Creamer, D. B. and Wright, J. A. 1992. Surface films and wind wave growth. Journal of Geophysical Research,97 (C4):5221–5229.

da Silva, J. C. B. , Ermakov, S. A. , Robinson, I. S. , Jeans, D. R. G. , and Kijashko, S. V. 1998. Role of surface films in ERS SAR signatures of internal waves on the shelf: 1. Short-period internal waves. Journal of Geophys- ical Research,103(C4):8009–8031.

Donelan, M. A. and Pierson Jr. , W. J. 1987. Radar scattering and equilibrium range in wind - generated waves. Journal of Geophysical Research,92(C5):4971–5029.

Drazin, P. G. 2002. Introduction to Hydrodynamic Stability(Cambridge Texts in Applied Mathematics). Cambridge University Press, Cambridge.

Ehrhardt, M. 2015. Mathematical Modelling and Numerical Simulation of Oil Pollution Problems. Springer, Switzer- land.

Elfouhaily, T. , Chapron, B. , Katsaros, K. , and Vandemark, D. 1997. A unified direc— tional spectrum for long and short wind—driven waves. Journal of Geophysical Research, 102(15):781–796.

Engelbrecht, J. 1997. Nonlinear Wave Dynamics: Complexity and Simplicity. Kluwer Academic Publishers, Dordrecht, Boston, London.

Ermakov, S. A. 2010. On the intensification of decimeter—range wind waves in film slicks. Izvestiya, Atmospheric an Oceanic Physics, 46(2):208–213(translated from Russian).

Ermakov, S. A. , Salashin, S. G. , and Panchenko, A. R. 1992. Film slicks on the sea surface and some mechanisms of their formation. Dynamics of Atmospheres and Oceans, 16(3–4):279–304.

Espedal, H. A. , Johannessen, O. M. , and Knulst, J. 1996. Satellite detection of natural-film on the ocean surface. Geophysical Research Letters, 23(22):3151–3154.

Etkin, V. , Raizer, V. , Stulov, A. , and Zhuravlev, K. 1995. Airborne optical measure – ments of wind – wave spectral perturbations induced by ocean internal waves. In Proceedings of Combined Optical—Microwave Earth and Atmosphere Sensing, April 3–6, 1995, Atlanta, pp. 81–83. Doi: 10. 1109/COMEAS. 1995. 472333.

Faber, T. E. 1995. Fluid Dynamics for Physicists. Cambridge University Press, Cambridge, UK.

Fairall, C. W. , Kepert, J. D. , and Holland, G. J. 1994. The effect of sea spray on sur– face energy transports over the ocean. Global Atmosphere and Ocean System, 2(2–3):121–142.

Farmer, D. M. and Lemone, D. D. 1984. The influence of bubbles on ambient noise in the ocean at high wind speed. Journal of Physical Oceanography, 14(11): 1762–1778.

Fedorov, K. N. 1978. The Thermohaline Finestructure of the Ocean. Pergamon Press, Oxford.

Fedorov, K. N. and Ginsburg, A. I. 1992. The Near—Surface Layer of the Ocean. VSP, Utrecht, The Netherlands.

Fingas, M. 2015. Handbook of Oil Spill Science and Technology. Wiley, Hoboken, NJ. Gade, M. , Byfield, V. , Ermakov, S. , Lavrova, O. , and Mitnik, L. 2013. Slicks as indica – tors for marine processes. Oceanography, 26 (2):138–149.

Gade, M. , Hühnerfuss, H. , and Korenowski, G. M. 2006. Marine Surface Films: Chemical Characteristics, Influence on Air—Sea Interactions and Remote Sensing. Springer, Berlin, Heidelberg.

Garrett, W. D. 1967. Stabilization of air bubbles at the air—sea interface by surface— active material. Deep Sea Research, 14:661–672.

Garrett, W. D. 1968. The influence of monomolecular surface films on the production of condensation nuclei from bubbled sea water. Journal of Geophysical Research, 73(16):5145–5150.

Gasparovic, R. F. , Apel, J. R. , and Kasischke, E. S. 1988. An overview of the SAR internal wave signature experiment. Journal of Geophysical Research, 93(C10):12304–12316.

Gemmrich, J. R. , Zappa, C. , Banner, M. L. , and Morison, R. P. 2013. Wave breaking in developing and mature seas. Journal of Geophysical Research, 118(9):4542–4552.

Glasman, R. E. 1991a. Statistical problems of wind—generated gravity waves arising in microwave remote sensing of surface winds. IEEE Transactions on Geoscience and Remote Sensing, 29(1):135–142.

Glasman, R. E. 1991b. Fractal nature of surface geometry in a developed sea. In Non—Linear Variability in Geophysics. D. Schertzer and S. Lovejoy(eds.). Kluwer Academic Publishers, Dordrecht, pp. 217–226.

Grue, J. , Gjevik, B. , and Weber, J. E. 1996. Wavesand Nonlinear Processes in Hydrodynamics. Kluwer Academic Publisher, Dordrecht, The Netherlands.

Grushin, V. A. , Raizer, V. Y. , Smirnov, A. V. , and Etkin, V. S. 1986. Observation of non – linear interaction of gravity waves by optical and radar techniques. Doklady of Russian Academy of Sciences,290(2):458−462(in Russian).

Grythe,H. ,Ström,J. ,Krejci,R. ,Quinn,P. , and Stohl,A. 2014. A review of sea−spray aerosol source functions using a large global set of sea salt aerosol concentra− tion measurements. Atmospheric Chemistry and Physics,14: 1277-1297.

Guan,C. ,Hu,W. ,Sun,J. ,and Li,R. 2007. The whitecap coverage model from break− ing dissipation parametrizations of wind waves. Journal of Geophysical Research,112:C05031.

Hanson,J. L. and Phillips,O. M. 1999. Wind sea growth and dissipation in the open ocean. Journal of Physical Oceanography,29(8):1633-1648.

Hasselman,K. 1962. On the nonlinear energy transfer in a gravity wave spectrum. Journal of Fluid Mechanics, 12: 481-500.

Hasselman,K. 1974. On spectral dissipation of ocean waves due to whitecapping. Boundary −Layer Meteorology,6: 107-127.

Herbert,T. 1988. Secondary instability of boundary layers. Annual Review of Fluid Mechanics,20:487−526.

Higuera,P. ,del Jesus,M. ,Lara,J. L. ,Losada,I. J. ,Guanche,Y. ,and Barajas,G. 2013. Numerical simulation of three-dimensional breaking waves on a gravel slope using a two−phase flow Navier−Stokes model. Journal of Computational and Applied Mathematics,246:144−152.

Huang,N. ,Long, S. R. , Tung, C. C. , Yuen, Y. , and Bliven, F. L. 1981. A unified two− parameter wave spectral model for a general sea state. Journal of Fluid Mechanics,112:203−224.

Huang,R. X. 2009. Ocean Circulation: Wind−Driven and Thermohaline Processes. Cambridge University Press, Cambridge.

Hughes,B. 1978. The effect of internal waves on surface wind waves 2. Theoretical analysis. Journal of Geophysical Research,83(C1):455−465.

Hughes,B. and Grant,H. 1978. The effect of internal waves on surface wind waves.
    1. Experimental measurements. Journal of Geophysical Research,83(C1):443−454.

Hühnerfuss,H. ,Gericke,A. ,Alpers,W. ,Theis,R. ,Wismann,V. ,and Lange,P. A. 1994. Classification of sea slicks by multifrequency radar techniques: New chemi− cal insights and their geophysical implications. Journal of Geophysical Research,99(C5):9835−9845.

Hühnerfuss, H. andWalter, W. 1987. Attenuation of wind waves by monomolecular sea slicks. Journal of Geophysical Research,92(C4):3961−3963.

Hwang,P. A. ,Poon,Y. −K. ,and Wu,J. 1991. Temperature effects on generation and entrainment of bubbles induced by a water jet. Journal of Physical Oceanography,21:1602−1605.

Hwang,P. A. ,Wang,D. W. ,Walsh,E. J. ,Krabill,W. B. ,and Swift,R. N. 2000a. Airborne measurements of the directional wavenumber spectra of ocean surface waves. Part I: Spectral slope and dimensionless spectral coefficient. Journal of Physical Oceanography,30(11):2753−2767.

Hwang,P. A. ,Wang,D. W. ,Walsh,E. J. ,Krabill,W. B. ,and Swift,R. N. 2000b. Airborne measurements of the directional wavenumber spectra of ocean surface waves. Part 2. Directional distribution. Journal of Physical Oceanography,30(11): 2768-2787.

Iafrati,A. 2009. Numerical study of the effects of the breaking intensity on wave breaking flows. Journal of Fluid Mechanics,622:371−411.

Ivanov, A. 2000. Oil pollution of the sea on Kosmos −1870 and Almaz−1 radar imagery. Earth Observation and Remote Sensing, 15(6): 949−966.

Irisov, V. 2014. Model of wave breaking and microwave emissivity of sea sur− face. International Geoscience and Remote Sensing Symposium. July 13 − 18, 2014, Quebec City, Canada. Presentation. https://www.researchgate.net/publica− tion/269395853_MODEL_OF_WAVE_BREAKING_AND_MICROWAVE_EMISSIVITY_OF_SEA_SURFACE

Irisov, V. and Plant, W. 2016. Phillips' Lambda function: Data summary and physical model. Geophysical Research Letters, 43 (5): 2053 − 2058. Doi: 10. 1002/2015GL067352. Irisov, V. G. and Voronovich, A. G. 2011. Numerical Simulation of Wave Breaking. Journal of Physical Oceanography, 41(2): 346−364. Doi: 10. 1175/2010JPO4442. 1.

Janssen, P. 2009. The Interaction of Ocean Waves and Wind. Cambridge University Press, Cambridge.

Jha, M. N., Levy, J., and Gao, Y. 2008. Advances in remote sensing for oil spill disas− ter management: State-of-the-art sensors technology for oil spill surveillance. Sensors(Basel), 8(1): 236−255.

Jiménez, J. 2015. Direct detection of linearized bursts in turbulence. Physics of Fluids, 27(6): 065102−1−065102−14.

Johnson, B. D. and Cooke, R. C. 1979. Bubble populations and spectra in coastal waters: A photographic approach. Journal of Geophysical Research, 84(C7): 3761−3766.

Johnson, B. D. and Wangersky, P. J. 1987. Microbubbles: Stabilization by monolayers of adsorbed particles. Journal of Geophysical Research, 92(C13): 14641−14647.

Karaev, V., Kanevsky, M., and Meshkov, E. 2008. The effect of sea surface slicks on the Doppler spectrum width of a backscattered microwave signal. Sensors(Basel), 8(6): 3780−3801.

Keller, W. C., Plant, W. J., and Weissman, D. E. 1985. The dependence of X band micro− wave sea return on atmospheric stability and sea state. Journal of Geophysical Research, 90(C1): 1019−1029.

Kerman, B. R. 1984. Underwater sound generation by breaking wind waves. The Journal of the Acoustical Society of America, 75(1): 149−165.

Kerry, N. J., Burt, R. J., Lane, N. M., and Bagg, M. T. 1984. Simultaneous radar obser− vations of surface slicks and in situ measurements of internal waves. Journal of Physical Oceanography, 14(8): 1419−1422.

Kinsman, B. 2012. Wind Waves: Their Generation and Propagation on the Ocean Surface. Dover Earth Science, NewYork.

Kitaigorodskii, S. A. 1973. Physics of Air−Sea Interaction. Israel Program of Scientific Translations, Jerusalem.

Kitaigorodskii, S. A. 1984. On the fluid dynamical theory of turbulent gas transfer across an air−sea interface in the presence of breaking wind−waves. Journal of Physical Oceanography, 14(5): 960−972.

Klemas, V. 2010. Tracking oil slicks and predicting their trajectories using remote sensors and models: Case studies of the Sea Princess and Deepwater Horizon oil spills. Journal of Coastal Research, 26(5): 789−797.

Knobloch, E. and Moehlis, J. 2000. Burst mechanisms in hydrodynamics. In Nonlinear Instability, Chaos and Turbulence, Debnath, L. and Riahi, D. (eds.). Vol. II, pp. 237 − 287. Computational Mechanics Publications, Southampton.

Kolobaev, P. A. 1976. Investigation of the concentration and statistical size distribu− tion of wind produced bubbles in the near−surface ocean. Oceanology, 15: 659− 661(translated from Russian).

Komen, G. J., Cavaleri, L., Donelan, M., Hasselmann, K., Hasselmann, S., and Janssen, P. A. E. M. 1996. Dynamics and Modelling of Ocean Waves. Cambridge University Press, Cambridge.

Kondratyev, K. Ya. ,Ivlev, L. S. ,Krapivin, V. F. ,and Varostos, C. A. 2005. Atmospheric Aerosol Properties: Formation, Processes and Impacts. Springer/Praxis, Chichester, UK. Krasitskii, V. P. and Kozhelupova, N. G. 1995. On conditions for five wave resonant interactions of surface gravity waves. Oceanology, 34(4):435-439 (translated from Russian).

Kraus, E. B. and Businger, J. A. 1994. Atmosphere-Ocean Interaction. Oxford University Press, New York.

Kudryavtsev, V. N. ,Makin, V. K. ,and Chapron, B. 1999. Coupled sea surface atmo- sphere model: 2. Spectrum of short wind waves. Journal of Geophysical Research, 104(C4):7625-7639.

Lafon, C. ,Piazzola, J. ,Forget, P. ,Le Calve, O. ,and Despiau, S. 2004. Analysis of the variations of the whitecap fraction as measured in a coastal zone. Boundary- Layer Meteorology, 111(2):339-360.

Lamarre, E. and Melville, W. K. 1994. Void-fraction measurements and sound- speed fields in bubble plumes generated by breaking waves. The Journal of the Acoustical Society of America, 95:1317-1328.

Lamb, H. 1932. *Hydrodynamics*. 6th edition. Cambridge University Press, Cambridge, UK.

Lavrenov, I. 2003. Wind-Waves in Oceans: Dynamics and Numerical Simulations. Springer, Berlin, Heidelberg.

Leifer, I. ,Caulliez, G. ,and de Leeuw, G. 2006. Bubbles generated from wind-steep- ened breaking waves: 2. Bubble plumes, bubbles, and wave characteristics. Journal of Geophysical Research, 111(C6):C06021.

Leighton, T. G. 1994. The Acoustic Bubble. Academic Press, San Diego, CA.

Leikin, I. A. and Rosenberg, A. D. 1980. On the high-frequency range of the wind wave spectrum. USSR Academy of Sciences(Doklady Akademii Nauk SSSR), 255:455-458.

Lewis, E. R. and Schwartz, S. E. 2004. Sea Salt Aerosol Production: Mechanisms, Methods, Measurements, and Models—A Critical Review. American Geophysical Union, Washington DC.

Lin, P. and Liu, P. L. -F. 1998. A numerical study of breaking waves in the surf zone. Journal of Fluid Mechanics, 359:239-264.

Lips, U. ,Lips, I. ,Liblik, T. ,and Elken, J. 2008. Estuarine transport versus vertical movement and mixing of water masses in the Gulf of Finland(Baltic Sea). In US/EU-Baltic Symposium "Ocean Observations, Ecosystem-Based Management & Forecasting," Tallinn, 27-29 May, 2008. IEEE Conference Proceedings, pp. 326-333. http://www. baltex-research. eu/baltic2009/downloads/Student_presentations/and choose Bornholm_Taavi_very_final_version. pptx

Longuet-Higgins, M. S. and Turner, J. S. 1974. An "entraining plume" model of a spill- ing breaker. Journal of Fluid Mechanics, 63(1):1-20.

Lubin, P. and Glockner, S. 2015. Numerical simulations of three-dimensional plung- ing breaking waves: Genera- tion and evolution of aerated vortex filaments. Journal of Fluid Mechanics, 767:364-393.

Ma, Q. 2010. Advances in Numerical Simulation of Nonlinear Water Waves. Advances in Coastal and Ocean Engi- neering, Vol. 11. The World Scientific Publishing Co. , Singapore.

Makin, V. K. and Kudryavtsev, V. N. 1999. Coupled sea surface - atmosphere model. 1. Wind over waves cou- pling. Journal of Geophysical Research, 104(C4): 7613-7623.

Mandelbrot, B. B. 1983. The Fractal Geometry of Nature, 3rd edition. W. H. Freeman, New York.

Manneville, P. 2010. Instabilities, Chaos and Turbulence(ICP Fluid Mechanics), 2nd edi- tion. Imperial College Press, London.

Massel, S. R. 2007. Ocean Waves Breaking and Marine Aerosol Fluxes. Springer, New York.

Medwin, H. 1977. In situ acoustic measurements of microbubbles at sea. Journal of Geophysical Research, 82(6): 971-976.

Medwin,H. and Breitz,N. D. 1989. Ambient and transient bubble spectral densities in quiescent seas and under spilling breakers. Journal of Geophysical Research,94(C9) :12751-12759.

Melville,W. K. 1994. Energy dissipation by breaking waves. Journal of Physical Oceanography,24:2041-2049.

Melville,W. K. 1996. The role of surface-wave breaking in air-sea interaction. Annual Review of Fluid Mechanics, 28:279-321.

Melville,W. K. and Matusov,P. 2002. Distribution of breaking waves at the ocean surface. Nature,417:58-63.

Merzi,N. and Graft,W. H. 1985. Evaluation of the drag coefficient considering the effects of mobility of the roughness elements. Annales Geophysicae,3(4) :473-478.

Michell, J. H. 1893. The highest waves in water. Philosophical Magazine, Series 5. 36 (222) : 430 – 437. Doi: 10. 1080/14786449308620499.

Migliaccio,M. , Nunziata, F. , and Buono, A. 2015. SAR polarimetry for sea oil slick observation. International Journal of Remote Sensing,36(12) :3243-3273.

Miropol'sky,Yu. Z. 2001. Dynamics of Internal Gravity Waves in the Ocean. Kluwer Academic Publishers,Dordrecht.

Mitsuyasu,H. 2002. A historical note on the study of ocean surface waves. Journal of Oceanography,58:109-120.

Mitsuyasu,H. and Honda,T. 1974. The high frequency spectrum of wind generated waves. Journal of Physical Oceanography,30:185-195.

Mitsuyasu, H. and Honda, T. 1982. Wind – induced growth of water waves. Journal of Fluid Mechanics, 123: 425-442.

Mityagina,M. I. ,Pungin,V. G. ,Smirnov,A. V. , and Etkin,V. S. 1991. Changes of the energy-bearing region of the sea surface wave spectrum in an internal wave field based on remote observation data. Izvestiya,Atmospheric and Oceanic Physics,27(11) :925-929(translated from Russian).

Miyake,Y. and Abe,T. 1948. A study of the foaming of sea water. Part 1. Journal of Marine Research,7(2) : 67-73.

Moiseev,S. S. ,Pungin,V. G. , and Oraevsky, V. N. 1999. Non-Linear Instabilities in Plasmas and Hydrodynamics. CRC Press,Boca Raton,FL.

Moiseev,S. S. and Sagdeev, R. Z. 1986. Problems of secondary instabilities in hydro – dynamics and in plasma. Radiophysics and Quantum Electronics,29(9) :808-812(translated from Russian).

Monahan,E. C. 1968. Sea spray as a function of low elevation wind speed. Journal of Geophysical Research,73 (4) :1127-1137.

Monahan,E. C. 1969. Fresh water whitecap. Journal of the Atmospheric Science,26(5) :1026-1029.

Monahan,E. C. 1971. Oceanic whitecaps. Journal of Physical Oceanography,1:139-144. Monahan,E. C. and Lu, M. 1990. Acoustically relevant bubble assemblages and their dependence on meteorological parameters. IEEE Journal of Oceanic Engineering,15(4) :340-349.

Monahan,E. C. and MacNiocaill,G. 1986. Oceanic Whitecaps. D. Reidel,Dordrecht,The Netherlands.

Monahan,E. C. and O' Muircheartaigh,I. G. 1980. Optimal power-law description of oceanic whitecap coverage dependence on wind speed. Journal of Physical Oceanography,10(2) :2094-2099.

Monahan,E. C. and O' Muircheartaigh,I. G. 1986. Whitecaps and passive remote sensing. International Journal of Remote Sensing,7(5) :627-642.

Monahan,E. C. ,Spiel, D. E. , and Davidson, K. L. 1982. Whitecap aerosol productivity deduced from simulation tank measurements. Journal of Geophysical Research,87(C11):8898-8904.

Monahan,E. C. and Zietlow,C. R. 1969. Laboratory comparison of fresh-water and salt-water whitecaps. Journal of Geophysical Research,74(28):6961-6966.

Monin,A. S. andOzmidov,R. V. 1985. Turbulence in the Ocean. D. Reidel Publishing Company,Dordrecht,The Netherlands.

Monin,A. S. andYaglom,A. M. 2007. Statistical Fluid Mechanics: Mechanics of Turbulence. Vol. 1. Dover Publications,Mineola,NY.

Mulhearn,P. J. 1981. Distribution of microbubbles in coastal water. Journal of Geophysical Research,86(C7): 6429-6434.

Norris,S. J. ,Brooks,I. M. ,Moat,B. I. ,Yelland,M. J. ,de Leeuw,G. ,Pascal,R. W. ,and Brooks,B. 2013. Near-surface measurements of sea spray aerosol production over whitecaps in the open ocean. Ocean Science,9(1): 133-145.

Onstott,R. and Rufenach,C. 1992. Shipboard active and passive microwave mea- surement of ocean surface slicks off the southern California coast. Journal of Geophysical Research,97(C4):5315-5323.

Paget, A. C. , Bourassa, M. A. , and Anguelova, M. D. 2015. Comparing in situ and satellite - based parameterizations of oceanic whitecaps. Journal of Geophysical Research: Oceans,120(4):2826-2843.

Peltzer,R. D. and Griffin,O. M. 1988. Stability of a three-dimensional foam layer in sea water. Journal of Geophysical Research,93(C9):10804-10812.

Petrov,V. V. 1979a. Dynamics of nonlinear waves in a stratified ocean. Izvestiya,Atmospheric and Oceanic Physics,15(7):508-513(translated from Russian).

Petrov,V. V. 1979b. On the nonlinear damping of long surface waves in a stratified ocean. Izvestiya,Atmospheric and Oceanic Physics,15(9):697-699(translated from Russian).

Phelps,A. D. and Leighton,T. G. 1998. Oceanic bubble population measurements using a buoy-deployed combination frequency technique. IEEE Journal of Oceanic Engineering,23(4):400-410.

Phillips,O. M. 1980. The Dynamics of the Upper Ocean. 2nd edition. Cambridge University Press,Cambridge.

Phillips,O. M. 1985. Spectral and statistical properties of the equilibrium range in wind-generated gravity waves. Journal of Fluid Mechanics,156(1):505-531.

Phillips,O. M. and Banner,M. L. 1974. Wave breaking in the presence of wind drift and swell. Journal of Fluid Mechanics,66(4):625-640.

Phillips,O. M. and Hasselmann,K. 1986. Wave Dynamics and Radio Probing of the Ocean Surface. Plenum Press, New York.

Phillips,O. M. ,Posner,F. L. ,and Hansen,J. P. 2001. High range resolution radar measurements of the speed distribution of breaking events in wind-generated ocean waves: Surface impulse and wave energy dissipation rates. Journal of Physical Oceanography,31(2):450-460.

Pierson,W. J. and Moskowitz,L. 1964. A proposed spectral form for fully devel- oped wind seas based on the similarity theory of S. A. Kitaigorodskii. Journal of Geophysical Research,69(24):5181-5190.

Plant,W. J. 2015. Short wind waves on the ocean: Wavenumber-frequency spectra. Journal of Geophysical Research,120(3):2147-2158.

Popov, V. A. and Chashechkin, Yu. D. 1979. On the structure of thermohaline convec- tion in a stratified fluid. Izvestiya,Atmospheric and Oceanic Physics,15(9):668-675(translated from Russian).

Radko,T. 2013. Double-Diffusive Convection. Cambridge University Press,Cambridge,UK.

Rahman, M. 2005. Instability of Flows (Advances in Fluid Mechanics) . WIT Press Computational Mechanics, Southampton,UK.

Raizer,V. 2007. Macroscopic foam-spray models for ocean microwave radiome- try. IEEE Transactions on Geoscience and Remote Sensing,45(10) :3138-3144. Doi: 10. 1109/TGRS. 2007. 895981.

Raizer,V. 2008. Modeling of L-band foam emissivity and impact on surface salin- ity retrieval. In Proceedings of International Geoscience and Remote Sensing Symposium, July 6-11, Boston, MA, Vol. 4, pp. IV-930-IV-933. Doi: 10. 1109/ IGARSS. 2008. 4779876.

Raizer,V. Y. 1994. Wave spectrum and foam dynamics via remote sensing. In Satellite Remote Sensing of the Ocean Environment,I. S. F. Jones,Y. Sugimori,and R. W. Stewart(eds.) ,pp. 301-304. Seibutsu Kenkyusha,Japan.

Raizer,V. Y. ,Novikov,V. M. ,and Bocharova,T. Y. 1994. The geometrical and fractal properties of visible radiances associated with breaking waves in the ocean. Annales Geophysicae,12(12) :1229-1233.

Raizer,V. Yu. and Cherny,I. V. 1994. Microwave diagnostics of ocean surface. "Mikrovolnovaia diagnostika poverkhnostnogo sloia okeana. " Gidrometeoizdat. Sankt-Peterburg. Library of Congress, LC classification (full) GC211. 2 . R35 1994. (in Russian).

Raizer,V. Yu. and Novikov,V. M. 1990. Fractal dimension of ocean-breaking waves from optical data. Izvestiya, Atmospheric and Oceanic Physics,26(6) :491-494(translated from Russian).

Raizer,V. Yu. and Sharkov, E. A. 1980. On the dispersed structure of sea foam. Izvestiya, Atmospheric and Oceanic Physics,16(7) :548-550(translated from Russian).

Raizer,V. Yu. ,Smirnov,A. V. ,and Etkin,V. S. 1990. Dynamics of the large-scale structure of the disturbed surface of the ocean from analysis of optical images. Izvestiya, Atmospheric and Oceanic Physics,26(3) :199-205 (translated from Russian). Rapp,R. J. and Melville,W. K. 1990. Laboratory experiments of deep-water breaking waves. Philosophical Transactions of the Royal Society of London. Series A. ,331(1622) :735-800.

Reul,N. and Chapron, B. 2003. A model of sea-foam thickness distribution for pas- sive microwave remote sensing applications. Journal of Geophysical Research,108(C10) :3321.

Riahi, D. N. 1996. Mathematical Modeling and Simulation in Hydrodynamic Stability. WorldScientific Pub Co Inc. ,Singapore.

Romeiser,R. ,Alpers,W. ,and Wismann,V. 1997. An improved composite surface model for the radar backscattering cross section of the ocean surface. Part I: Theory of the model and optimization/validation by scatterometer data. Journal Geophysical Research,102(C11) :25237-25250.

Ross,D. B. and Cardone,V. 1974. Observation of oceanic whitecaps and their relation to remote measurements of surface wind speed. Journal of Geophysical Research,79:444-452.

Rutkevich,P. B. ,Tur,A. V. ,and Yanovskiy,V. V. 1989. Interaction between surface and internal waves in an arbitrary stratified ocean. Izvestiya, Atmospheric and Oceanic Physics, 25 (10) : 794-798 (translated from Russian).

Salberg,A. -B. , Rudjord,O. , and Solberg, A. H. S. 2014. Oil spill detection in hybrid- polarimetric SAR images. IEEE Transactions on Geoscience Remote Sensing,52(10) :6521-6533.

Salisbury,D. J. ,Anguelova,M. D. ,and Brooks,I. M. 2013. On the variability of white- cap fraction using satellite-based observations. Journal of Geophysical Research,118(11) :6201-6222.

Schmitt,R. W. 1994. Double diffusion in oceanography. Annual Review of Fluid Mechanics,26:255-285.

Schmitt,R. W. 2003. Observational and laboratory insights into salt finger convec- tion. Progress in Oceanography, 56(3-4):419-433.

Sharkov,E. A. 2007. Breaking Ocean Waves: Geometry,Structure and Remote Sensing. Springer,Berlin.

Slauenwhite,D. E. and B. D. Johnson, B. D. 1999. Bubble shattering: Differences in bubble formation in fresh water and seawater. Journal of Geophysical Research,104(C2):3265-3275.

Slunyaev,A. ,Clauss,G. F. ,Klein,M. ,and Onorato,M. 2013. Simulations and experi- ments of short intense envelope solitons of surface water waves. Physics of Fluids,25:067105-1-067105-16. Doi: 10. 1063/1. 4811493.

Solberg, A. H. S. , Brekke, C. , and Husøy, P. O. 2007. Oil spill detection in Radarsat and Envisat SAR ima- ges. IEEE Transactions on Geoscience and Remote Sensing,45(3):746-755.

Soloviev,A. and Lukas,R. 2014. The Near-Surface Layer of the Ocean: Structure, Dynamics and Applications (Atmospheric and Oceanographic Sciences Library, Vol. 48) ,2nd edition. Springer,Dordrecht,Heidelberg.

Spiel,D. E. 1994. The sizes of jet drops produced by air bubbles bursting on sea- and fresh-water surfaces. Tellus B,46(4):325-338.

Spiel,D. E. 1998. On the births of film drops from bubbles bursting on seawater sur- faces. Journal of Geophysical Research,103(C11):24907-24918.

Stanic,S. ,Caruthers,J. W. ,Goodman,R. R. ,Kennedy,E. ,and Brown,R. A. 2009. Attenuation measurements across surface- ship wakes and computed bub- ble distributions and void fractions. IEEE Journal of Oceanic Engineering,34(1):83-92.

Steele,J. H. ,Thorpe,S. A. ,and Turekian, K. K. 2010. Elements of Physical Oceanography: A Derivative of the Encyclopedia of Ocean Sciences. Academic Press,London.

Stramska,M. and Petelski, T. 2003. Observations of oceanic whitecaps in the north polar waters of the Atlan- tic. Journal of Geophysical Research,108(C3):3086.

Su,M. -Y. 1987. Deep-water wave breaking: Experiments and field measurements. In Nonlinear Wave Interactions in Fluids. The Winter Annual Meeting of the American Society of Mechanical Engineers. The American Society of Mechanical Engineers,pp. 23-36.

Su, M. - Y. and Green, A. W. 1984. Coupled two - and three - dimensional instabilities of surface gravity waves. Physics of Fluids,27(1):2595-2597.

Sugihara,Y. ,Tsumori,H. ,Ohga,T. , Yoshioka,H. , and Serizawa, S. 2007. Variation of whitecap coverage with wave-field conditions. The Journal of Marine Systems,66(1):47-60.

Tang,C. C. H. 1974. The effect of droplets in the air-sea transition zone on the sea brightness temperature. Journal of Physical Oceanography,4:579-593.

Tang,S. andWu,J. 1992. Suppression of wind-generated ripples by natural films: A laboratory study. Journal of Geophysical Research,97(C4):5301-5306.

Taylor,J. R. 1993. Anisotropy of salt fingers. Journal of Physical Oceanography,23(3):554-565.

Taylor,J. R. and Buchens,P. 1989. Laboratory experiments on the structure of salt fingers. Deep-Sea Research, 36:1675-1704.

Taylor,J. R. and Veronis, G. 1996. Experiments on double-diffusive sugar-salt fingers at high stability ratio. Journal of Fluid Mechanics,321:315-333.

Terray,E. A. , Donelan, M. A. , Agrawal, Y. C. , Drennan, W. M. , Kahma, K. K. , Williams III, A. J. , Hwang, P. A. ,and Kitaigorodskii,S. A. 1996. Estimates of kinetic energy dissipation under breaking waves. Journal of Physical Oceanography 26:792-807.

Thompson, D. R. , Gotwols, B. L. , and Sterner II, R. E. 1988. A comparison of measured surface wave spectral modulations with predictions from a wave-current inter- action model. Journal of Geophysical Research, 93 (C10) :12339-12343.

Thomson, J. and Jessup, A. T. 2009. A Fourier-based method for the distribution of breaking crests from video observations. Journal of Atmospheric and Oceanic Technology, 26, 1663-1671.

Thorpe, S. A. 1984. The effect of Langmuir circulation on the distribution of submerged bubbles caused by breaking wind waves. Journal of Fluid Mechanics, 14:151-170.

Thorpe, S. A. 1995. Dynamical processes of transfer at the sea surface. Progress in Oceanography, 35 (4): 315-352.

Thorpe, S. A. 2005. The Turbulent Ocean. Cambridge University Press, Cambridge. Thorpe, S. A. , Bowyer, P. , and Woolf, D. K. 1992. Some factors affecting the size distri-butions of oceanic bubbles. Journal of Physical Oceanography, 22(4): 382-389.

Toba, Y. and Mitsuyasu, H. (eds.) 2010. The Ocean Surface: Wave Breaking, Turbulent Mixing and Radio Probing. Softcover reprint of hardcover first 1985 edition. Springer, The Netherlands.

Trevorrow, M. V. , Vagle, S. , and Farmer, D. M. 1994. Acoustical measurements of microbubbles within ship wakes. The Journal of the Acoustical Society of America, 95(4) :1922-1930.

Turner, J. S. 1973. *Buoyancy* Effects in Fluids. Cambridge University Press, Cambridge. Turner, J. S. 1974. Double-diffusive phenomena. Annual Review of Fluid Mechanics, 6:37-54.

Turner, J. S. 1978. Double-diffusive intrusions into a density gradient. Journal of Geophysical Research, 83(C6): 2887-2901.

Vagle, S. and Farmer, D. M. 1992. The measurement of bubble-size distributions by acoustical backscatter. Journal of Atmospheric and Oceanic Technology, 9(5) :630-644.

Veron, F. 2015. Ocean Spray. Annual Review of Fluid Mechanics, 47:507-538.

Veron, F. , Hopkins, C. , Harrison, E. L. , and Mueller, J. A. 2012. Sea spray spume drop- let production in high wind speeds. Geophysical Research Letters, 39:L16602. Doi: 10. 1029/2012GL052603.

Voliak, K. I. 2002. Selected Papers. Nonlinear Waves in the Ocean. Nauka, Moscow(in Russian and English).

Volyak, K. I. , Grushin, V. A. , Ivanov, A. V. , Lyakhov, G. A. , and Shugan, I. V. 1985. Interaction of randomly modulated surface waves. Izvestiya, Atmospheric and Oceanic Physics, 21(11) :895-901(translated from Russian).

Volyak, K. I. , Lyakhov, G. A. , and Shugan, I. V. 1987. Surface wave interaction. Theory and capability of oceanic remote sensing. In Oceanic Remote Sensing. F. V. Bunkin and K. I. Volyak(eds.), Nova Science Publishers, Commack, New York, pp. 107-145. (translated from Russian).

Walsh, A. L. and Mulhearn, P. J. 1987. Photographic measurements of bubble pop- ulations from breaking wind waves at sea. Journal of Geophysical Research, 92:14553-14565.

Weaire, D. and Hutzler, S. 1999. The Physics of Foams. Clarendon Press, Oxford.

Wei, Y. and Wu, J. 1992. In situ measurements of surface tension, wave damping, and wind properties modified by natural films. Journal of Geophysical Research, 97(C4) :5307-5313.

Woolf, D. K. 2001. Bubbles. In Encyclopedia of Ocean Sciences, pp. 352-357. Academic Press, San Diego.

Wu, J. 1979. Spray in atmospheric surface layer: Review and analysis of laboratory and oceanic results. Journal of Geophysical Research, 84(C4) :1693-1704.

Wu, J. 1988a. Bubbles in the near-surface ocean: A general description. Journal of Geophysical Research, 93

63

(C1):587-590.

Wu, J. 1988b. Variations of whitecap coverage with wind stress and water tempera- ture. Journal of Physical Ocea- nography, 18(10):1448-1453.

Wu, J. 1989a. Contributions of film and jet drops to marine aerosols produced at the sea surface. Tellus B, 41(4): 469-473.

Wu, J. 1989b. Suppression of oceanic ripples by surfactant—spectral effects deduced from sun glitter, wave-staff and microwave measurements. Journal of Physical Oceanography, 19:238-245.

Wu, J. 1990a. On parametrization of sea spray. Journal of Geophysical Research, 95(C10):18269-18279.

Wu, J. 1990b. Vertical distribution of spray droplets near the sea surface: Influence of jet drop ejection and surface tearing. Journal of Geophysical Research, 95(C6):9775-9778.

Wu, J. 1992a. Bubble flux and marine aerosol spectra under various wind velocities. Journal of Geophysical Re- search, 97(C2):2327-2333.

Wu, J. 1992b. Individual characteristics of whitecaps and volumetric description of bubbles. IEEE Journal of Oce- anic Engineering, 17(1):150-158.

Wu, J. 1993. Production of spume drops by the wind tearing of wave crests: The search for quantification. Journal of Geophysical Research, 98(C10):18221-18227.

Wu, J. 2000. Bubbles produced by breaking waves in fresh and salt waters. Journal of Physical Oceanography, 30: 1809-1813.

Yaglom, A. M. and Frisch, U. 2012. Hydrodynamic Instability and Transition to Turbulence. *100*(Fluid Mechanics and Its Applications). Springer, Dordrecht, Heidelberg.

Young, I. R. 1999. Wind Generated Ocean Waves. Elsevier, Oxford, UK.

Yuen, H. C. and Lake, B. M. 1982. Nonlinear dynamics of deep-water gravity waves. In Advances in Applied Me- chanics, Chia-Shun Yih(ed.), Vol. 22, pp. 67-229. Academic Press, New York.

Zakharov, V. E. 1968. Stability of periodic waves of finite amplitude on the surface of a deep water. Journal of Ap- plied Mechanics and Technical Physics, 9(2):190-194(translated from Russian).

Zakharov, V. E. and Zaslavskii, M. M. 1982. The kinetic equation and Kolmogorov spectra in the weak turbulence theory of wind waves. Izvestiya, Atmospheric and Oceanic Physics, 18(9):747-753(translated from Russian).

Zaslavskiy, M. M. 1996. On the role of four-wave interactions in formation of space- time spectrum of surface waves. Izvestiya, Atmospheric and Oceanic Physics, 31(4):522-528(translated from Russian).

Zhang, B., Perrie, W., Li, X., and Pichel, W. G. 2011. Mapping sea surface oil slicks using Radarsat-2 Quad- polarization SAR image. Geophysical Research Letters, 38(10):1-5.

Zhao, D. and Toba, Y. 2001. Dependence of whitecap coverage on wind and wind- wave properties. Journal of Oce- anography, 57(5):603-616.

Zheng, Q. A., Klemas, V., and Hsu, Y. - H. L. 1983. Laboratory measurement of water surface bubble life time. Journal of Geophysical Research, 88(C1):701-706.

Zhurbas, V. M. and Ozmidov, R. V. 1983. Formation of stepped finestructure in the ocean by thermohaline intru- sions. Izvestiya Atmosphere and Oceanic Physics, 19(12):977-982(translated from Russian).

Zhurbas, V. M. and Ozmidov, R. V. 1984. Forms of step-like structures of the oceanic thermocline and their gener- ation mechanism. Oceanology-USSR, 24(2):153-157.

Zhurbas, V. M. Lecture on Oceanography. http://msi. ttu. ee/ ~ elken/Zhurbas_L08. pdf

Zitha, P., Banhart, J., and Verbist, G. 2000. Foams, Emulsions and Their Applications. MIT-Verlag, Bremen, Germany.

第**3**章

海洋微波辐射

3.1 主要因素与机制

3.1.1 引言

微波遥感是基于对环境介质和/或自然物体的热辐射的测量和分析。微波是指电磁波谱中特定的一段区域,它的波长范围是 $\lambda = 0.1 \sim 100\text{cm}$,或者频率范围为 $300 \sim 0.3\text{GHz}$。微波频段的划分有以下几个指定的标准间隔:

P 波段	$0.230 \sim 1.000\text{GHz}$	
UHF 波段	$430 \sim 1300\text{MHz}$	
L 波段	$1.530 \sim 2.700\text{GHz}$	
S 波段	$2.700 \sim 3.500\text{GHz}$	
C 波段	$3.700 \sim 4.200\text{GHz}$	(下行链路)
	$5.925 \sim 6.425\text{GHz}$	(上行链路)
X 波段	$7.250 \sim 7.745\text{GHz}$	(下行链路)
	$7.900 \sim 8.395\text{GHz}$	(上行链路)
Ku 波段	$10.7 \sim 18.0\text{GHz}$	(多个接收端)
Ka 波段	$18.0 \sim 40.0\text{GHz}$	(多个接收端)
V 波段	$40 \sim 75\text{GHz}$	
W 波段	$75 \sim 110\text{GHz}$	
F 波段	$90 \sim 140\text{GHz}$	(波导规格)
D 波段	$110 \sim 170\text{GHz}$	
G 波段	$140 \sim 300\text{GHz}$	

微波对环境介质结构参数的变化非常敏感,与红外和光学电磁波相比,微波对环境介质的穿透深度更大。同时,有些微波可以穿过大气层和云层,因此,它们被用于地球表面的遥感。微波传感器的主要优势是它们具有全天候的能力。

图 3.1 通过辐射强度来说明微波背景辐射的电磁频谱和大气窗口。天空的微波辐射是由银河背景、宇宙微波背景和大气辐射所决定的。在 L 波段,来自

天空和大气的总微波贡献最小且相对稳定,为直接观察海洋表面提供了很大的可能性。而波长为 $\lambda \approx 21cm$(频率为 1.420GHz)的整个波段是一个有趣的电磁频谱范围,被称为水体孔隙(水孔),这是宇宙中最小原子氢的自旋翻转线。因此,$\lambda = 21cm$ 是氢的基本辐射波长。

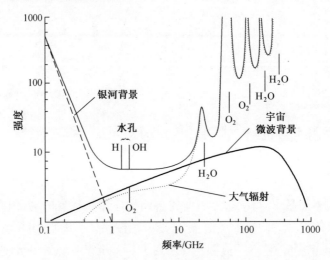

图 3.1　银河系和大气辐射的绝对温标强度谱

(http://pages. uoregon. edu/jimbrau/BrauImNew/Chap28/6th/28_17Figure-F. jpg.)

海洋微波观测的有效性和可靠性很大程度上取决于对微波热辐射的物理机制和特性的了解。该任务范围几乎涉及所有与电磁波传播、统计放射物理学和信号处理相关的主要问题。一般来说,微波诊断学是面向随机非平稳损耗电介质的以麦克斯韦方程解为基础的理论,包含多尺度表面和体积的不均匀性。如果没有相应的计算和数值资源,这样的多重电磁任务就无法完成。

以下若干著作从多个方面详细阐述了微波遥感理论与实践(Basharinov, 1974;Bogorodskiy,1977;Ulaby,1981,1982,1986;Tsang,1985;Shutko,1986;Scou, 1989;Janssen, 1993; Fung, 1994; Sharkov, 2003; Joseph, 2005; Woodhouse, 2005; Matzler, 2006; Funget, Chen, 2010; Robinson, 2010; Ulabyet, Long, 2013; Martin, 2014;Njoku,2014;Grankovet,Milshin,2015;Lavenderet,Lavender,2015)。

然而,从这些以及其他一些文献资料中可以看出,通过微波辐射测量技术和成像技术来观测海洋动态特征和扰动的能力尚未完全实现。除了这些主题之外,海洋微波诊断学的总体概念迄今为止也还未出现。实际上,我们仍然不知道什么类型的流体力学过程和/或海洋事件可能被微波辐射计观测到,哪些是根本无法观测到的,哪些是可能被探测到的。针对这个问题,目前已有的海洋微波数据只是提供了一个指导,但并没有给出答案。

原因之一是人们对如何利用被动微波技术测量和/或研究多尺度高动态过程仍然缺乏了解。另一个原因是缺乏充分的证据来证明高分辨率多频段极化辐射计成像仪能够比单频段常规微波雷达提供更多的有用信息。本书的后续讨论和展示的材料可能有助于澄清这一误解。

3.1.2　微波表征

图 3.2 阐述了海洋环境微波遥感模型的基本要素,其主要特征是作用于海洋-大气界面的水动力扰动产生了可测微波响应。虽然海洋是一个多组分系统,但在微波研究中,几何扰动和体积扰动这两种因素也必须考虑到。

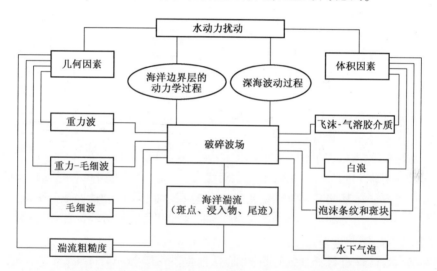

图 3.2　海洋表面的无线电-水动力-物理模型的影响因素

（引自 Cherny I. V. 和 Raizer V. Yu. *Passive Microwave Remote Sensing of Oceans*. 195 p. 1998. 版权所有 Wiley-VCH Verlag GmbH & Co. KGaA;经许可转载）

几何类型与海洋表面波有关,而海洋与大气之间的相互作用确定了海洋表面波几何特性和统计数据。表面波通常表现为一种非平稳和非均匀的多尺度表面扰动场,既有确定性分量,也有随机性分量。这类几何扰动还包括与重力波、重力毛细波、毛细波和湍流粗糙度等有关的一系列子类。根据环境条件或情况的不同,波波相互作用和波分量的强烈间歇反应可能会引起海洋微波辐射的变化。

与几何因素相关的海洋微波辐射物理机制主要包括如下效应:

(1) 小尺度粗糙度表面的镜面反射。

(2) 多尺度表面不规则处的扩散的非相干散射。

(3) 相关表面不规则处的相干散射。

(4) 几何尺寸与电磁波波长相当的表面不规则处的共振散射。

(5) 大尺度不规则处的多重散射和阴影。

体积类型的不均匀性代表了多种两相(空气-水体)分散系统,它们是泡沫、白沫、气泡群、飞沫、液滴或它们的集合体。这些高度动态的不均匀自然物是由于海浪破碎和曝气方式、深海气泡的迁移、空化流动或其他原因而形成的。

重要的是要记住,天然海洋分散介质的电磁特性与其对海洋微波辐射的影响是有差异的。该观点于 20 世纪 70 年代末出现,且有两本著作对它进行了详细解释(Raizer,Cherny,1994;Cherny,Raizer,1998)。这里的主要电磁机制有单次和多次散射、吸收和衰减,包括共振(Mie,Rayleigh)以及由紧密堆积颗粒(气泡、液滴)构成的多分散体系中发生的协同辐射效应。

图 3.2 中所示的因素及其相互关系可能是模棱两可的,必须在获得关于海洋水动力和波传播现象的具体情况时加以说明和调整。因为遥感的逆问题在数学上是先验的、不正确的,因此需要有关研究过程或现象的补充信息。这种信息通常是通过现场测量获得的。在这种情况下,灵活的算法和数值逼近能够对海洋辐射率做可靠完整的分析。

要在模型(图 3.2)中引入不同的影响因素,可以根据所选择的条件连续进行,但不是随机进行的。几何不均匀性是海洋-大气系统不可分割的一部分。分散介质只能在某些条件下才能被纳入,如在大风和强风的情况下。事实上,对于海洋环境和相关的电磁问题的描述,目前还没有公认的方法。因此,建立海洋-大气系统的通用微波电磁模型是一项极其艰巨的任务,因为对一些关键参数和影响因素应该进行详细的分析和处理,以提供足够的环境特征。

但是,至少在现有的实验和理论数据的背景下,可以分别考虑和研究每个因素对微波的影响。然后,将它们合并成一个单元模型。因此,我们解决了多因素、多参数类型问题,为不同的微波海洋场景和(或)具有大量水动力变量的场景提供了数值模拟和仿真方法。

3.1.3 基本关系

根据普朗克定律的瑞利-金斯近似,本征微波辐射强度用亮度温度 T_B 表示,T_B 是辐射系数(辐射率)κ 和热力学(物理)温度 T_0 的乘积:

$$T_B = \kappa T_0 \tag{3.1}$$

在最简单的光滑表面情况下,可以通过复菲涅耳反射系数定义辐射系数:

$$\kappa_{h,v} = 1 - \mid r_{h,v} \mid^{2} \tag{3.2}$$

$$r_{\mathrm{h}} = \frac{\cos\theta - \sqrt{\varepsilon - \sin^{2}\theta}}{\cos\theta + \sqrt{\varepsilon - \sin^{2}\theta}} \tag{3.3}$$

$$r_{\mathrm{v}} = \frac{\varepsilon\cos\theta - \sqrt{\varepsilon - \sin^{2}\theta}}{\varepsilon\cos\theta + \sqrt{\varepsilon - \sin^{2}\theta}} \tag{3.4}$$

式中：$\kappa_{h,v}$ 和 $r_{h,v}$ 分别为水平极化(指数"h")和垂直极化(指数"v")的辐射和反射系数；$\varepsilon = \varepsilon' - \mathrm{i}\varepsilon''$ 为介质的复介电常数；θ 为观测角(入射角)。在最低视角 $\theta = 0°$ 时，复反射系数 $r_{\mathrm{v}} = r_{\mathrm{h}}$。已出版的若干本著作(Stratton, 1941; Born, Wolf, 1999)对菲涅耳方程的数学特性做了调查研究。

表面亮温可由式(3.5)给出：

$$T_{Bh,v} = \kappa_{h,v} T_0 = (1 - \mid r_{h,v} \mid^{2}) T_0 \tag{3.5}$$

式中：$T_0 = $ 常数 (K)。式(3.5)代表基尔霍夫定律，即对于特定表面的热平衡，单色辐射率等于单色吸收率(Kirchhoff, 1860; Planck, 1914; Robitaille, 2009)。

海面亮温 $T_{Bh,v}(\lambda, \theta; t, s)$ 是入射角 (θ)、极化 (h, v)、电磁波长 (λ)、温度 (t) 和海水盐度 (s) 的函数。这种关系取决于水的复介电常数对频率的依赖性(称为"介电色散")，也取决于对温度和盐度的依赖性 $\varepsilon = \varepsilon_w(\lambda; t, s)$ (3.1.4 节)。这种参数化方法广泛应用于海面亮温的基本光谱和极化依赖性的理论预测(图 3.3)。

然而，基于菲涅耳方程的基本公式并没有提供完整的海洋热微波辐射特性。在现实中，我们经常观察到亮温的短期波动、偏差和走向，而这些特征主要可以通过大气-海洋界面的几何和结构扰动(变化)来解释。环境的变化受到很多因素的影响，包括海洋-大气的相互作用，风的作用和波浪运动等。一般来说，经典的菲涅耳方程(3.3)和(3.4)可能只描述亮温的全球(行星)平均值，而忽略掉了局部反常特征的影响。

基于双基表面散射系数的知识背景，提出一种更全面的扩展公式。在指定波长 λ 和极化 p 的情况下，辐射系数定义如下(Peake, 1959)：

$$\kappa_p(\lambda; \theta_0, \phi_0) = 1 - \frac{1}{4\pi} \iint [\sigma_{pp}(\lambda; \theta_0, \phi_0; \theta_s, \phi_s) + \sigma_{pq}(\lambda; \theta_0, \phi_0; \theta_s, \varphi_s)] \mathrm{d}\Omega_s \tag{3.6}$$

式中：σ_{pp} 和 σ_{pq} 为共轴和交叉极化下的双基散射系数($p = h, v$)或($q = v, h$)；θ_0，ϕ_0；θ_s，ϕ_s 为入射(发射)和散射辐射的角坐标；$\mathrm{d}\Omega_s = \sin\theta_s \mathrm{d}\theta_s \mathrm{d}\phi_s$ 为微元立体角。

在光滑表面(交叉极化项 $\sigma_{pq} = 0$)的情况下，通过水平或垂直极化处的散射

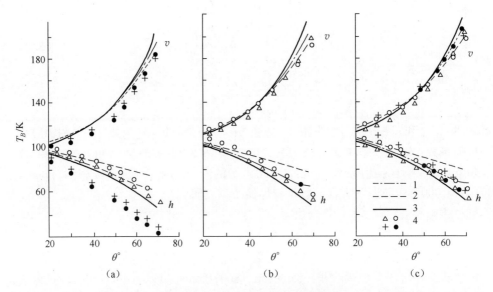

图 3.3 海面亮温对波倾角的依赖性

v——垂直极化;h——水平极化。辐射波长(频率):

(a)$\lambda=21.4cm(1.4GHz)$;(b)$\lambda=7.5cm(4.0GHz)$;(c)$\lambda=4cm(7.5GHz)$。

计算:①平坦水面;基尔霍夫模型;②表面波倾角均方根 10°;③表面波波倾角均方根 15°;④实验数据

(摘自 Wu,S. T. ,Fung,A. K. 1972. (Journal of Geophysical Research)77(30):

5917-5929. 编号:10. 1029/JC077i030p05917;Cherny I. V.

和 Raizer V. Yu(Passive Microwave Remote Sensing of Oceans.)

195 p. 1998. 版权所有:Wiley-VCH Verlag GmbH&Co. KgaA;经许可转载)

系数:

$$\sigma_{pp}(\theta_0,\phi_0;\theta_s,\phi_s)=\frac{4\pi}{\sin\theta_s}\mid r_{p(\theta_0)}\mid^2\delta(\theta_s-\theta_0)\delta(\theta_s-\phi_0) \quad (3.7)$$

结合式(3.6)可得式(3.2)($\theta_0=\theta$;$\phi_0=0$;$p=h,v$)。

式(3.6)说明了辐射率的计算取决于大气-海洋界面构造(包括两者表面(几何尺度)和体积的不均匀性)。在这种情况下,总散射系数可以写成如下和的形式:$\sigma_{\Sigma}=\sigma_{pp}+\sigma_{pq}=(\sigma_{pp}^{sur}+\sigma_{pp}^{vol})+(\sigma_{pq}^{sur}+\sigma_{pq}^{vol})$,这里的 $\sigma_{pp,pq}^{sur}$ 和 $\sigma_{pp,pq}^{vol}$ 分别是与表面散射和体积散射有关的术语。散射系数与介电常数的关系仍然是作为物理参数函数的关系。

计算辐射率的一般方法是基于热电磁波动的宏观理论和分布式系统的波动耗散定理(Levin,Rytov 1973;Landau,Lifshitz 1984;Rytov et al. ,1989)。这种严格的电磁理论描述了来自非等温和非均匀介质的热辐射,如具有垂直温度特性的多层电介质结构(Tsang et al. ,1975,1985)。对于海洋微波研究,这一理论的应用十分有限。

3.1.4 斯托克斯参数和极坐标元素

评估斯托克斯参数(由 Sir George Stokes 于 1852 年提出)是一项重要任务,因为它表征了部分极化热微波辐射的偏振态。改进后的斯托克斯亮温矢量为

$$\overline{T}_B = \frac{\lambda^2}{k_B \cdot \eta \cdot B} \begin{bmatrix} T_v \\ T_H \\ T_3 \\ T_4 \end{bmatrix} = \begin{bmatrix} T_v \\ T_H \\ T_{45} - T_{-45} \\ T_{cl} - T_{cr} \end{bmatrix} = \begin{bmatrix} \langle |\boldsymbol{E}_v|^2 \rangle \\ \langle |\boldsymbol{E}_h|^2 \rangle \\ 2Re\langle \boldsymbol{E}_v \boldsymbol{E}_h^* \rangle \\ 2Im\langle \boldsymbol{E}_v \boldsymbol{E}_h^* \rangle \end{bmatrix} \quad (3.8)$$

式中: $k_B = 1.38 \times 10^{-23}$ J/K 为玻耳兹曼常数; η 为介质的波阻抗; B 为带宽; $\boldsymbol{E}_v$ 和 $\boldsymbol{E}_h$ 分别为垂直和水平极化的发射电场。

斯托克斯矢量的第一和第二参数 T_v 和 T_h 分别对应于垂直和水平极化的亮温。第三和第四参数相当于 $T_3 = T_{45} - T_{-45}$ 和 $T_4 = T_{cl} - T_{cr}$,其中 T_{45} , T_{-45} , T_{cl} ,和 T_{cr} 分别指的是 + 45°线性、−45°线性、左旋循环和右旋圆偏振亮温。

大量的研究都是为了探索亮温的斯托克斯参数,尤其是第三和第四辐射参数。因此,建立了风生海面斯托克斯参数的地球物理近似估计:

$$T_v \approx T_{v0} + T_{v1}cos\varphi + T_{v2}cos2\varphi$$
$$T_h \approx T_{h0} + T_{h1}cos\varphi + T_{h2}cos2\varphi$$
$$T_3 \approx U_1 sin\varphi + U_2 sin2\varphi \quad (3.9)$$
$$T_4 \approx U_1 sin\varphi + U_2 sin2\varphi$$

式中: U_1 , U_2 , U_1 , U_2 为系数; $\varphi = \varphi_w - \varphi_0$ 为对应的风向 φ_w 和观察方向 φ_0 的相对方位角。假定式(3.9)中所有谐波的系数都是风速、入射角和频率的函数。

基于一些开创性的工作(Etki et al. ,1991 ;Dzura et al. ,992),斯托克斯参数开始被用于海洋表面风矢量的极化机载和星载测量。后来,在一些航空器实验中,用被动微波极化辐射计研究了厘米波和分米波之间的关系式(3.8)和式(3.9)。更多关于斯托克斯参数、极化技术和测量的详细信息请参阅相关参考文献。(Johnson,et al. ,1993,1994;Yueh,1997;Yueh,et al. ,1995, 1997;Ruf, 1998;Skou,et al. , Laursen,1998;Piepmeier,et al. , Gasiewski,2001; Lahtinen, et al. ,2003a,b;Piepmeier,et al. ,2008;Le Vine,et al. , Utku,2009)。

3.1.5 天线和辐射计参数

在现实世界中,微波辐射计测量的不是实际亮温,而是所谓的天线温度,即定义如下:

$$T_A = \frac{\iint\limits_{4\pi} T_B(\theta,\varphi) G_0(\theta,\varphi) \mathrm{d}\Omega}{\iint\limits_{4\pi} G_0(\theta,\varphi) \mathrm{d}\Omega} \qquad (3.10)$$

式中：$G_0(\theta,\varphi)$ 是天线功率增益函数。积分式(3.10)根据观测方式，通过天线主波束提供了实际亮温的空间平均值。

辐射测量系统由三个主要元件组成：接收器、传输任务线和天线(图3.4)。系统的总噪声温度 T_s 和输出噪声功率 P_s 为

$$T_s = \eta_A T_A + (1 - \eta_A) T_p + (L - 1) T_p + L T_R, P_s = k_B T_s B \qquad (3.11)$$

式中：η_A 为天线的损耗(η_A <1)；L 为传输线的损耗因子；T_R 为接收器产生的等效噪声温度；T_A 为天线噪声温度；T_p 为天线和传输线的温度；B 为滤波器带宽。

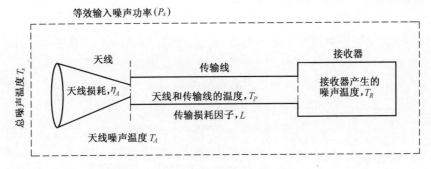

图 3.4　被动微波辐射测量系统的基本要素

为了得到实际亮温值 T_B(可与理论数据进行比较)，必须完成以下几项操作：①测量灵敏度最高的 P_s；②从 P_s 中估计 T_s 值，这需要对系统进行精确无误的校准；③使用式(3.11)从 T_s 中估算 T_A 值；④根据式(3.10)计算 T_B 值，这需要对天线特性和观测参数有详细的了解。这些程序的实施通常包括对技术参数的专门研究和天线阵系统的校准。

3.2　海水的介电特性

3.2.1　引言

水分子由两个氢原子和一个氧原子组成，属于极性分子，一面带正电，另一面带负电。水的结构既可以由单个分子构成，也可以由数百个分子结合在一起

构成。水分子在电场中旋转的自由度是通过弛豫时间(分子重新平衡的时间)来测量的。因此,大多数作者使用介电弛豫分子理论来描述微波频率下海水的介电性质。

一些经典著作建立了极性液体介电常数的弛豫理论(Debye,1929;Cole,Cole 1941,1942;Von Hippel,1995)。在此基础上,许多学者(Hasted,1961;Stogryn,1971;Ray,1972;Rayzer. et al,1975;Klein,Swift,1977;Swift,MacIntosh,1983;Shutko,1985,1986;Liebe,et al.,1991;Meissner,Wentz,2004;Somaraju 和 Trumpf,2006)在过去若干年中开发了许多数值模型和近似方法来计算纯水、盐水和氯化钠溶液的复介电常数(介电常数)。

一些收集到的实验数据(Ho,Hall,1973;Akhadov,1980;Nörtemann,et al.,1997;Ellison,et al.,1998;Guillou et al.,1998;Ellison,et al.,2003;Lang,et al.,2003,2016;Sharkov,2003;Gadani,et al.,2012;Joshi,Kurtadikar,2013)与理论值(或建议的近似值)十分吻合,但其中有些并不相符。本书在此不对这些研究和结果进行讨论。

同时,采用式(3.5)的粗略估算表明,由于现有水介电常数 $\varepsilon_w(\lambda,t,s)$ 的数值逼近结果之间存在差异,在计算海面亮温时会出现相当大的误差(在选定的微波频率下高达10%)。必须指出的是,作为温度和盐度函数,天然海水在广泛的微波频率范围内的介电特性没有得到充分研究,这在海洋遥感应用中仍然是一个问题。

3.2.2　弛豫模型

精确地了解海水的复介电常数是对海洋微波数据进行建模和分析的前提。在微波辐射测量中,要使用以下水和盐溶液的介电模型:

1. 德拜方程(Debye,1929)

$$\varepsilon_w = \varepsilon'_w - i\varepsilon''_w = \varepsilon_\infty + \frac{\varepsilon_s - \varepsilon_\infty}{1 + i\omega\tau} - i\frac{\sigma}{\omega\varepsilon_0} \qquad (3.12)$$

式中:ω 为弧度频率(rad/s),$\omega = 2\pi f$;f 为频率(GHz);ε_s 为静态(低频)介电常数;ε_∞ 为高频介电常数;τ 为弛豫时间 (s);σ 为离子电导率(s/m);$\varepsilon_0 = 8.854\cdots\times10^{-12}$F·m^{-1}为真空介电常数(电常数)。式(3.12)中的最后一项可以重新计算为 $i(\sigma/\omega\varepsilon_0) = i60\sigma\lambda$。德拜弛豫模型貌似简单,实则不然,因为上述的所有参数 ε_s、ε_∞、τ 和 σ 都是水的温度(t)与盐度(s)的函数。

2. Cole-Cole 方程(Cole,Cole,1941,1942)

$$\varepsilon_w = \varepsilon'_w - i\varepsilon''_w = \varepsilon_\infty + \frac{\varepsilon_s - \varepsilon_\infty}{1 + (i\omega\tau)^{1-\alpha}} - i\frac{\sigma}{\omega\varepsilon_0} \qquad (3.13)$$

式中：α 为描述弛豫时间分布的经验参数（通常 $\alpha = 0.01 \sim 0.30$）。当 $\alpha = 0$ 时，从式(3.13)中就可以得出德拜方程式(3.12)。目前普遍采用的是科尔-科尔(Cole-Cole)模型，因为此模型为盐水的复介电常数提供了较好的近似值。有研究者(Stogryn,1971；Klein,Swift,1977；Meissner,Wentz,2004)认为参数 $\varepsilon_s(t,s)$，$\varepsilon_\infty(t,s)$，$\tau(t,s)$ 和 $\sigma(t,s)$ 之间存在着一些差异，但他们并不能公正充分地描述盐水的介电色散 $\varepsilon_w(f)$ 或 $\varepsilon_w(\lambda)$。特别是，C 波段、S 波段和 L 波段上的依赖性 $\varepsilon_w(t,s)$ 会因离子导电率 $\sigma(t,s)$ 的不连续性而发生变化。

3. Havriliak-Negami 方程(Havriliak,Negami 1967)

$$\varepsilon_w = \varepsilon_w' - i\varepsilon_w'' = \varepsilon_\infty + \frac{\varepsilon_s - \varepsilon_\infty}{[1 + (i\omega\tau)^{1-\alpha}]^\beta} - i\frac{\sigma}{\omega\varepsilon_0} \qquad (3.14)$$

这是一种扩展电介质模型，具有弛豫时间的双参数 (α,β) 分布。指数 (α,β) 描述了介电谱 $\varepsilon_w(\lambda)$ 的不对称性和宽度。在 $\alpha = 0$、$\beta = 1$ 的情况下，对应于德拜方程；在 $\alpha \neq 0$、$\beta = 1$ 的情况下，对应于 Cole-Cole 方程；而 $\alpha = 0$，$\beta \neq 1$ 时，对应于 Cole-Davidson 方程(Davidson,Cole,1951)。

液体复合材料、聚合物以及生物系统的介电谱会用到 Havriliak-Negami 方程(Kremer,Schönhals,2003；Raicu,Feldman,2015)。在海洋微波研究中，这种灵活的多参数弛豫模型可以用于有机和无机海水化合物以及乳液的介电特性描述，还可以用来描述密度可变的液体湍流入侵。

3.2.3 温度和盐度的影响

如上所述，海面温度(SST)和盐度(SSS)是海洋微波研究中应考虑的两个主要物理参数。SST 和 SSS 对水的复介电常数的影响如图 3.5 所示。这是使用德拜模型和 Stogryn 近似法计算出来的(Stogryn,1971)。另一个数值实例如图 3.6 所示，该图表是用 Cole-Cole 模型式(3.13)创建的。为了详细获得 $\varepsilon_w''(\lambda)$ 对 $\varepsilon'(\lambda)$ 的依赖性，应设置电磁波长以 $\Delta\lambda = 0.1\text{cm}$ 为间隔，缓慢的从 0.3cm 增加到 30cm。从这些数据可以看出，SST 的影响主要出现在 K 波段和 X 波段，而 SSS 的影响主要出现在 C 波段、S 波段和 L 波段。更详细的研究也揭示了复介电常数对弛豫时间的依赖性，特别是在盐水溶液中。

微波辐射的形成是由介质表层的介电性质决定的。表层的厚度为

$$l = \left(\frac{2\pi}{\lambda}\right)^{-1}\left\{\frac{\varepsilon'}{2}\left[(1 + \tan^2\delta)^{1/2} - 1\right]\right\}^{-1/2} \qquad (3.15)$$

式中：$\tan\delta$ 为损耗角正切值，$\tan\delta = \varepsilon''/\varepsilon'$。吸收系数为 $q_e = 1/l$。式(3.15)用于估算进入到介质中的微波的穿透深度(或趋肤深度)，而这种介质带有某种复介电常数。

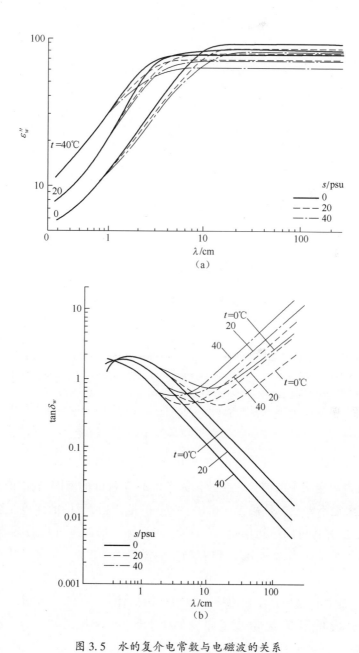

图 3.5　水的复介电常数与电磁波的关系

(a)复介电常数的实部;(b)介质损耗正切值温度(t)和盐度的不同值已标出(Cherny I. V. ,Raizer
V. Yu. *Passive Microwave Remote Sensing of Oceans*. 195 p. 1998. 版权所有:Wiley-VCH Verlag
GmbH&Co. KGaA;经许可转载)。

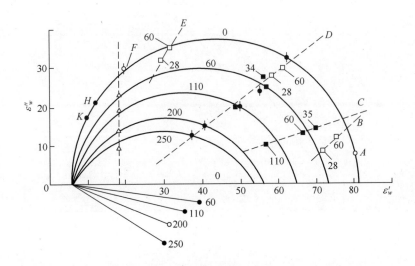

图 3.6　氯化钠水溶液的 Cole-Cole 图解
温度:20℃;数字为盐度值;

实线—模型计算值;虚线—不同波长处的测量值:(A)λ = 17.24cm;(B)λ = 9.22cm;(C)λ = 10cm;
(D)λ = 3.2cm;(E)λ = 1.26cm;(f)λ = 0.8cm;(H)λ = 0.5cm;(K)λ = 0.4cm(摘自 Shark-ovE. A. 2003. *Passive Microwave Remote Sensing of the Earth*: *Physical Foundations*. Springer Praxis Books;
Cherny I. V. ,Raizer V. Yu. *Passive Microwave Remote Sensing of*
Oceans. 195 p. 1998. 版权所有:Wiley-VCH Verlag GmbH&Co. KGaA;经许可转载)

　　通过运用式(3.15)计算得出,海水中微波的穿透深度 l = (0.01 ~ 0.1)λ,其中 λ 是自由空间中的波长。在波长 λ = 0.3~3.0cm 的范围内,水的温度和盐度对取值影响不大。但是在 λ = 6.0~30cm 的范围内,表层的深度主要取决于盐度和温度,并且可以达到几厘米。因此,对海洋表面温度进行遥感测量时,波长 λ 的最佳范围必须为 3~8cm,但在测量海洋表面盐度时,λ 的范围则必须为 18~75cm。

　　同时,基于菲涅耳方程和德拜模型的初始估计表明,在 C 波段、S 波段和 L 波段上,亮温的理论灵敏度(梯度)对 SSS 和 SST 的微小变化分别为 $(\partial T_B(t,s)/\partial s) \approx 0.2 ~ 0.5$K/psu 和 $(\partial T_B(t,s)/\partial t) \approx 0.1 ~ 0.2$K/℃。灵敏度还取决于观测参数,包括微波频率、入射角和极化度。为了获得最高精确度的数据,专门用于监测 SSS 和 SST 的微波遥感技术正在不断发展和进步(Wilson, et al. ,2001;Yueh,et al. ,2010,2013;Yueh,Chaubell,2012)。

3.3　表面波和风的影响

3.3.1　引言

近 40 年来,许多学者研究了表面波对海面微波辐射的影响。第一次实验是在 20 世纪 70 年代初期进行的(Hollinger,1970,1971;Van Melle,et al.,1973;Swift,1974)。先后使用单尺度和双尺度的电磁模型来评估表面波对微波的贡献(Wu,Fung,1972;Wentz,1975)。

特别之处在于,将双尺度模型设计成小尺度与大尺度表面不规则处的叠加形式,且可以独立影响散射。相应地,利用几何光学方法和小扰动理论计算大尺度和小尺度表面波的微波效应。依据经典著作(Cox,Munk,1954),这些模型操作是以波斜率分布的高斯函数(或 Gram-Charlier 级数)为基础的,其标准差随风速的变化而变化。

在波斜率分布的高斯定律的应用中,假设随机表面不规则性可以由线性平面波的统计系综来表示。当深水层中的长表面重力波被认为处在光谱能量的低频区间,即与光谱峰值接近时,上述假设就是成立的。实际上,这种长周期重力波的波动对微波辐射变化的贡献是非常小的。最丰富的海洋表面波是有限振幅的强非线性短重力波以及几何结构复杂的高非线性混沌毛细波。它们对微波辐射的影响在海洋诊断中显得尤为重要。非线性表面波集不能仅仅用高斯分布定律来描述;因此,已经有学者提出了若干种随机非高斯表面的有效散射模型(Jakeman,1991;Tatarskii,Tatarskii,1996),并对其进行了评估。从理论上来讲,可以使用被动微波辐射计来区分高斯和非高斯波统计对海面微波辐射的贡献(Irisov,2000)。

解决电磁波在粗糙统计(随机)表面传播这一实际问题通常采用衍射理论和电磁波传播理论中的的渐近方法(Bass,Fuks,1979;Rytov,et al.,1989;Ishimaru,1991;Voronovich,1999)。更复杂的技术假定了麦克斯韦方程的直接数值解和模拟,这些方程原则上适用于任何表面几何和/或表面波的统计系综。Fung 和 Chen 于 2010 年发表了散射和辐射的相关计算程序和数值计算实例。我们认为,相比渐近解或近似值,电磁辐射场的直接模拟对遥感理论数据来说更有价值。

3.3.2　粗糙水面微波辐射的谐振理论

为了研究来自小尺度海面的热微波辐射共振效应(与布拉格共振散射类似),Etkin 和 Kravtsov 等人提出了"粗糙表面微波辐射中的临界现象理论"(Etkin, et al, 1978; Kravtsov, et al, 1978)。

第一种方法是使用小扰动方法,作者可以计算两个衍射最大值的强度以及来自一维和二维(圆柱形)的正弦电介质表面的电磁散射的镜面反射分量。因此,由于小尺度周期性表面不规则处的存在,亮温对比的简单解析解可以通过实验测试获得(Irisov, et al. ,1987; Etkin, et al. ,1991; Trokhimovski, et al. ,2003; Sadovsky, et al. ,2009)。后来,为了获得更精确的值以及更好地解释海面波对微波辐射的影响,对模型进行了更新(Yueh, et al. ,1994b; Irisov 1997,2000; Johnson, Zang,1999; Johnson,2005,2006; Demir, Johnson,2007)。

根据二次扰动理论极限内的解析理论,将正弦周期表面(相对于光滑水面)的亮温对比度 ΔT_B 定义如下(Irisov,1987):

$$\Delta T_B \approx T_0 \cdot (k_0 a)^2 G\left(\frac{K}{k_0}, \varepsilon_w, \theta, \varphi, \tau_p\right) \tag{3.16}$$

式中: $k_0 = (2\pi/\lambda)$, $K = 2\pi/\lambda$; λ 和 a 分别为正弦表面不规则波的波长和振幅; $G(\cdots)$ 为共振函数,它取决于水的介电常数 $\varepsilon_w(\lambda)$; θ 为最低点视角; ϕ 为方位角; τ_p 为极化(垂直极化 $\tau_p = 0$ 和水平极化的 $\tau_p = \pi/2$); T_0 为水面的热力学温度。

因为在文献中很难找到一套用于计算共振函数 $G(\cdots)$ 的数学解析表达式,我们就写出这些公式(Irisov,1987; Raizer, Cherny,1994):

$$G = -\frac{1}{4}Re\left\{2(E^{(0)}E^{(2)*} + H^{(0)}H^{(2)*}) + \frac{c_+}{c_0}(\mid E_+^{(1)}\mid^2 + \mid H_+^{(1)}\mid^2)\right.$$
$$\left. + \frac{c_-}{c_0}(\mid E_-^{(1)}\mid^2 + \mid H_-^{(1)}\mid^2)\right\} \tag{3.17}$$

对于零阶散射波(镜面反射分量):

$$\begin{cases} E^{(0)} = U_0 E^{(i)} + W_0 H^{(i)} \\ H^{(0)} = V_0 H^{(i)} - W_0 E^{(i)} \\ V_0 = \dfrac{g_0 d_0 - (es_0)^2}{\omega_0} \\ U_0 = \dfrac{\tilde{g}_0 d_0 - (es_0)^2}{\omega_0} \end{cases}$$

$$\begin{cases} W_0 = 2es_0c_0/\omega_0 \\ g_k = c_k - f \cdot \tilde{c}_k \\ \tilde{g}_k = c_k - \varepsilon \cdot f \cdot \tilde{c}_k \\ d_k = c_k + f \cdot \tilde{c}_k \\ \tilde{d}_k = c_k + \varepsilon \cdot f \cdot \tilde{c}_k \\ \omega_k = d_k \tilde{d}_k + (es_k)^2 \\ k = \begin{cases} + \\ 0 \\ - \end{cases} \end{cases}$$

对于二阶散射波：

$$\begin{cases} E_{\pm}^{(1)} = \dfrac{d_{\pm}}{\omega_{\pm}} E_{\pm}^{(i)} + \dfrac{es_{\pm}}{\omega_{\pm}} H_{\pm}^{(i)} \\ H_{\pm}^{(1)} = \dfrac{d_{\pm}}{\omega_{\pm}} H_{\pm}^{(i)} - \dfrac{es_{\pm}}{\omega_{\pm}} E_{\pm}^{(i)} \end{cases}$$

其中，

$$\begin{cases} E_{\pm}^{(i)} = E^{(0+i)} \left[\dfrac{u_0}{k_0^2}(\varepsilon - 1) + s_0 s_{\pm}(1 - \varepsilon \cdot f) - \varepsilon \cdot f \cdot \tilde{c}_0 \sim \tilde{c}_{\pm} \right] - E^{0-i}\varepsilon \cdot f \cdot \tilde{c}_0 \cdot \tilde{c}_{\pm} \\ \qquad\quad + H^{(0+i)} es_{\pm} c_0 \\ H_{\pm}^{(i)} = H^{(0+i)} \left[s_0 s_{\pm}(1 - f) - f \cdot \tilde{c}_0 \tilde{c}_{\pm} \right] - H^{(0-i)} f \cdot c_0 \tilde{c}_{\pm} - E^{(0+i)} es_{\pm} c_0 \end{cases}$$

$$E^{(0 \pm i)} = E^{(0)} \pm E^{(i)}$$
$$H^{(0 \pm i)} = H^{(0)} \pm H^{(i)}$$

对二阶散射波(对镜面反射分量的校正)：

$$\begin{cases} E^{(2)} = \dfrac{d_0}{\omega_0} E_2^{(i)} + \dfrac{es_0}{\omega_0} H_2^{(i)} \\ H^{(2)} = \dfrac{d_0}{\omega_0} H_2^{(i)} - \dfrac{es_0}{\omega_0} E_2^{(i)} \end{cases}$$

其中，

$$\begin{aligned} E_2^{(i)} &= \varepsilon \cdot f \cdot \tilde{c}_0 \cdot (\tilde{c}_+ + \tilde{c}_- - 2\tilde{c}_0) \cdot \left[c_0 E^{(0-i)} + \tilde{c}_0 E^{(0+i)} \right] \\ &\quad + \left[\frac{\mu_0}{k_0^2} - s_+ s_- \right] \cdot \left[c_0 E^{(0-i)} + \varepsilon \cdot f \cdot \tilde{c}_0 E^{(0+i)} \right] \\ &\quad - \varepsilon \cdot s_0 \left[H_+^{(1)} c_+ + H_-^{(1)} c_- + \left[\frac{\mu_0}{k_0^2} - s_+ s_- \right] \cdot H^{(0+i)} \right] \end{aligned}$$

$$+ E_-^{(1)} \cdot \left[\varepsilon \cdot f \cdot \tilde{c}_0(c_0 + \tilde{c}_0) - s_- s_0(1 - \varepsilon \cdot f) - \frac{\mu_0}{k_0^2}(\varepsilon - 1) \right]$$

$$+ E_+^{(1)} \cdot \left[\varepsilon \cdot f \cdot \tilde{c}_0(c_0 + \tilde{c}_0) - s_+ s_0(1 - \varepsilon \cdot f) - \frac{\mu_0}{k_0^2}(\varepsilon - 1) \right]$$

$$H_2^{(i)} = f \cdot \tilde{c}_0(\tilde{c}_+ + \tilde{c} - 2\tilde{c}_0) \cdot [c_0 H^{(0-i)} + \tilde{c}_0 H^{(0+i)}]$$

$$+ \left[\frac{\mu_0}{k_0^2} - s_+ s_- \right] \cdot [c_0 H^{(0-i)} + f \cdot \tilde{c}_0 H^{(0+i)}]$$

$$+ \left[\frac{\mu_0}{k_0^2} - s_+ s_- \right] \cdot [c_0 H^{(0-i)} + f \cdot \tilde{c}_0 H^{(0+i)}]$$

$$+ es_0 \left[E_+^{(1)} c_+ + E_-^{(1)} c_- + \left[\frac{\mu_0}{k_0^2} - s_+ s_- \right] \cdot E^{(0+i)} \right]$$

$$+ H_-^{(1)} [f \cdot \tilde{c}_0(c_0 + \tilde{c}_0) - s_- s_0(1 - f)]$$

$$+ H_+^{(1)} [f \cdot \tilde{c}_0(c_0 + \tilde{c}_0) - s_+ s_- (1 - f)]$$

系数是

$$\begin{cases} \mu_0 = k_0^2(1 - \sin^2\theta \sin^2\varphi) \\ \tilde{\mu}_0 = k_0^2(\varepsilon - \sin^2\theta \sin^2\varphi) \\ s_\pm = \sin\theta\cos\varphi \pm k/k_0 \\ s_0 = \sin\theta\cos\varphi \\ c_\pm = [\mu_0/k_0^2 - s_\pm^2]^{1/2} \\ \tilde{c}_\pm = [\tilde{\mu}_0/k_0^2 - s_\pm^2]^{1/2} \\ c_0 = \cos\theta \\ f = \mu_0/\tilde{\mu}_0 \\ e = (1 - f)\sin\theta\sin\varphi \end{cases}$$

我们归一化的形式给出入射电磁场:

$$\begin{cases} E^{(i)} = \sin(\chi_0 + \tau_s) \\ H^{(i)} = \cos(\chi_0 + \tau_s) \\ \tan\chi_0 = \tan\varphi\cos\theta \end{cases}$$

同时要求

$$2n \frac{K}{k_0}\sin\theta\cos\varphi + \left(n\frac{K}{k_0} \right)^2 = \cos^2\theta \tag{3.18}$$

这里会出现正弦曲面中微波辐射的共振效应。尤其应该注意的是：式(3.18)中的热微波辐射的共振条件不同于用于散射的布拉格共振条件。如式(3.18)所示，第一阶 $n = \pm 1$ 的共振最大值在最低视角下能够更好地实现。该模型可能会分散不同极化在最低点以及掠射角对微波辐射的影响。

图 3.7 给出了计算不同模型参数下的共振函数 $G(\cdots)$ 的例子。数值结果表明，由于小尺度表面正弦不规则性的影响，亮温对比度的值在共振最大值时接近

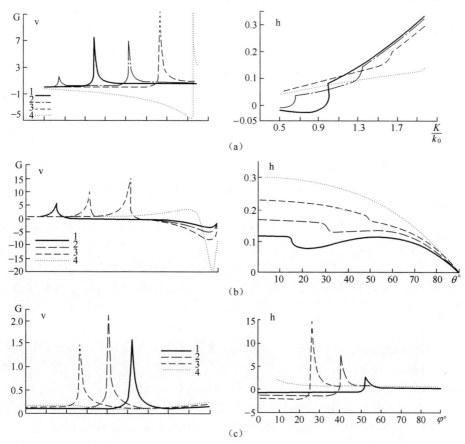

图 3.7　粗糙表面的热微波辐射的临界现象

按波长 $\lambda = 2cm$ 来计算垂直极化(v)和水平极化(h)的共振函数 $G(K/k_0; \theta, \phi)$

(a) $G(K/k_0)$；$\phi = 0°$。视角是可变的：① $\phi = 0°$；② $\theta = 20°$；③ $\theta = 40°$；④ $\theta = 70°$。(b) $G(\theta)$；$\phi = 0°$。① $K/k_0 = 1.25$；② $K/k_0 = 1.5$；③ $K/k_0 = 1.75$；④ $K/k_0 = 2.0$。(c) $G(\varphi)$；$\theta = 70°$。① $K/k_0 = 1.25$；② $K/k_0 = 1.5$；③ $K/k_0 = 1.75$；④ $K/k_0 = 2.0$。(摘自 Cherny I. V 和 Raizer V. Yu. *Passive Microwave Remote Sensing of Oceans*. 195 p. 1998. 版权所有：Wiley-VCH Verlag GmbH & Co. KGaA；经许可复制)。

$\Delta T_B = 30K$。效果体现在实验室中使用不同微波辐射计的研究中,且理论与实验之间的一致性也得到证明(Trokhimovski,et al.,2003)。

在小扰动方法的范围内,该理论可以修正为二维波数谱粗糙度的统计曲面。在这种情况下,关系式(3.16)的形式如下:

$$\Delta T_B = 2T_0 k_0^2 \int_0^{2\pi} \int_{K_{min}}^{\infty} G\left(\frac{K}{k_0}, \varepsilon_w, \theta, \varphi\right) \cdot S(K,\varphi) K \mathrm{d}K \mathrm{d}\varphi \qquad (3.19)$$

$S(K,\varphi)$ 是粗糙面的定向波数谱:

$$S(K,\varphi) = \frac{1}{K} F(K) Q(\varphi - \varphi_0)$$

$$Q(\varphi - \varphi_0) = \frac{1}{2\pi} [a + b(K)\cos[2(\varphi - \varphi_0)]]$$

式中: $F(K)$ 为全向波数谱(见第2章); $Q(\varphi - \varphi_0)$ 为无量纲扩散函数; φ_0 为观测方位角; K_{min} 为低频截止(通常 $K_{min} = 0.05k_0$),系数为 $a = 1, b(K) \approx$ 0.5。根据小斜率展开近似(Irisov,1997,2000),共振模型式(3.19)描述了小尺度和大尺度表面波的微波辐射效应。例如,可以采用波数谱 $F(K)$(见第2章)的一组参数从式(2.1)~式(2.10)来计算亮温对比度 $\Delta T_B(V)$,而该对比度取决于风速 V。

为了理解亮温对比度 ΔT_B 的特性,在式(3.19)中,功率波数谱 $S(K,\varphi) = AK^{-n} Q(\varphi)$ 是包含在内的,其中 A 和 n 是参数。进行计算时,参数 A 的取值范围为 $10^{-4} \sim 10^{-2}$,幂指数 n 的取值范围为 2~5。计算(见图3.8)显示出,积分式(3.19)使共振最大值处于一定的平滑中。此外,光谱中幂指数 n 的变化会导致光谱特性 $\Delta T_B(\lambda)$ 发生相当大的变化,而这可以由不同表面谐波的选择性特征来解释。

对共振模型式(3.19)做了一些修改,这样可以与现场实验辐射测量数据很好地吻合,而数据是从海洋平台和飞机实验室获得的。该模型还为重力-毛细表面波的射频频谱学提供了物理基础(Irisov,et al.,1987;Etkin,et al.,1991;Irisov,1991;Trokhimovski,2000)。最后,该模型解释了在海洋微波辐射中,极化各向异性效应首先体现在 Dzura 等人的工作中(Dzura,et al.,1992),随后又有多名学者对其进行了更详细地研究(Yueh,et al.,1994,1995,1997,1999;Pospelov,1996,2004;Skou,Laursen,1998;Trokhimovski,et al.,2000;Laursen,Skou,2001)。如今,极化各向异性(或极化微波辐射测量)的原理已经被成功地运用到了海洋表面风矢量的空间测量当中。

3.3.3 双尺度和三尺度修正模型

微波辐射理论的进一步发展与双尺度模型的修正有关。依据式(3.19),这

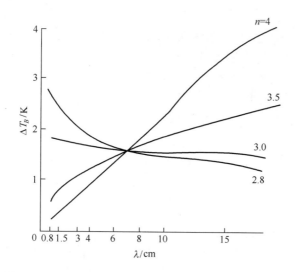

图 3.8　这里结合波数谱 $F(K,\varphi) = Ak^{-n}Q(\varphi)$,使用共振模型(3.19)
计算粗糙海面(在最低点主视角)的亮温对比度;
幂指数是变化的:$n=2.8,3.0,3.5,4$(表示);
$A = 10^{-4}$ 。(Cherny I. V 和 Raizer V. Yu. *Passive Microwave Remote Sensing of Oceans*. 195
p. 1998. 版权所有:Wiley–VCH Verlag GmbH&Co. KGaA;经许可转载)

些改进表明了小尺度波分量中微波贡献的共振特性。现在将亮温对比度表示为

$$\overline{\Delta T}_B = \int_{-\infty}^{+\infty}\int_{-\infty}^{+\infty} \Delta T_B(z_x,z_y) P_\theta(z_x,z_y)\,\mathrm{d}z_x\mathrm{d}z_y \qquad (3.20)$$

式中:$P_\theta(z_x,z_y)$ 为波斜率的概率分布函数(在局部坐标系中),可以表示为高斯定律或非高斯定律。

　　理论上已经证明(Voronovich,1994,1996):在表面不规则处的大尺度成分中,不能使用低视角(从最低点到 $\theta >70°$)下的基尔霍夫近似法来考虑入射电磁场的衍射。在这种情况下,平面曲率就成为了双尺度表面模型中一个重要的调节参数。同时,对微波辐射中的共振理论与基尔霍夫近似法进行比较以后发现,两种方法所产生的结果是相同的(Irisov,1994,1997)。这说明共振模型式(3.19)可以用来描述具有小斜率的大尺度以及小尺度表面不规则处的贡献。在正确计算亮温对比度 ΔT_B 时,它足以将截止频率 $K_{\min}$ 的值降到更低的频率范围内(设置 $K_{\min} = 0.05k_0$);这对应着一个具有小斜率的大重力波集。但是,在全局视角下,为了获得正确的结果,必须要考虑到小斜率近似中的高阶项。

　　应用微波辐射理论的下一步包括创建三尺度模型。该模型包括以下的独立部分:大尺度重力波的统计系统(通过几何光学)、重力毛细波(通过谐振模型)以及具有较大斜率的小尺度非线性波(通过准静态模型)。这种模型可以描述多尺度表面波对 C 波段、S 波段以及 L 波段($\lambda = 8 \sim 30\text{cm}$)上的微波辐射的影响。在这些波段上,微波辐射的穿透深度大于 K 波段。此外,我们还可以调用准静态(阻抗)方法来描述粗糙的空气 – 海洋界面的宏观特性(见 3.3.5 节)。在这种情况下,得到一个三尺度模型

$$\Delta \overline{T}_B = \int_{-\infty}^{+\infty} \int_{-\infty}^{+\infty} \Delta T_{Bres}(\varepsilon_{\text{eff}};z_x,z_y) P_\theta(z_x,z_y)\,\mathrm{d}z_x\mathrm{d}z_y \tag{3.21}$$

式中:使用共振模型式(3.19)计算对比度 ΔT_{Bres} ,同时用有效介电常数代替水的介电常数,即 $\varepsilon_w \rightarrow \varepsilon_{\text{eff}}$ 。在坡度不规则的情况下,通常使用表面波数谱矩来计算空气-海洋界面的有效介电常数 ε_{eff} (Kuz′min, Raizer, 1991;Cherny, Raizer, 1998)。虽然对这种三尺度模型还需要进行更详细的研究,但我们认为,它有助于解释复杂的多尺度水动力特征,这种特性与强(近)海面湍流领域中的粗糙度变化有关。

3.3.4 短重力波的贡献

我们可以使用几何光学近似来研究深水层中非线性短重力波(称为有限振幅波)的统计系统所产生的微波效应。这其中的关键参数就是波斜率的非高斯概率密度函数(PDF)。为了解释这种说法,设定了一个描述粗糙表面的一维多模随机过程:

$$\xi(x) = \sum_{n=1}^{N} a_n \cos(K_n x + \psi_n) \tag{3.22}$$

式中: a_n 和 K_n 为谐波(波模)的振幅常数和空间频率; ψ_n 为在区间 $[0, 2\pi]$ 上均匀分布的随机相位;n 为表面谐波数。为了确定表面辐射率,首先必须要明确该过程中导数(表面斜率)的 PDF。在相位不同步的情况下,概率密度函数 PDF 是

$$P_{(z)} = \frac{1}{2\pi} \int_{-\infty}^{+\infty} \prod_{n=1}^{N} J_0(Uz_n) e^{-iUz}\mathrm{d}U \tag{3.23}$$

式中: $J_0(x)$ 为实参的零阶贝塞尔函数; $z_n = K_n a_n = nC_n (Ka)^n$; Ka 为初始波陡。可以使用多模随机过程的特征函数来获得式(3.23)(Akhmanov, et al., 1981)。我们通过斯托克斯扩展式中的系数 a_n 引入了非线性的概念。当 $N=1$、2、3、4 时,谐波的分布与高斯分布有很大的差异,只有在 $N \geq 5$ 时才开始接近高斯分布,如图 3.9 所示。现在由平均过程来推出辐射率:

$$\kappa(\theta) = 1 - \int_{-\infty}^{+\infty} |r(\cos\chi)|^2 P(\theta, z) \mathrm{d}z \qquad (3.24)$$

式中：$r(\cos\chi)$ 为垂直极化或水平极化的菲涅耳反射系数；$\chi = \chi(z, \theta)$ 为一个局部入射角，它的取值与视角 θ 和表面波斜率 z 有关。因此，亮温对比度（相对于光滑表面）是表面波斜率 z 和谐波数 N 的函数，也就是说，$\Delta T_B(z, N)$ 取决于表面波的非线性特征。式（3.24）和式（3.25）估计了非高斯波斜率统计特性对海面微波辐射的贡献。

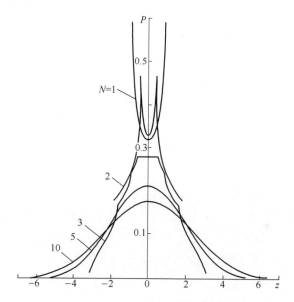

图 3.9　多模非高斯随机表面波斜率的 PDF 变换

模数是变化的：$N = 1$、2、3、5、10；初始波陡 $Ka = 0.75$。（Cherny I. V. , Raizer V. Yu. *Passive Microwave Remote Sensing of Oceans.* 195 p. 1998. 版权所有：Wiley–VCH VerlagGmbH&Co. KGaA；经许可转载）。

为了验证该模型，研究者使用高度敏感的被动微波辐射计在户外水箱中进行了关于非线性短重力波的遥感研究（在超导 Josephson 探测器上创建），其中波长 λ 分别为 0.8cm 和 1.5cm（Il′in et al. , 1985, 1988, 1991；Ilyin, Raizer, 1992）。这些测量说明了亮温对比度 ΔT_B 对表面波振幅的线性相关性以及模型和实验数据之间的高度吻合。

此外，测量结果还表明了亮温对比度对表面波陡的强烈依赖性。理论和实验数据都表明了微波辐射对短重力波的几何结构和非线性的高灵敏度（图 3.10（a）和（b））。在弱非线性表面波中，亮温对比度的最小值 $\Delta T_B \approx 0.2$K。在辐射

波长 λ 分别为 0.8cm 和 1.5cm 的情况下,随着表面波陡的增加,亮温对比度的值可达 8~10K 。

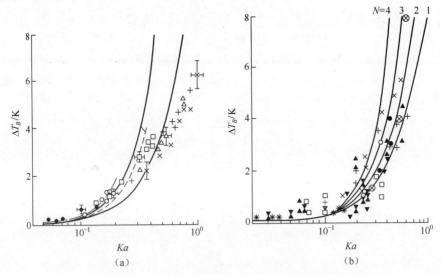

图 3.10　短非线性表面重力波对亮温对比度的影响

波长 $\lambda=1.5$cm、入射角 $\theta=30°$ 以及垂直极化时的 ΔT_B(Ka)。不同的表面波长下的实验数据(符号)。计算:(a)一阶($N=1$)和二阶($N=2$)的近似值。不考虑大气贡献时的实线数据以及考虑大气贡献时的虚线数据。(b)$N=1,2,3,4$。(改编自 I1 in V. A. et al. ,1985. Izvestiya, *Atmospheric and Oceanic Physics*. 21(1): 59-63(译自俄语);I1' in V. A. ,et al. ,1988 *Izvestiya*, *Atmospheric and Oceanic Physics*. 24(6):467-471(译自俄语);Ilyin V. A. ,Raizer V. Yu. 1992;Cherny I. V. ,Raizer V. Yu. *Passive Microwave Remote Sensing of Oceans*. 195 p. 1998. 版权所有:Wiley-VCH Verlag GmbH & Co. KGaA;经许可转载)。

　　可以使用一阶模型和高斯斜率近似进行类似的微波辐射计算(Cox,Munk,1954)。在这种情况下,大尺度重力波的斜率平均值 Ka 的取值范围为 10^{-3} ~ 10^{-2} 。然而,在有限振幅表面波中,Ka 的值可能为 0.5~1.0,而且相比于高斯斜率分布,由波的非线性特征导致的微波辐射效应似乎更重要。此外,实验观察证明了稳定的三维对称水波的存在,它是由斯托克斯波的大波陡 $Ka \geqslant 0.25$ 时的分岔所导致的(见第 2 章)。因此,可以使用二维或三维的多模表面模型对前分岔条件下的微波辐射进行更可靠的分析,例如,可以写成以下形式:

$$\xi(x,y) = \sum_n \sum_m A_{n,m}(K_x,K_y)\cos(nK_xx + \varphi_n)\cos(mK_yy) \quad (3.25) .$$

式中:$A_{n,m}$ 为该模型的振幅;K_x 和 K_y 为表面波数。微波效应与表面波的非线性特征以及波斜率的非高斯统计特性有关,为了说明这种效应,可以改变总和式(3.25)中的谐波数。使用式(3.24)来计算非线性表面波集中的亮温对比度

$\Delta T_B =(\kappa - \kappa_0)T_0$，即将其看作函数 $\Delta T_B[P(z)]$，其中 $P(z)$ 是导数 $z=(\partial\xi/\partial x,\partial\xi/\partial y)$ 的 PDF，PDF 则可以通过数值计算获得。

3.3.5　准静态和阻抗模型

在一定条件下（$k_0 \ll K$，$k_0 a \ll 1$，其中 $K=2\pi/\Lambda$，$k_0=2\pi/\lambda$，Λ 和 a 是不规则性的水平和垂直尺度），可以采用过渡介质结构的有效参数来表示一个随机的或确定的大气-海洋界面。正如 Bass 和 Fuks(1979)所述，要想精确分析阻抗电磁问题，且能够适用于随机多尺度粗糙海面，这是非常复杂的。要利用其来分析和解释微波数据并不总是那么容易。因此，可以使用一种基于层状介质的电磁理论的计算方法来计算海洋表面的辐射率(Stratton,1941;Brekhovskikh,1980)。遥感研究以及其他环保工作已经开始使用多层介质模型及算法(Raizer,Cherny,1994;Cherny,Raizer,1998;Sharkov,2003;Franceschetti,et al.,2008;Imperatore,et al.,2009;Lin,et al.,2009)。

总而言之，准静态宏观模型在空气和水介质之间建立了所谓的阻抗匹配机制，使得微波辐射显著增加，其影响取决于大气-海洋界面的参数与结构。

已经有研究者在实验室使用微波辐射计测试了在波长 $\lambda=18cm$ 时，由表面粗糙度所产生的准静态效应，这是关于该效应的首次测量(Gershenzon,et al.,等1982)。在实验室的水箱中，借助泡沫无线电半透明薄板产生了水面的不规则处，该薄板是正弦(或矩形)剖面，具有不同的振幅和空间周期。薄板的波动面被推入了水中，而光滑的一面则面向辐射计的天线。通过这种方法，就可以再现参数和几何形状各异的"冻结"规则结构。将实验数据与模型计算所得数据进行比较后，发现两者几乎一致。

由于二维和三维的小尺度表面波生成的界面轮廓的复杂性，海洋遥感的宏观理论的应用有点复杂。理论上，由于扰动方法对陡峭和紧密间隔的表面不规则处的分析不足，粗糙随机表面的宏观模型具有合理性。宏观模型对波陡参数 $Ka>1$ 没有限制。这就使得我们能够描述毛细波(陡峭波纹))的微波辐射，且该毛细波具有不稳定性和脉冲结构。该模型根据过渡层的结构和有效参数，会产生较高的亮温对比度，这对监测 S-L 波段上的表面粗糙度的异常情况来说是很重要的(Raizer,2014)。

通过对比同一个正弦面 $z=a\cos(Kx)$ 上的两种电磁微波辐射模型——"共振模型"和"宏观模型"，可以得到波陡参数 Ka 对其适用性的限制条件。我们使用三种不同的方法进行计算：①共振模型；②准静态宏观模型；③基于积分方程的衍射问题的数值解(Petit,1980)。

Cherny 和 Raizer 在 1998 年发现，波长 $\lambda=18cm$，且在波陡参数对 $\Delta T_B(Ka)$

的依赖度为 0.5 的情况下,共振模型和宏观模型之间存在某种联系。

在共振模型中,亮温对比度 ΔT_B 是由参数 $k_0 a$ 的值唯一决定的,是独立于波陡 Ka 的。需要注意的是,当 $Ka > 1$ 时,不适合使用小扰动方法,并且可以从衍射问题的数值解中得到微波辐射的另一个极大值。

在宏观模型($k_0 \ll K$, $k_0 a \ll 1$)中,当 $Ka \to \infty$ (实际上是 $Ka > 100$)时,亮温对比度趋近于 0,即 $\Delta T_B \to 0$,这种情况对应于紧密堆积的且非常陡峭的小尺度不规则表面。

从宏观理论和遥感角度分析,表面粗糙度和相应的模型转换结构应当具有等效电磁响应。当表面曲率半径 $R \sim 1/(K^2 a)$ 和电磁表层的厚度 $L \sim 1/(k_0 \sqrt{\varepsilon_w})$ 可以相互一致时,就可以达到这种效果,即 $R \sim L$ 。这种关系一般会造成以下情况:

$$\begin{cases} (Ka)^2 \ll \sqrt{1\varepsilon_{w1}}, \\ k_0 a \ll 1, \\ k_0 \ll K \end{cases} \tag{3.26}$$

在 S-L 波段上这是非常适用的(如电磁波长 $\lambda \geqslant 6 \sim 8 \mathrm{cm}$, $| \varepsilon_w | \approx 30 \sim 80$),也适用于陡度/粗糙度参数 $(Ka) \geqslant 1$ 的任何小尺度海面波(其中 $k_0 = 2\pi/\lambda$, 和 $K = 2\pi/\Lambda$ 分别是电磁波数和表面波数;a 和 Λ 分别是垂直面和水平面的粗糙度;ε_w 是海水的介电常数)。

在某些情况下,可以通过一个具有复杂特性阻抗的多层介质结构对陡峭的粗糙大气–海洋界面的微波特性进行建模,其定义如下(Stratton, 1941; Brekhovskikh, 1980):

$$\begin{cases} z_i = \eta_i \dfrac{z_{i+1} + j\eta_i \tan k_i h_i}{\eta_i + jz_{i+1} \tan k_i h_i}, & i = 0,1,2,\cdots,N \\[2mm] \eta_i = \begin{cases} \eta_0/(\sqrt{\varepsilon_i} \cos\theta_i), & \text{垂直极化} \\ \eta_0 \cos\theta_i/\sqrt{\varepsilon_i}, & \text{水平极化} \end{cases} \end{cases} \tag{3.27}$$

式中:η_i 是第 i 层的固有阻抗;$\eta_0 = 120\pi\ \Omega$ 为自由空间中的波阻抗;$\varepsilon_i = \varepsilon_i' + j\varepsilon_i''$ 为第 i 层的复介电常数;$k_i = (2\pi/\lambda)\sqrt{\varepsilon_i} \cos\theta_i$ 为波的传播常数;h_i 为第 i 层的厚度;θ_i 为第 i 层的入射角;N 为总层数;λ 为电磁波长。

可以通过分层特征阻抗来定义多层电介质结构的光谱反射和辐射系数(垂直极化和水平极化),定义如下:

$$\begin{cases} r_{i\lambda} = \dfrac{z_{i+1} - z_i}{z_{i+1} + z_i}, \\[2mm] \kappa_{i\lambda} = 1 - | r_{i\lambda} |^2, & i = 0,1,2,\cdots,N \end{cases} \tag{3.28}$$

使用层次递归方法可计算得到复阻抗 z_N,该值基本上取决于多层结构中所包含的输入层的数量 N。复反射系数 $r_{N\lambda}$ 和辐射系数 $\kappa_{N\lambda}$（辐射率）的计算也是基于同样的数量 N。接下来让我们考虑若干个准静态微波模型的变体。

3.3.5.1 单介电板

这是阻抗模型最简单的变体，其已被广泛应用于微波遥感。在这种情况下，用有效复介电常数描述随机的粗糙空气–水界面：

$$\begin{cases} \varepsilon_{\text{eff}} \approx (1 - \overline{c})\varepsilon_a + \overline{c}\,\varepsilon_w \\ \overline{c} = 1 - 2\int_0^h \Phi(z/\sigma_\xi)\,\mathrm{d}z \qquad 0 < \overline{c} < 1 \end{cases} \tag{3.29}$$

式中：ε_a 和 ε_w 分别为空气和水的介电常数；$\overline{c}$ 为填充系数（板中水的平均体积浓度）；$\Phi(X)$ 为概率积分；z 为纵坐标。给出表面 $z_\xi = \xi(x,y)$ 和方差 $\sigma_\xi^2 = (1/2\pi)^2 \!\int F(\boldsymbol{K})\,\mathrm{d}\boldsymbol{K}$ 的情况下，可以使用二重积分来计算填充系数 $\overline{c}$，其中 $F(\boldsymbol{K})$ 是海面的方向波数谱。由方差可以得到界面的"有效"厚度 $h \approx \sqrt{\sigma_\xi^2}$，它与多层结构的总厚度相关（图 3.11(a)，(b)）。

在高斯随机各向同性表面当中，可以利用随机场的漂移理论来定义填充系数（Bunkin, Gochelashvili, 1968；Belyaev, Nosko, 1969；Nosco, 1980）。通过复杂的菲涅耳反射系数计算得到光谱辐射率，而菲涅耳反射系数则是针对具有输入参数 $\{h_1 = h, \varepsilon_1 = \varepsilon_{ff}\}$ 的均匀介质板推导出的（Landau, Lifshitz, 1984；Born 和 Gochelashvili, 1999）。总体而言，阻抗模型描述了由随机小尺度表面粗糙度所引起的平均微波辐射效应，随机小尺度表面粗糙度取决于方差 σ_ξ^2。

图 3.11(c) 和 (d) 给出了在 $\lambda = 21$cm 时使用阻抗模型计算不同海面盐度下的辐射率的例子（Raizer, 2014）。从这些数据可以看出，至少在 $s = 20 \sim 30$psu 这个区间内，坡陡不规则的小规模随机表面粗糙度的影响（如重力毛细波和毛细波）是可以与盐度变化兼容的。然而，在实际当中，表面粗糙度可以引起微波效应，也就是说，由于 σ_ξ 的变化，这种效应可以作为亮温的一种常态而被消除。因此，为了更好地通过微波数据获取 SSS，通常需要对粗糙度变化进行校正，基于阻抗的方法便可以在该校正过程中发挥很大作用。

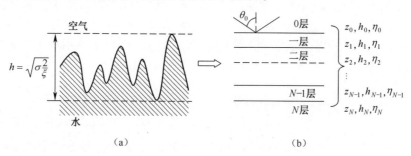

（a） （b）

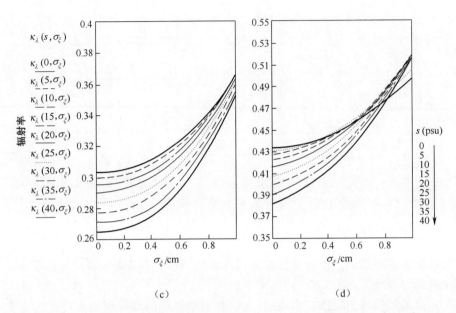

图 3.11 (见彩图)在 L 波段($\lambda=21\text{cm}$)上,表面粗糙度对微波辐射的贡献(续)

(a)表面阻抗模型和(b)多层方法的图示。计算辐射率 $\kappa_\lambda(s,\sigma_\xi)$ 时,是将其当做(c)水平极化和

(d)垂直极化时的表面高程 σ_ξ 的均方根函数。盐度是变化的:$s=0,5,10,$

$15,20,25,30,35$ 和 40psu(标记),入射角为 $37°$,表面温度 $t=10\text{℃}$。

3.3.5.2 匹配过渡层

这是阻抗模型的另一个变体。该变体表示了一个平稳的过渡层,其具有以下介电谱(Epstein 的过渡层):

$$\varepsilon(z) = \frac{1}{2}(\varepsilon_a + \varepsilon_w) + \frac{1}{2}(\varepsilon_a - \varepsilon_w)\tanh(\frac{mz}{2}) \qquad (0 < z < h) \quad (3.30)$$

式(3.30)在两个绝缘介质(空气和水)之间提供了一种完善的宽带阻抗匹配,且这两种绝缘介质界面非常不均匀。因此,S-L 波段上的辐射率会发生相当大的变化。这里的重要特征是总厚度(h)和匹配系数(m),它们可以是表面参数的函数,也可以通过风速将其参数化。辐射率可以通过使用离散复垂直剖面 $\varepsilon(z_i)$ 的分层递归方法进行数值计算。过渡模型也可用于评估微波辐射效应,而粗糙度-体积混合的不规则现象会引起该效应,如在狂风的情况下(第2章)。

3.3.5.3 随机多层结构模型

这是一个随机电磁场宏观模型,用于描述具有复杂几何结构的混合大气-海洋界面的微波特性。随机模型在许多流体动力学因素和表面不均匀性之间提供了多重匹配。实际上,它可以作为一种理想的现象学概念方法,来支持使用低分辨率的 S-L 波段图像对海洋进行全球遥感观测。该模型不需要调用任何实时的地球物理信息或并不总是可用的附加数据。该模型的数值实现的前提是,输入大量具有某些统计分布和关系的物理参数。可以使用蒙特卡罗法或其他统计网络算法使得建立过程条理化。因此,有可能揭示和估计与不同流体动力现象或事件相关的多重随机微波特征(特别是 S-L 波段)。

宏观模型及其变体可以作为另一种有效方法(基于扰动的波传播理论)而应用于海洋遥感技术中,因为它与粗糙海面上的低频无线电波的散射和辐射有关。特别地,基于阻抗的模型可以解释亮温对比度 ΔT_B 在 1 ~ 2K 的可测低对比度和短期变化(波动),而该亮温是由具有不规则轮廓的陡峭毛细波和强的非线性重力-毛细波引起的(Cherny, Raizer, 1998;Raizer, 2014)。此外,在海面盐度反演当中,利用 L 波段上的空间观测法进行全局的表面粗糙度校正的过程中,阻抗法可能具有一些优势。

3.3.6　风的影响

为了来描述观测到的海面亮温变化,风速作为一种地球物理参数经常被用于遥感领域。多年来,许多作者针对亮温对风速的依赖关系或所谓的微波辐射风的依赖性进行了测量和研究(Shutko, 1986;Sasakiet, et al., 1987;Goodberlet, et al., 1989;Hollinger, et al., 1990;Liu, et al., 1992, 2011;Wentz, 1992, 1997;Liu Weng, 2003;Bettenhausen, et al., 2006;Yueh, et al., 2006, 2013;Meissner, Wentz, 2012)。这些数据是众所周知的,它们被用于涉及风矢量及演算法的许多应用中。

例如,我们参考了 1986—1991 年在太平洋上进行的机载微波辐射观测的例子(Irisov, et al., 1987;Etkin, et al., 1991;Trokhimovski, et al., 1995)。特别地,在多频测量期间,在可变风条件下不同的辐射度数据之间的相关性显示出来。在波长 λ 为 8cm 和 18cm 的条件下,将波动敏感度分别设置为 0.1K 和 0.15K 时,使用双通道辐射计系统可以得到很多有趣的结果(Bolotnikova, et al., 1994)。

图 3.12 显示了针对三种平均海况等级绘制的亮温对比度 $\Delta T_{B18}(\lambda = 18cm)$ 和 $\Delta T_{B8}(\lambda = 8cm)$ 之间的实验性双通道回归。这些数据表明,随着海面状态的变化,回归系数 $\rho = \Delta T_{B8}/\Delta T_{B18}$ 也会发生相当大的变化。对于蒲福风力等级 1 ~ 2,3 ~ 4,5 ~ 6,计算值分别为 $\rho = 2.30, 1.76, 1.22$。因为这些波长的大气效应可以忽略不计,从而所观察到的亮温变化与粗糙度变化有关。这里最主要的动力因素是风相关波谱,因此可以利用风速对回归进行参数化。对机载辐射测量数据的分析表明,宏观模型只有在波长 λ 为 8cm 和 18cm 的条件下,才能使理论和

实验数据 $\Delta T_B(V)$ 很好地吻合。

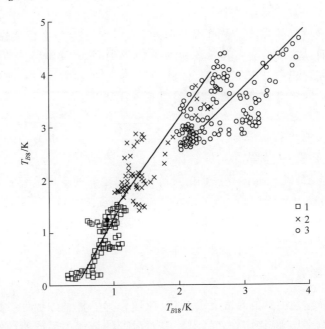

图 3.12 三个平均海况等级绘制的亮温对比度 $\Delta T_{B18}(\lambda = 18\text{cm})$ 和 $\Delta T_{B8}(\lambda = 8\text{cm})$ 之间的实验双通道回归:蒲福风力等级"1"—1···2;"2"— 3···4;"3"—5···6。安东诺夫·安-30。太平洋。(Cherny I. V. ,TRaizer V. Yu. *Passive Microwave Remote Sensing of Oceans*. 195 p. 1998.

另一方面,理论上可以很容易地估计双辐射通道在 $\lambda = 8\text{cm}$ 和 $\lambda = 18\text{cm}$ 时获得的数据之间的回归系数变化。对于这个波数谱来说,共振模型式(3.19)是包含 $F(K) = AK^{-n}$ 的。在线性逼近和最低视角 $\theta = 0°$ 时,可以得到回归系数的以下表达式:

$$\rho(n) = \left[\frac{k_{01}}{k_{02}}\right]^{-n+3} \qquad ,n \neq 1 \qquad (3.31)$$

回归系数和功率型谱指数之间的这种关系是最简单的,因为式(3.16)中的共振函数 $G(K/k_{01})$ 和 $G(K/k_{02})$ 在波长 $\lambda_1 = 8\text{cm}$ 和 $\lambda_2 = 18\text{cm}$ 的情况下实际上是差不多的(但波数是不同的: $k_{01} = 2\pi/\lambda_1 = 0.785\text{cm}^{-1}$; $k_{02} = 2\pi/\lambda_2 = 0.350\text{cm}^{-1}$)。根据式(3.31)很容易确定回归的斜率角, $\psi = \arctan[\rho(n)]$ 。在这种特殊情况下,当幂指数 $n = 2\sim3$ 时计算所得的回归系数 $\rho = \Delta T_{B8}/\Delta T_{B18}$ 与实验数据最接近。

对所得到的实验数据进行详细理论分析后发现,共振窄带机制和宏观宽带机制对海洋微波辐射都有贡献。前一种机制主要作用于风浪形成的初始阶段,即风速 $V < 5\mathrm{m/s}$ 海面上形成不同的规则(周期)波结构时。第二种机制则在波浪破裂开始时更有效,即风速高于 $7\sim10\mathrm{m/s}$ 波浪的结构变得更加混乱和不可预测时。

实际上,模型的选择取决于遥感实验的目的以及对海洋和大气条件的了解。因此,为了更精确地对多波段辐射风的依赖性进行理论分析,应该优先考虑使用共振模型。

在很久以前就已经很清楚地证明了关于辐射风的敏感度 $\Delta T_B/\Delta V$ 的这个说法。图 3.13 显示了使用组合海洋–大气辐射模型所模拟的 $\Delta T_B/\Delta V$ 对 λ 的数值上的依赖性(Kosolapov,Raizer,1991)。在定义灵敏度时,不仅要考虑大量的地球物理输入参数,还要考虑海面微波模型的参数。

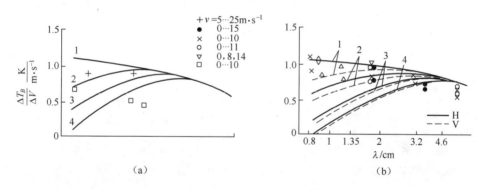

图 3.13　使用组合数值算法来计算海洋–大气层系统中辐射风敏感度的光谱依赖性视角
(a) $\theta = 0°$;(b) $\theta = 50°$。"H"和"V"分别表示水平极化和垂直极化。大气参数:水蒸气是变化的:1—0kg/m³;2—0.71kg/m³;3—2.0kg/m³;4—3.5kg/m³;湿度为 14.9kg/m³(常数)。符号表示实验数据。(ChernyI.V.,Raizer V.Yu. *Passive Microwave Remote Sensing of Oceans*. 195 p. 1998. 版权所有:Wiley-VCH Verlag GmbH &Co. KGaA;经许可转载)。

在 21 世纪中期,由于天基微波技术的创新,海洋遥感技术又上升到了一个新的高度。首先,ESA SMOS(Kerr, et al. ,2001)和 NASA Aquarius(Le Vine,et al. ,2007)等专门用于全球监测 SSS 和 SST 的任务在微波辐射测量方面取得了显著进展,特别是在 S 和 L 波段。虽然本书对与 SMOS 和 Aquarius 数据相关的现有文献并不展开讨论,但是对于微波辐射模型的物理分析和验证来说,进行一些辐射测试实验还是非常重要的。

其中,我们想着重强调 ESA SMOS 所支持的野外辐射实验(Camps,et al. ,

2002,2003,2004,2005;Etcheto,et al.,2004）。在这些实验中,使用 L 波段辐射计对辐射-风之间的依赖性进行了精确的测量。实验所获得的数据显示,由于海面条件的变化,SSS 反演可能存在不确定性。

图 3.14 显示了这些 L 波段观测的性能。为了提供准确的分析,我们比较了实验数据（Camps et al.,2002）和模型数据（Raizer,2001,2009）。为了拟合实验数据,计算了不同 SSS 值下的辐射-风依赖性。参数 SSS 和 SST 的范围对应于当地海况和现场测量。总体而言,模型和实验微波数据之间存在很好的一致性。可以利用 SSS 将辐射-风依赖性很好地表现出来;然而,在某些情况下,风力作用和盐度（和温度）的贡献似乎可以相媲美。高分辨率（0.3 ~ 0.5km）的观测情况是典型的,在增强的风中和波浪破裂事件存在时,辐射信号的波动会被反演。事实上,通常由表面动力学（而不是盐度或温度）来定义微波辐射信号的波动和趋势。粗糙度变化和波浪破碎对 L 波段的海面微波辐射产生了相当大的贡献。通过使用对不同环境因素敏感的多波段辐射测量可以显著提高偏差校正方法的性能。此方法还可以减少 SSS（和 SST）获取当中的错误。

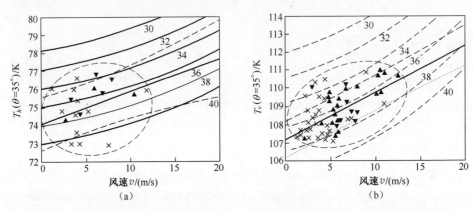

图 3.14 L 波段（1.4GHz）上的辐射-风依赖性和数据比较
（a）水平极化（实线）;（b）垂直极化（虚线）。原始实验数据符号来自 WISE 2000。模型计算:入射角 35°;
$t=15℃$;盐度变化:$s=30~40psu$（标记）（改编自 Camps A. et al.,2002.
IEEE Transactions on Geoscienceand Remote Sensing. 40(10):2117-2130）。

3.4 破碎波的影响

"破碎波"是流体动力学中的术语,其是指波峰实际翻转时波形（形状）的变化。从电动力学和微波遥感的角度来看,此定义并不完全有效。

　　为了计算辐射率,要通过两个不同的因素来表征波浪破碎过程:几何形状和体积(3.1.2 节)。第一个描述了表面几何形状的变形,第二个描述了空气-水的混合过程,也就是指在表面波塌陷的影响下大气-海洋界面的相变。

　　应用组合微波辐射模型是一个可行的方案,这样就可以同时考虑到几何和体积因子在统计学上的影响,已经构想出了用于破裂波的高分辨率雷达观测分析的模拟任务,并且得到了数值上的实现(Raizer,2013)。在被动微波辐射测量当中也可以使用同样的方法。

　　使用独立贡献的总和来表示平均亮温:

$$T_B(\lambda,p) = \left[q_{sur}\kappa_{sur}(\lambda,p) + q_{vol}\kappa_{vol}(\lambda,p) \right] T_0, q_{sur} + q_{vol} = 1 \quad (3.32)$$

式中:κ_{sur} 和 κ_{vol} 为与表面和体积非均匀性有关的辐射率;q_{sur} 和 q_{vol} 为相应的权重系数(面积分数);$p = h, v$(分别为水平极化和垂直极化);而 T_0 为热力学温度。

　　使用现有的电磁模型计算辐射率的光谱 $\kappa_{sur}(\lambda,p)$ 和极化相关性 $\kappa_{vol}(\lambda,p)$。权重系数 q_{sur} 和 q_{vol} 是海面状态参数(风速、泡沫/白浪覆盖率、边界层特征)的函数。实际上,这明显是一个简单的微波模型,因为 $T_B(\lambda,p)$ 是许多地球物理变量的复杂非线性函数。

3.5　泡沫、白浪、气泡和飞沫的贡献

　　在强风和烈风中,泡沫、白浪、飞沫和气泡是导致海洋微波辐射的主要因素。在过去的 30 年里,许多研究人员和科学家(包括作者)都对这些迷人的自然物体的微波特性进行了研究。在这里,为了让读者对问题有很好的了解和理解,会以一种简单的方式来讨论最重要的数据和结果。

3.5.1　泡沫和白浪的微波特性

　　在 20 世纪 70 年代,学者们第一次尝试着解释由海泡沫引起的微波辐射效应。该研究是以开创性的遥感实验(Nordberg, et al. , 1969;Websteret, et al. , 1976)开始的。在此期间,已经提出了若干种海洋泡沫的微波辐射模型,分别如下:两相空气-水混合物(Droppleman,1970;Matveev,1971),水和空气膜的多层结构 (Rozenkranz, Staelin, 1972),过渡介电层以及这三种模型的组合(Bordonskiy, et al. ,1978;Wilheit,1979 ;Raizer,Sharkov,1981)。还提出了许多泡沫微波辐射率的近似数值(Stogryn,1972;Pandey. et al. , Kakar,1982)。虽然这

些近似值在频率范围上具有一定的局限性,但是由于其简单性,在卫星数据同化的全局算法中如今仍在使用(Kazumori,et al.,2008)。

在 20 世纪 70 年代末 80 年代初,泡沫和白浪的分散结构的微波特性得到了深入研究,其研究结果发表在 Cherny 和 Raizer(1998)所著的一本著作中。这些数据表明,微波辐射不仅与泡沫介质的空隙率(许多人认为)有关,而且与单个气泡和(或者)它们的聚集体的衍射性质有关。结果表明,在毫米和厘米波长上的单个气泡代表类黑体衍射物体。这种效应在 $d \sim \lambda$ 中最明显,其中 d 是气泡的尺寸。

实际上,根据气泡参数、稳定性、几何形状和泡沫浓度,可以在 $\lambda = 0.3 \sim 18cm$ 的宽范围内观测到亮温的强烈变化。早期的实验和自然微波研究(Williams,1971;Vorsin,et al.,1984;Smith,1988)也证实了这一点。下面,我们来讨论所选定的基本实验和模型数据。

3.5.1.1 早期实验数据

实验测量当中,在波长 λ 为 0.26cm、0.86cm、2.08cm、8cm、18cm 和波动灵敏度为 $0.1 \sim 0.2K$ 的条件下使用了一组单通道辐射计(Bordonskiy,et al.,1978;Militskii,et al.,1978)。这些实验的目的是研究由泡沫层结构转变引起的亮温变化。为此,在光滑的水面上形成了具有多面体细胞的厚(厚度为 1~2cm)化学泡沫层。厚层会逐渐分散,并且在一段时间后转变成稳定的气泡乳胶单层膜。辐射计会连续地记录泡沫层的动态变化。通过这些测试实验,得到以下重要结果:

(1)微波辐射的多频谱依赖性是由泡沫层的厚度和分散的微观结构所决定的。

(2)在波长 $\lambda = 0.26 \sim 8cm$ 范围内,由于薄薄的气泡单层膜(厚度约0.1cm)位于空气-水界面上,辐射率占主导地位。

(3)在波长 $\lambda = 0.26 \sim 2cm$ 范围内,一个 1~2cm 厚的泡沫层的辐射率大约为 1,也就是说,一个厚厚的泡沫层是绝对黑体。

(4)在波长 λ 为 0.26cm 和 0.8cm 时,泡沫层的辐射率与极化无关。

在实验室中还可以使用双基反射法(Militskii,et al.,1977)研究泡沫的微波散射特性。在频率为 9.8GHz、36.2GHz 和 69.9GHz 时,可以进行散射指标的测量。

活性双稳态测量已经证明,液体泡沫的电磁特性非常接近黑体的电磁特性,这与通过气泡和泡沫多面体细胞对微波高吸收有关。同时发现,位于水面上的薄气泡乳胶单层膜(约 0.1cm)表示了空间周期为 $\Lambda \sim \lambda$ 的二维衍射光栅。可以通过有效气泡节点的共振特性来解释选择性反射,而该气泡节点漂浮在水面上形成了单层膜。气泡的选择性反射和液体的晶格或多原子分子的 X 射线衍射之间有一些相似之处。

3.5.1.2　模型数据

实验室和现场实验的结果清楚地表明,在微浪波频率 $\lambda = 0.3 \sim 8\text{cm}$ 的范围内,非均质混合物理论不能充分地描述泡沫和白浪的微波特性以及两个极化。另外,对于实际遥感应用来说,由 Tsang(1985,2000a,b),Ishimaru(1991) 和 Apresyan 及 Kravtsov(1996) 等人提出的稠密介质中波传播的电磁学理论似乎有点复杂,且该介质包含紧密堆积的颗粒。此外,这个理论并不能够充分地描述具有可变微观结构特征的动态海洋泡沫/白浪的辐射率。

目前已经利用经典的 Lorentz-Lorenz 方程(Raizer, Sharkov, 1981; Dombrovsky, Rayzer, 1992; Raizer, 1992; Cherny, Raizer, 1998)和/或各向同性散射介质中的热辐射分析理论,开发出了该模型的一个切实可用的变体(Dombrovsky, 1979; Dombrovsky, Baillis, 2010)。

该宏观模型的主要参数是球形气泡多分散系统的有效复介电常数。通过具有薄水壳的空心球形颗粒来对微波频率下的单个气泡进行建模(Dombrovsky, Rayzer, 1992)。使用修改为双层球形颗粒的米氏公式计算单个气泡和气泡系统的散射和吸收特性。

使用修改后的 Lorentz-Lorenz 方程来计算系统的有效复介电常数:

$$\begin{cases} \varepsilon_{N\alpha} = \dfrac{1 + \dfrac{8}{3}\pi\,\overline{N\alpha}}{1 - \dfrac{4}{3}\pi\,\overline{N\alpha}} \\[4ex] \overline{N\alpha} = \dfrac{k\displaystyle\int \alpha(a)f(a)\,\mathrm{d}a}{\dfrac{4}{3}\pi\displaystyle\int a^3 f(a)\,\mathrm{d}a} \\[4ex] \alpha = a^3 \dfrac{(\varepsilon_0 - 1)(2\varepsilon_0 + 1)(1 - q^3)}{(\varepsilon_0 + 2)(2\varepsilon_0 + 1)(1 - q^3) + 9\varepsilon_0 q^3} \end{cases} \tag{3.33}$$

或使用 Hulst(van de Hulst, 1957)方程:

$$\begin{cases} \varepsilon_{NS} = 1 + \mathrm{i}4\pi\left(\dfrac{2\pi}{\lambda}\right)^{-3}\overline{N}s_0 \\[4ex] \overline{N}S_0 = \dfrac{k\displaystyle\int S_0(a)f(a)\,\mathrm{d}a}{\dfrac{4}{3}\pi\displaystyle\int a^3 f(a)\,\mathrm{d}a} \\[4ex] S_0 = \displaystyle\sum_{n=1}^{\infty} \dfrac{2n+1}{2}(A_n + B_n) \end{cases} \tag{3.34}$$

式中:$\varepsilon_{N\alpha}$ 和 ε_{NS} 为气泡的多相分散系统的复有效介电常数;$f(a)$ 为气泡的归一

化尺寸分布函数；a 为单个气泡的外半径；δ 为壳的厚度；N 为气泡的体积密度；k 为气泡的填充系数；ε_0 为壳介质的复介电常数（通常是盐水）；α 为单个气泡的复极化率；S_0 为通过单个气泡"向前"散射的复振幅；$q = 1 - \delta/a$ 为泡沫的"填充"因子；A_n 和 B_n 为空心球形颗粒的复合 Mie 系数。

第一个公式，式（3.33）考虑到了紧密分散系统中气泡的偶极-偶极相互作用。第二个公式，式（3.34）描述了非相互作用气泡的多极矩（前向散射）对系统有效介电常数的贡献。两种模型均具有气泡的衍射特性。

基于米氏理论（Dombrovsky，1981）的一个特殊数值分析表明，在波长 $\lambda = 0.2 \sim 0.8\text{cm}$ 的范围内，直径 $d = 0.1 \sim 0.2\text{cm}$ 的大气泡表示共振物体，该物体具有强吸收和散射特性。但在 $\lambda = 2 \sim 8\text{cm}$ 时，直径 $d < 0.2\text{cm}$ 的球形气泡是瑞利颗粒。对于这些气泡，吸收截面基本上超过散射截面（图 3.15）。

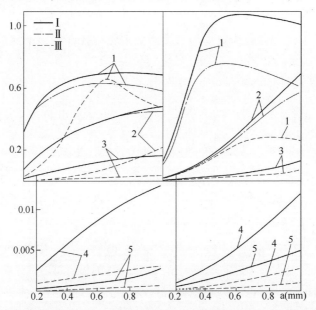

图 3.15　I—消光、II—吸收和III—散射不对称的影响因素与气泡外径的关系
使用米氏公式计算空心球形颗粒。水壳厚度：（左图）$\delta = 0.001\text{m}$；（右图）$\delta = 0.005\text{cm}$。电磁波长：1—$\lambda = 0.26\text{cm}$；2—$\lambda = 0.86\text{cm}$；3—$\lambda = 2.08\text{cm}$；4—$\lambda = 8\text{cm}$；5—$\lambda = 18\text{cm}$（改编自 Dombrovsky L. A. 1979. *Izvestiya*, *Atmospheric and Oceanic Physics*. 15(3)：193-198（译自俄语）；Dombrovsky L. A. 1981. *Izvestiya*, *Atmospheric and Oceanic Physics*. 17(3)：324-329，（译自俄语））。

气泡的共振特性会使得复有效介电常数 $\varepsilon_{N\alpha}$ 和 ε_{NS} 的实部和虚部都增加，

这将导致分散介质中的全电磁损耗发生变化。在 $\lambda = 0.2 \sim 8\mathrm{cm}$ 的宽波长范围内,由于共振效应引起的这种宽频介电增量会产生更为逼真的辐射率的光谱依赖性。

准静态宏观模型式(3.33)和式(3.34)是以基本物理定律为基础的,而该定律是针对球形颗粒的多分散介质进行修改之后的。与混合电介质模型不同,该模型提供了一种计算方法,即在 $\lambda = 1.5 \sim 21\mathrm{cm}$ 的宽波长范围内,可以计算泡沫/白浪辐射率的光谱依赖性。模型的关键参数是气泡的尺寸分布函数 $f(a)$ 和水壳 δ 的厚度,所以这些参数应该恰当地予以详细说明。

更多透视模型(Raizer, 2006, 2007)涉及有效复介电常数 $\varepsilon_{N\alpha}(z)$ 或 $\varepsilon_{NS}(z)$ 的垂直剖面,其中 z 是泡沫层的深度(图 3.16)。这些轮廓取决于相分量(水和空气)的垂直成层结构和/或分散介质中气泡尺寸的垂直分布。在平坦表面的最简单的情况下,可以使用标准公式 $\kappa_f(\lambda) = 1 - |r_f(\lambda)|^2$ 估算光谱辐射率,其中 $r_f(\lambda)$ 是非均匀介质的光谱反射系数,其剖面为 $\varepsilon_{N\alpha}(z)$ 或 $\varepsilon_{NS}(z)$。可以使用复合菲涅耳反射系数运算的多层递归算法来计算辐射率(Raizer, et al., 1986; Cherny, Raizer, 1998)。

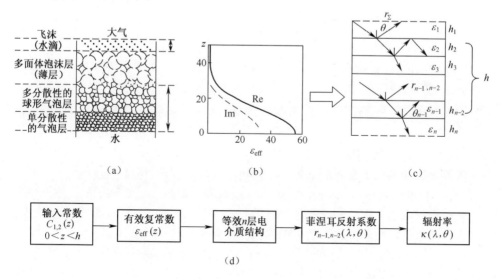

图 3.16　海洋泡沫的结构化微波模型化和多层模拟技术

(a)分层表示;(b)连续有效复介电常数;(c)多层电介质模型;(d)辐射率的计算流程图。(摘自 Raizer V, 2006. *Proceedings of International Geoscience and Remote Sensing Symposium*, 3672－3675页。Doi: 10.1109/IGARSS. 2006. 941; Raizer V. 2007. *IEEE Transactions on Geoscience and Remote Sensing*. 45(10): 3138 －3144。Doi: 10.1109/TGRS. 2007. 895981

实际上,这种分层电磁模型更实际地描述了非均匀海洋泡沫/白浪的结构层次和微波特性,它与准确的测试辐射测量值(Padmanabhan,et al.,2007)很好地吻合。

3.5.1.3 近期研究

关于泡沫/白浪对海面微波辐射贡献的后续工作主要是根据即将到来的天基观测和飓风预报项目开展的。在这方面,过去十年中已经进行了以下研究:

(1)微波辐射测量混合介质模型的详细理论分析和验证(Anguelova,2008;Anguelova,et al.,2009;Anguelova,et al.,Gaiser 2011,2012,2013;Hwang,2012;Wei,2013)

(2)稠密介质中波传播模型是基于麦克斯韦方程(准晶体近似)的数值解和辐射传递方程的应用以及蒙特卡罗模拟而建立的(Tsang,et al.,2000a,b;Guo,et al.,2001;Chen,et al.,2003;Wei,et al.,2011)

(3)发展针对高分辨率多波段微波辐射测量和图像的组合多分散宏观模型(Raizer,2005,2006,2007,2008)。

(4)不同条件下泡沫/白沫辐射率的精准测量(Rose,et al.,2002;Padmanabhan,Reising 2003;Aziz,et al.,2005;Salisbury,et al.,2014;Wei,et al.,2014a,b;Potter,et al.,2015)

整体来说,以上所提出的理论和实验研究已经使得海洋微波辐射测量和数据分析工作取得了一定的进展。特别地,在给定的微波频率和视角下,泡沫/白浪的辐射率已经得到改进了。实验还发现,亮温的角度变化取决于泡沫结构特征。

常用的相对简单的泡沫/白浪微波模型是基于非均匀介质混合物理论的。宏观理论包括十几个不同的混合公式(Tinga,et al.,1973;De Loor,1983;Sihvola,1999;Kärkkäinenet,et al.,2000)。所有这些模型都以相分量的体积浓度运行,但却无法描述内部微观结构元素的衍射特性。在某些观察条件下,混合电介质模型可以产生给定微波频率下的正确的泡沫辐射光谱值。具体地说,在$\delta=a$、$q=0$时(当球形气泡壳形成水滴时),修订后的Lorentz-Lorenz方程(3.33)可以缩减为一些介质混合公式。

微波的散射和吸附作用将会导致额外的电磁损耗,这会影响辐射率的光谱和极化特性。一个环境的例子是高度动态的白浪气泡羽流(使用Monahan的术语),甚至在S和L波段也可以产生对比度的射电亮度特征。羽流是由不同颗粒组成的两相湍流,该颗粒的几何形状和尺寸是可变的。在这种情况下,辐射率的剧烈变化由两个因素决定:孔隙率和衍射损耗,归因于内部颗粒(气泡、液滴及其聚集体)微观结构的散射。

所有提到的泡沫/白浪微波模型的物理意义是相同的:认为它是含有少量水和大量空气的两相分散介质。由于水和空气的介电常数相差很大,在 0.8~1.0(取决于微波频率和视角)的范围内,这种合成物总是产生很高的辐射率。问题在于对所选模型进行适当的物理参数化以及实验验证。判断该模型是否适合的最重要标准就是,其是否可以在 0.3~30cm 的波长的宽光谱范围内同时描述两个极化的辐射率,而不仅是在指定的频带内。

图 3.17 总结了泡沫辐射率的光谱依赖性。在泡沫层厚度 $h = 0.2 \sim 1.0$cm 的情况下,具有有效介电谱的微波模型(图 3.16)与现有实验数据高度吻合。需要注意的是,早些时候已经在实验室和船载陀螺稳定平台上收集了许多实验数据,提高了空间分辨率。在这些情况下,通过模型的正确参数化可以实现最佳匹配。由于泡沫微观结构的变化和动力学误差,模型和实验数据之间总会发生一些偏差。

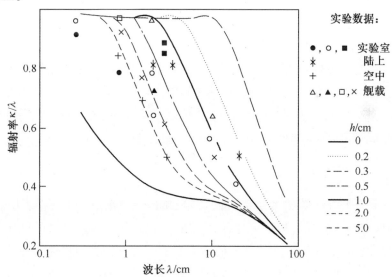

图 3.17　泡沫辐射率的光谱依赖性(以最低点来计算),列出了泡沫层厚度 h 取不同值时的模型计算结果(图 3.16),
同时显示了不同的环境条件下的实验数据(未指定)(Cherny IV,
Raizer V. Yu. *Passive Microwave Remote Sensing of Oceans*. 195 p. 1998. 版权
所有:Wiley-VCH Verlag GmbH & Co. KGaA;Raizer V. 200. *IEEE Transactions on Geoscience and Remote Sensing*. 45(10):3138-3144,Doi:10.1109/TGRS.2007.895981)

从图 3.17 可以看出,辐射率的光谱依赖性被非均匀泡沫层的厚度划分得是够好,这可能使得对海面上泡沫/白浪覆盖率进行被动微波观测得以实现。

在矢量波方程的基础上,可以定义和开发大多数用于海洋遥感的泡沫/白浪微波模型:

$$\Delta E + k^2 E + \mathrm{grad}\left(E \frac{1}{\varepsilon}\mathrm{grad}\varepsilon\right) = 0, k(r) = \frac{\omega^2}{c^2}\varepsilon(r) \qquad (3.35)$$

式中:$\varepsilon(r) = <\varepsilon> + \Delta\varepsilon(r)$ 为复介电常数的随机场, $<\varepsilon>$ 为介电常数的平均值, $\Delta\varepsilon(r)$ 为波动部分,取决于空间坐标 $r = \{x,y,z\}$; $k(r)$ 为传播常数; ω 为电磁波的频率。

该工作可以分为两部分。在垂直分层介质的情况下,式(3.35)的基本解给出了散射与辐射系数,而它们取决于轮廓 $\varepsilon(z) = <\varepsilon> + \Delta\varepsilon(z)$ 。在水平分布 $\varepsilon(x,y) = <\varepsilon> + \Delta\varepsilon(x,y)$ 的情况下,式(3.35)的解可以描述亮温 $\Delta T_B(x,y)$ 的空间变化,其与泡沫/白浪覆盖率的水平非均匀性(和微观结构)有关。

最后,也有可能应用基于分形的形式来描述随机群集分散系统(例如,Babenko,et al.,2003)中微波的传播(散射和吸收)。分形维数是统计参数,可以在分散系统的电磁特性和微观结构特性之间建立连接。基于分形的模型在数学上更加灵活和紧密;在大风和飓风中,它们可以充分地描述覆盖海洋大空间的强大的两相分散流的微波特征。

3.5.2 飞浪的辐射性

第一个关于海洋学的考察(Tang,1974;Barber,Wu,1997)已经表明,"飞沫"——水和空气的混合物——对海面亮温产生了额外的贡献。可以使用菲涅耳反射系数和取决于风速的亮温的经验参数化进行估算。虽然选择这样的海洋飞沫是一个迂回的想法,但其结果是积极的,而且进一步引出了更详细的实验研究。例如,从浮动仪器平台(Savelyev,et al.,2014)获得的最新数据表明,可能通过测量大风中的海面亮温来预测飞沫气溶胶通量。卫星数据还显示,海洋飞沫气溶胶有助于空气-海洋交换(Anguelova,Webster,2006;Monique,et al.,2010)。

二十世纪八十年代中期,使用单通道辐射计/散射仪进行了重要的也许是第一次的详细实验研究,在波长 $\lambda = 0.8\mathrm{cm}$ 时,研究液滴的流动和由破裂波引起的天然海洋飞沫。早些时候,已经有两本著作发表了这些数据并进行了讨论(Cherny,Raizer,1998;Sharkov,2007)。在这里,我们简要介绍一些对海洋遥感具有基本意义的重要成果。

通过实验室的实验发现,可以利用液滴流动的结构参数和体积浓度来定义反向散射、衰减以及亮温的变化。在低浓度($c \leqslant 0.1\%$)的情况下,该流动表现为像含有小水滴的离散散射和吸收介质。在高浓度($c \geqslant 4.5\%$)的情况下,该流动表现则类似于紧密间隔相互作用的液滴的连续湍流介质。这些实验为飞沫的进一步电磁建模及其对海洋微波辐射的影响提供了物理基础。

来自舰载微波观测证实了天然海洋飞沫和泡沫/白浪在电磁感应当中是完全不同的介质。特别地,当 $\lambda = 0.8\mathrm{cm}$ 时,使用辐射计-散射仪对波浪破碎过程进行时间序列测量,该测量证实了泡沫和飞沫会引起分离效应。

Cherny 和 Raizer(1998)发表的结果表明,反向散射截面 $\sigma_{bs}(t)$ 和亮温 $T_B(t)$ 随反相动态的改变而发生时变。σ_{bs} 比 T_B 变化得更快。这意味着散射仪信号对飞沫注入更敏感,而辐射计信号对泡沫/白浪的生成更敏感。

近海面的海洋飞沫和密集气溶胶对海洋辐射率的影响不仅取决于飞沫/气溶胶覆盖统计值(实际百分比可能是未知的),而且与作为水滴系统的飞沫的电磁特性及其聚合物有关。可以使用瑞利/米氏散射理论来定义球形水滴的衍射特性。一些著作中发布了相应的计算公式、近似值和数值数据(van de Hulst,1957;Deirmendjian,1969)。

在低浓度液滴流动或飞沫的情况下,可以运用辐射传输理论来计算飞沫引起的辐射率增量。在高浓度飞沫介质当中,可以使用宏观混合模型进行简单的估算。例如,可以使用与"空气中的水"(而不是"水中的空气")结构相关的 Maxwell-Garnett 有效介质近似来定义细分散飞沫或者密集气溶胶的有效复介电常数。

如上所述,可以通过不同尺寸和浓度的球形水滴的离散系统更充分地对海样飞沫进行建模。首先使用米氏理论(Dombrovsky,Rayzer,1992;Cherny,Raizer,1998),对微波频率下的飞沫介质的辐射特性进行直接数值计算。模型描述和理论结果如下。

对于水滴的多分散系统,引入了吸收 $\overline{Q}_a$、散射 $\overline{Q}_s$ 和衰减 $\overline{Q}_t$ 的体积因子:

$$\{\overline{Q}_a, \overline{Q}_s, \overline{Q}_t\} = \frac{3}{4}\frac{\overline{\omega}}{\rho}\int\{Q_a, Q_s, Q_t\}r^2 p(r)\,dr \Big/ \int r^3 p(r)\,dr \qquad (3.36)$$

式中：Q_a 和 Q_s 为吸收和散射的有效因子；$Q_t = Q_a + Q_s$ 为半径为 r 的水滴的有效衰减因子；$\overline{\omega}$ 为水的质量浓度；ρ 为水的密度。在微波应用中，对于飞沫液滴大小，采用如下的双参数伽马分布：

$$p(r) = \frac{A^{B+1}}{\Gamma(B+1)}r^B \exp(-Ar) \qquad (3.37)$$

式中：A 和 B 为参数。分布的"尾巴"对风速和飞沫产生条件的变化比较敏感（第 2 章）。

$Q_a(x), Q_s(x)$ 和 $Q_t(x)$ 的无量纲因子是使用球形颗粒（水滴）的米氏理论来计算的，其中 $x = 2\pi r/\lambda$ 是衍射参数。需要注意的是，所有这些因子都是滴液的复介电常数（通过米氏复系数）的函数，即它们取决于海水的电磁波长、温度和盐度。球形水滴参数对飞沫散射和吸收特性的影响很大。图 3.18 显示了若干个数值例子。

根据我们的计算结果，水滴的主要电磁特性如下：

（1）在 $\lambda > 0.6$cm 的微波范围内，小尺寸液滴（半径 $r < 0.05$cm）是符合瑞利散射定律的颗粒。

（2）大尺寸水滴的散射和吸收共振区（半径为 0.05cm $< r < 0.2$cm）体现在 $\lambda = 0.3{\sim}5$cm 的波长范围内。

（3）在 $\lambda = 0.2{\sim}8$cm 的波长范围内，液滴的辐射特性取决于水温。

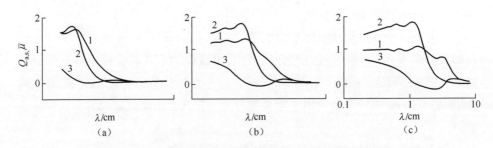

图 3.18　使用不同半径的球形水滴的米氏公式来计算吸收(1)、散射(2)和散射不对称(3)的有效因子：

(a) $r = 0.05$cm；(b) $r = 0.1$cm；(c) $r = 0.2$cm。（Cherny I. V. Raizer V. Yu. *Passive Microwave Remote Sensing of Oceans*. 195 p. 1998. 版权所有：Wiley-VCH Verlag GmbH&Co. KGaA）。

由飞沫引起的辐射率不仅与单个水滴及其多分散体系的衍射性质有关，而且与厚度为 h 的飞沫层中水的表面质量浓度 $\overline{\omega}h$ 有关。使用标量辐射传输方程的解析解进行估算(Cherny, Raizer, 1998)。Dombrovsky 和 Baillis(2010)的著作中报道了分散介质中的热辐射全理论。

图 3.19(a)显示了在具有不同表面质量浓度 $\overline{\omega}h = 0.1\text{g/cm}^2$ 和 $\overline{\omega}h = 0.01\text{g/cm}^2$ 的液滴单分散层情况下,飞沫水系统的半球面辐射率 $\kappa(\lambda)$ 的光谱依赖性。对于大液滴(液滴的半径 $r = 0.2\text{cm}$),曲线 $\kappa(\lambda)$ 让人联想到光谱依赖性 $Q_a(\lambda)$。在瑞利区,散射相对于吸收较弱。

图 3.19(b)和(c)显示了在尺寸分布式(3.37)中不同参数下的液滴多相分散系统的类似依赖性。这里,辐射率 $\kappa(\lambda)$ 的光谱在很大程度上取决于飞沫液滴的尺寸分布。

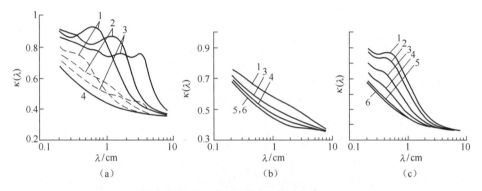

图 3.19　飞沫的辐射光谱计算

(a)具有可变液滴半径的单分散层:1—$r = 0.05\text{cm}$; 2—$r = 0.1\text{cm}$; 3—$r = 0.2\text{cm}$;4—光滑水面。
实线:$\overline{\omega}h = 0.1\text{g/cm}^2$。虚线:$\overline{\omega}h = 0.01\text{g/cm}^2$。(b)和(c)表面质量浓度可变的多分散层:
1—$\overline{\omega}h = 0.1\text{g/cm}^2$; 2—$\overline{\omega}h = 0.08\text{g/cm}^2$; 3—$\overline{\omega}h = 0.05\text{g/cm}^2$; 4—$\overline{\omega}h = 0.03\text{g/cm}^2$;
5—$\overline{\omega}h = 0.01\text{g/cm}^2$; 6 光滑水面。(b)小尺寸飞沫($r_{max} \approx 0.01\text{cm}$)和(c)大尺寸飞沫($r_{max} \approx$
0.1cm)。(Cherny I. V., Raizer V. Yu. *Passive Microwave Remote Sensing of Oceans*. 195 p. 1998.

理论分析揭示了由位于光滑水面上的飞沫层引起的主要微波效应。总体而言,飞沫使得 $\lambda = 0.2 \sim 5\text{cm}$ 范围内的辐射率增加。辐射率的变化主要由大尺寸液滴的共振特性决定,即尺寸分布(式 3.37)的"尾巴"。在单分散飞沫的情况下,共振效应显著,对于多分散飞沫,它们则被平滑化。水的质量浓度越高,飞沫-水系统的辐射率越高。总的说来,我们可以认为密集飞沫气溶胶是海面辐射率的重要贡献者。

3.5.3　气泡的贡献

在这里,可以认为气泡群是薄且稳定泡沫层和水下气泡介质之间的过渡阶段。气泡群直接位于大气–水界面上,可以产生单个气泡群或其群组(第 2 章)。有时,可以观察到来自气泡膜的干涉图。在数学上,可以由浮动在水面上的小尺寸或大尺寸半球壳的组合来表示表面结构。

在高分辨率微波观测中,应同时考虑气泡群的体积和表面散射效应。为了进行数值分析,与这种复杂几何形状相关的直接电磁解决方案(如浮在水面上的气泡)必须要足够复杂。但是,这一任务有时也可以进行简化考虑,例如覆盖在海洋表面的气泡中存在的随机取向曲面薄水膜,它们的统计总体就可以简化。可以使用物理光学近似来定义微波特性,也可以考虑位于电介质(水)表面上的"气泡偶极子"(类似于声学)的模型。总体而言,我们认为气泡群的微波特性可能比泡沫单层共振特征更为明显,因为介电和衍射效应都会参与其中。

另一种重要类型的两相介质是水下气体微泡云。第 2 章中考虑到海洋中的曝气和气泡生成机制。使用著名的混合介质公式就可以很容易地估计可能的微波效应。这正是宏观模型可以应用和测试的情况。

可以通过以下公式定义含有大量小气泡的空气–水混合物(De Loor 1983):

$$\varepsilon_m = \varepsilon_w + c(\varepsilon_i - \varepsilon_w) \sum_{j=1}^{3} \frac{1}{1 + \left(\dfrac{\varepsilon_i}{\varepsilon^*} - 1 \right) A_j} \tag{3.38}$$

式中:$\varepsilon_w(\lambda)$ 为水的复介电常数;$\varepsilon_i = 1$ 为空气(或任何气体)的介电常数;c 为水中气泡的体积浓度。形状因子 A_j 描述了气泡的可变几何形状。对于球体来说,它是 $\{A_1 = A_2 = A_2 = 1/3\}$;对于针状物来说,则为 $\{A_1 = A_2 = 1/2, A_3 = 0\}$,对于圆盘来说,它是 $\{A_1 = A_2 = 0, A_3 = 1\}$。式(3.38)包含了一个未知参数 ε^*,即所谓的有效内介电常数,用于描述其他夹杂物(在我们的例子中是气泡)对混合物的有效常数 ε_m 的静电贡献。假设 ε^* 的值在两个常数之间:$\varepsilon^* = \varepsilon_w$ 和 $\varepsilon^* = \varepsilon_m$。将这些常数代入式(3.38),可以得到函数 $\varepsilon_m(c)$ 的两个边界。

可以重新排列式(3.38),以给出复介电常数 $\varepsilon_m = \varepsilon'_m + i\varepsilon''_m$ 的实部和虚部:

$$\varepsilon'_m = \varepsilon_{m\infty} + \frac{\varepsilon_{m0} - \varepsilon_{m\infty}}{1 + \left(\dfrac{\lambda_{ms}}{\lambda} \right)^2}, \quad \varepsilon''_m = \frac{\varepsilon_{m0} - \varepsilon_{m\infty}}{1 + \left(\dfrac{\lambda_{ms}}{\lambda} \right)^2} \cdot \frac{\lambda_{ms}}{\lambda} \tag{3.39}$$

这些关系描述了两相气泡介质的有效介电常数,它作为液体电介质,具有弛豫参数 ε_{m0}、$\varepsilon_{m\infty}$、λ_{ms},类似于水的介电常数的德拜方程。

图 3.20 显示了对于水介质中气泡计算的 Cole-Cole 图 $\varepsilon''_m(\varepsilon'_m)$。空气体积浓度(空隙率)$c = 0.05 \sim 0.10$ 的值接近环境范围。当电磁波长 λ 从 $0.1 \sim 30\text{cm}$ 渐渐变化时,使用式(3.39)来设计图表。$c = 0$ 对应于真空中的水。从这些图表

中可以得到以下这些特点：

（1）气泡介质的介电性能随着混合物中气泡浓度的增加而改变。Cole-Cole 图会转移到较低的有效介电常数值。

（2）在淡水当中，Cole-Cole 图形状是固定的，但在盐水的情况下，形状就会被破坏。在 $\lambda = 10\sim30cm$ 范围内，图的右侧部分会溢出（盐度的影响）。

（3）在 $\lambda = 0.1\sim1cm$ 范围内，水的气泡浓度、温度和盐度对有效介电常数的影响很小。

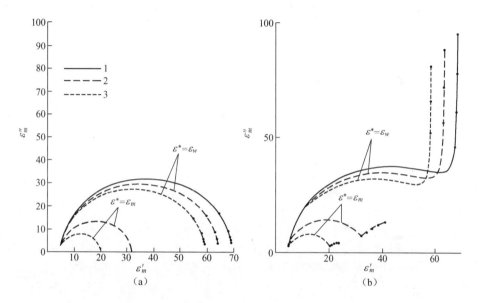

图 3.20　水乳剂气泡的复有效介电常数，空气浓度（空隙率）是变化的：
1—$c=0$；2—$c=0.05$；3—$c=0.1$。（a）淡水，（b）盐水。（Cherny I. V. ，Raizer V. Yu.
Passive Microwave Remote Sensing of Oceans. 195 p. 1998. 版权所有：
Wiley-VCH Verlag GmbH&Co. KGaA）

　　两相表层介电性能的变化使得微波辐射发生相当大的变化。在光滑水面上，两相介质的亮温等于 $T_B = (1 - |R(\varepsilon_m)|^2)T_0$，该介质具有复介电常数 ε_m，其中 R 是复菲涅耳反射系数，T_0 是热力学温度。

　　亮温 $T_B(\lambda)$ 的光谱依赖性如图 3.21 所示。在两种极限情况下进行计算：$\varepsilon^* = \varepsilon_0$；$\{A_1 = A_2 = A_2 = 1/3\}$，$\varepsilon^* = \varepsilon_m$；$\{A_1 = A_2 = 0, A_3 = 1\}$。在第一种情况下（气泡是球体），亮温对空气浓度的依赖性低，但在第二种情况（气泡是圆盘）中，依赖性则非常强。重要的一点是，气泡介质产生的微波效应出现在 $\lambda = 0.1\sim10cm$ 的宽波长范围内。辐射波长越大，亮温对比值就越大。事实上，光谱依赖性 $T_B(\lambda)$ 主要反映了地下海洋层中气泡浓度的变化。在 $\lambda = 8\sim21cm$ 的波长范围内,由于水的气泡曝气引起的亮温变化约为 $\Delta T_B = 10 \sim 15\text{K}$。

　　使用两相气泡模型进行了更详细的理论分析(Raizer,2004)。基于统计混合电介质公式(Odelevskiy,1951)的这些计算已经证明在海洋亚表面层中进行气泡的非声学检测的可能性很大。尤其是在 C 波段,S 波段和 L 波段上,微波辐射对两相曝气流,诸如气泡喷射和/或气泡振荡的参数非常敏感。

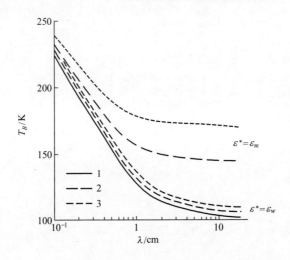

图 3.21　气泡水乳剂的亮温(最低点),空气浓度(孔隙率)是变化的:

1—$c = 0$; 2—$c = 0.05$; 3—$c = 0.1$。(Cherny I. V. ,Raizer V. Yu. *Passive Microwave Remote Sensing of Oceans*. 195 p. 1998. 版权所有: Wiley-VCH Verlag GmbH&Co. KGaA;经许可转载)

　　海面附近的气泡可以形成不同的几何图案——涡旋、条纹、斑点、薄层,它们变化很快,因此,有必要进行动态观察。例如,主动-被动遥感实验(Bulatov, et al. ,2003)表明,通过微波辐射和反向散射的联合变化可以很好地检测和识别"气泡特征",而这种联合变化是通过辐射计和散射仪同时反演的。多普勒光谱方差也可以作为海洋亚表面层气泡生成率的指标。

3.5.4　泡沫-飞沫-气泡联合模型

　　有时,暴风雨海洋表面的辐射计/散射仪观测结果会受到微波辐射/反向散射信号的短期时空变化影响,并与波浪破碎过程(场)相关。不仅在破碎波波峰的复杂和可变几何形状的影响下会发生微波波动,在地下气泡、泡沫/白浪和飞沫的联合作用下也会发生。使用混合电磁散射模型可以对这些特殊效应进行评估,该模型已经得到了开发并且被应用在了分析辐射计(Cherny and Raizer, 1998; Raizer,1992, 2005, 2006, 2007) 和雷达(Raizer,2012,2013)海洋遥感数据等领域当中。

　　包含不同类型分散介质的联合电磁模型如图 3.22 所示。通常情况下,考虑三层系统:上面的第一层与大气接触,是飞沫层;第二层是泡沫(或白浪);第三层是亚表面气泡群,位于均匀水介质下方。该系统的特点是具有以下参数:

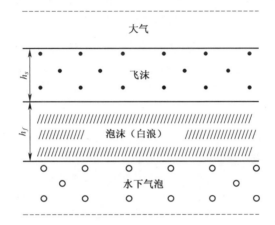

图 3.22　海洋-大气界面上两相分散介质的联合微波模型

(Cherny I. V. ,Raizer V. Yu. *Passive Microwave Remote Sensing of Oceans*. 195 p. 1998.

版权所有:Wiley-VCH Verlag GmbH&Co. KGaA;经许可转载)

　　(1) 水的温度和盐度。

　　(2) 飞沫液滴的尺寸分布。

　　(3) 飞沫的含水量或水的体积浓度。

　　(4) 飞沫层的高度(h_s)。

　　(5) 泡沫/白浪气泡的尺寸分布。

　　(6) 气泡水壳的平均厚度。

　　(7) 泡沫/白浪层中的气泡块浓度。

　　(8) 泡沫/白浪层的厚度(h_f)。

　　(9) 上层海洋水中气泡的孔隙率(浓度)。

　　数值算法基于应用于水滴(飞沫)离散散射系统的标量辐射传输理论、紧密堆积气泡(泡沫/白浪)的宏观理论以及介电混合物模型(水中的气泡群)的联合运用。该联合模型(图 3.22)可以产生异常的或甚至不可预测的微波辐射变化,具体取决于所设定的参数集。此外,很明显的是,多波段测量仅能够通过微波辐射的光谱和极化特性来区分由不同分散介质引起的效应。

　　可以使用下面的辐射传递方程来计算系统的辐射率:

$$\kappa(\lambda,\theta) \approx [1 - r(\lambda,\theta)] \cdot \exp(-\tau_s/\cos\theta) + (1 - \overline{\omega}) \cdot [1 - \exp(-\tau_s/\cos\theta)]$$

$$+ r(\lambda,\theta) \cdot (1 - \overline{\omega}) \cdot [1 - \exp(-\tau_s/\cos\theta)] \cdot \exp(-\tau_s/\cos\theta) \tag{3.40}$$

$$\tau_s = h_s\rho_s \int \pi a^2 Q_e(a)p(a)\mathrm{d}a \tag{3.41}$$

$$Q_e(a) = \frac{2}{x^2} \sum_{n=1}^{\infty} (2n+1)\mathrm{Re}(a_n + b_n)$$

式中：$r(\lambda,\theta)$ 为水面的功率反射系数，其是关于波长 λ 和入射角 θ 的函数；τ_s 为飞沫层的积分光学厚度；$\overline{\omega}$ 为飞沫液滴的光谱反照率；ρ_s 为单位立方厘米 (cm^{-3}) 中的液滴数量；$h_s(\mathrm{cm})$ 为飞沫层的厚度；$p(a)(\mathrm{cm}^{-1})$ 为飞沫液滴的尺寸分布（通常是伽马分布）。

式（3.40）和式（3.41）通过半径为 a 的单个液滴 $Q_e(a)$ 的无量纲衰减系数融入了散射和吸收效应，由米氏复系数 a_n，b_n 或者瑞利近似（衍射参数 $x \ll 1$，$x = 2\pi a/\lambda$）定义该系数。在式（3.40）中正确指定功率菲涅耳反射系数 $r(\lambda,\theta)$ 是很重要的。例如，对于泡沫/白浪的分层宏观模型来说，可以使用层递归技术来计算反射系数（3.3.5 节）；对于平滑的水面，使用菲涅耳公式（3.3）和式（3.4）来定义反射和辐射系数。

如果考虑一个球形颗粒（液滴或气泡）的离散介质，并且忽略散射项而仅考虑吸收项的话，就可以简化式（3.40）。在这种情况下，光谱反射率 $\overline{\omega} = 0$，可以得到

$$\kappa(\lambda,\theta) = 1 - r(\lambda,\theta)\exp(-2\tau_0/\cos\theta) \tag{3.42}$$

式中：τ_0 为分散层（泡沫、飞沫或两者结合）的积分光学厚度。波长 $\lambda > 3 \sim 5\mathrm{cm}$ 且 τ_0 较小时式（3.42）有效。这是计算辐射率的光谱依赖性 $\kappa(\lambda)$ 的一个简便公式，特别是在 S 波段和 L 波段上。但是，它无法描述 $\lambda > 3\mathrm{cm}$ 时的极化特性。

让我们更详细地考虑以下典型情况。

3.5.4.1　光滑水面的飞沫（飞沫 + 水）

位于光滑水面上的飞沫总会产生正的亮温对比度。该效应不仅取决于液滴的衍射性质，还取决于飞沫的质量浓度。飞沫的辐射率随着质量浓度的增加而变高。微波辐射光谱对尺寸分布和飞沫浓度的变化更为敏感。在单分散飞沫（液滴的大小相同）的情况下，共振效应是很明显的，而对于多分散飞沫来说（液滴的大小不同），共振效应并不显著。

在没有泡沫的海面上，飞沫总是在微波波长范围内产生正的亮温对比度。

3.5.4.2　泡沫覆盖面的飞沫（飞沫 + 泡沫 + 水）

如果组合模型中考虑了泡沫/白浪层，微波辐射的光谱和极化特性就会发生明显的变化。泡沫气泡会强烈的吸收微波辐射，出现诸如"黑体"这样的效果，

同时飞沫会引起散射和吸收效应。这种复杂的相互作用会导致微波辐射的非单调光谱依赖性,以及标志可变①的亮温对比度。此外,泡沫层会大幅度的减少极化差异。

微波辐射的计算显示出了微波辐射对飞沫参数的敏感性(Cherny,Raizer,1998,Raizer,2007)。图 3.23 显示了数值示例。在波长 $\lambda = 0.3 \sim 0.8\text{cm}$ 的范围内,液滴尺寸分布的变化会影响亮温对比度 $\Delta T_B(\lambda)$ 的绝对值。对比度 $\Delta T_B(\lambda)$ 取决于泡沫的中间层厚度 h。当飞沫位于水面上方时,对比度 $\Delta T_B(\lambda) > 0$。

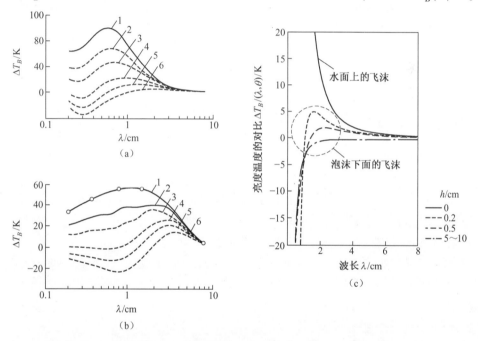

图 3.23　仅由飞沫效应(最低点)引起的水–泡沫–飞沫系统的亮温对比度,泡沫层的厚度 $h = h_f$ 是变化的

1—飞沫在自由泡沫水表面($h = 0$)上。飞沫在泡沫表面上:2—$h = 0.5\text{cm}$;3—$h = 0.1\text{cm}$;4—$h = 0.2\text{cm}$;5—$h = 0.3\text{cm}$;6—$h = 0.5\text{cm}$。(a)小尺寸($r_{max} \approx 0.01\text{cm}$)飞沫;(b)大尺寸($r_{max} \approx 0.1\text{cm}$)飞沫;(c)飞沫引起的"冷却"和"升温"微波效应。泡沫层的厚度 h 是变化的(标记)。飞沫层厚度恒定为 $h_s = 10\text{cm}$。(Cherny IV,Raizer V. Yu. *Passive Microwave Remote Sensing of Oceans.* 195 p. 1998. 版权所有:Wiley-VCH Verlag GmbH&Co. KGaA;改编自 Raizer V. 2007. *IEEE Transactions on Geoscience and Remote Sensing.* 45(10):3138-3144。Doi:10.1109 / TGRS.2007.895981。)

---

①　译者注:原文此处为叹息可变,译者修改为标志可变。

如果飞沫位于任何泡沫/白浪表面上,在 $\lambda = 0.3 \sim 8cm$ 的范围内可能出现 $\Delta T_B(\lambda) < 0$ 的情况,这要取决于入射角和极化。在这种情况下,可以观察到由飞沫本身引起的冷却效应。$\Delta T_B(\lambda) > 0$ 是微波辐射对水滴吸收的结果,而 $\Delta T_B(\lambda) < 0$ 则是其散射的结果。

根据泡沫层的厚度和性质,海面的泡沫层上的飞沫会产生正亮温对比度与负亮温对比度。

3.5.4.3 气泡总数的影响(飞沫+泡沫+亚表面气泡 + 水)

位于泡沫层(或泡沫+飞沫)下方的气泡层也会使得微波辐射的光谱依赖性发生一些微小的改变。微波辐射中的一些"平静"效应发生在微波频率的宽波段内。总体而言,水中气泡浓度的增加使得微波辐射的变化减少了,因为微波在两相曝气介质中的穿透深度较大。

3.6 (亚)表面湍流的测量

一些文献资料表明,可以使用易获得的的遥感方法观察海面湍流:雷达(SAR)(George,Tatnall,2012),红外(IR)仪器(Veron,et al. , 2009)和高分辨率光学图像(Keeler et al. , 2005;Gibson,et al. ,2008)。但没有实验证据表明,被动微波辐射计能够直接观察(亚)表面湍流或湍流间歇。

同时,强烈的波浪湍流相互作用和耦合效应可以改变大气-海洋界面的参数,这原则上为小尺度(1~100m)和/或精细尺度(0.1~1m)的海洋湍流的被动微波观测提供了一个好的平台。虽然这是一项具有挑战性的任务,但是可以概述出这个问题的一些理论部分。

据推测,由小尺度(亚)表面湍流引起的亮温变化的定义与两个因素有关:①表面粗糙度的短期波动;②由于混频引起的电磁皮层性能的变化。在这两种情况下,辐射率应该是大气-海洋界面(包括表面粗糙度)的动态特征的函数,且该界面是与湍流状态相关的。

3.6.1 表面湍流

表面湍流代表了表面流体的随机脉动,其会造成粗糙度不稳定性、斑块、涡流和/或一些特定的模式。为了描述射电亮度波动的空间场,通过类比大气湍流来介绍(Tatarskii,1961;Kutuza,2003)亮温的二阶结构函数:

$$D_{T_B}(r) = < [\widetilde{T}_B(r_1 + r) - \widetilde{T}_B(r_1)]^2 > \tag{3.43}$$

式中: $\widetilde{T}_B(\boldsymbol{r}_1) = T_B(\boldsymbol{r}_1) - \overline{T}_B(\boldsymbol{r}_1)$ 为射电亮度场 $T_B(\boldsymbol{r})$ 在点 $\boldsymbol{r}_1$ 处的波动部分;而 $\overline{T}_B(\boldsymbol{r})$ 是其在点 $\boldsymbol{r}_1$ 处的平均值。假设平方根 $\Delta T_B = \sqrt{DT_B}$ 是亮温波动强度的度量。

另外,可以使用共振模型式(3.19)来定义亮温的波动部分(相对于无扰湍流自由表面)。

$$\widetilde{T}_B(\boldsymbol{r}) \approx 2T_0\,k_0^2 \iint G(K,k_0;\varphi)\,\widetilde{F}(K,\varphi;\boldsymbol{r})KdKd\varphi \approx T_0\,k_0^2 B(k_0)\widetilde{A}(\boldsymbol{r}) \quad (3.44)$$

式中:在 $K = k_0$; $\widetilde{A}(\boldsymbol{r}) = A(\boldsymbol{r}) - A_0$ 时, $B(k_0)$ 为从共振函数 $G(K,k_0)$ 的积分中获得的一个系数,在卷积(3.44)中,表面波波数谱的波动部分是 $\widetilde{F}(K,\boldsymbol{r}) = F(K,\boldsymbol{r}) - F_0(K)$,其中 $F(K,\boldsymbol{r})$ 和 $F_0(K)$ 分别是有扰(来自湍流)和无扰(无湍流)波数谱。光谱一般写成 $F(K,\boldsymbol{r}) = A(\boldsymbol{r})\,K^{-n}$ 和 $F_0(K) = A_0 K^{-n}$ (A_0 和 n 为常量)。

式(3.43)和式(3.44)的联合可以得到解析结构函数:

$$D'_{T_B} = \; < [\widetilde{T}_B(\boldsymbol{r}+r) - \widetilde{T}_B(\boldsymbol{r})]^2 > \approx [2T_0\,k_0^2 B(k_0)]^2 \cdot < [\widetilde{A}(\boldsymbol{r}_1+r) - \widetilde{A}(\boldsymbol{r})]^2 >$$
$$(3.45)$$

从式(3.45)中,得到

$$D'_{T_B}(r) \approx \alpha_0 \cdot [2T_0\,k_0^2 B_0(k_0)]^2 \cdot D_\xi(r) \quad (3.46)$$

其中,

$$D_\xi(r) = < [\widetilde{\xi}(\boldsymbol{r}_1+r) - \widetilde{\xi}(\boldsymbol{r}_1)]^2 > = 2\int (1 - \cos(-K \cdot r))F(K,\boldsymbol{r})Dk$$

是粗糙度上升的结构函数; $\widetilde{\xi}(\boldsymbol{r}) = \xi(\boldsymbol{r}) - \xi_0(\boldsymbol{r})$ 是地面高程增量; $\widetilde{\xi} = \alpha_0 A$,其中 α_0 是一些系数。

我们现在可以相信,被动微波辐射计可以通过测量射电亮度 $D_{T_B}(\boldsymbol{r})$ 的结构函数来观察小尺度的表面湍流。这里的一个重要建议是速度波动的结构函数 $D_u(r) = < [\widetilde{u}(\boldsymbol{r}_1+r) - \widetilde{u}(\boldsymbol{r}_1)]^2 >$ 和表面高程 $D_\xi(r) = < [\widetilde{\xi}(\boldsymbol{r}_1+r) - \widetilde{\xi}(\boldsymbol{r}_1)]^2 >$ 在湍流的存在下彼此接近。例如, $D_\xi(r) \sim D_u(r) \approx (\varepsilon_r r)^{\xi_n}, r = |\boldsymbol{r}|$,如果这是真的,那么可以通过实验定义缩放指数 ξ_n 的值。要注意,射电亮度结构函数 $D'_{T_B}(\boldsymbol{r})$ 是微波频率的函数。

3.6.2　亚表面湍流

在这里,考虑了对亚表面小尺度湍流进行微波观测的可能性。这种类型的湍流可以以多种形式存在,如湍流斑、温盐入侵体、充气射流(气泡流)或其他混合物的形式。湍流特征可以在许多因素的影响下发生:混合、温盐对流、内波破碎、崩塌的湍流尾迹、气蚀、气泡活动以及其他原因(第二章)。

在电动学意义上,海洋混合环境可以由具有不同介电和物理参数的复合介质来表示。在这种情况下,微波辐射测量能够获取位于薄(小于1m)亚表面层的湍流特征。该技术以微波阻抗谱法为基础。阻抗谱(也称为介电谱)广泛用于电气工程和天线技术,用来测量随电磁频率函数变化的复合电介质材料参数(Kremer,Schönhals,2003;Barsoukov,Macdonald,2005)。

观测亚表面湍流时,可以使用在C波段、S波段和L波段($\lambda = 4 \sim 30$cm)下工作的多频被动微波辐射计。在这些微波带上,由于穿透深度 $\ell \sim \lambda/(2\pi \sqrt{|\hat{\varepsilon}|})$ 的增加,辐射信号对关键海洋参数和小尺度表面不均匀性十分敏感,其中 $\hat{\varepsilon}$ 是复介电常数。ℓ 随着电磁波长和混合介质的结构和物理性质而变化。

该技术基于海洋上层薄层的有效复阻抗 $\hat{z}_{eff}(\lambda)$ 和/或有效复介电常数 $\hat{\varepsilon}_{eff}(\lambda)$ 的评估值,通过测量亮温 $T_B(\lambda,\theta;P)$ 的多频偏振来实现,其中电磁波长(例如 $\lambda = 4$cm、6cm、8cm、10cm、18cm、21cm、30cm),规定的视角 θ 和极化($p = h, v$)都是提前设定的。

在最低点观测($\theta = 0$)的情况下,可以使用下面的已知关系式,从实验测得的亮温 $T_B(\lambda)$ 中得到复阻抗 $\hat{Z}_{eff}(\lambda)$ 和介电常数 $\hat{\varepsilon}_{eff}(\lambda)$:

$$\frac{T_B(\lambda)}{T_o} = \kappa(\lambda) = \left[1 - |\hat{R}_{eff}(\lambda)|^2 \right] = \left[1 - \left| \frac{\hat{Z}_{eff}(\lambda) - Z_o}{\hat{Z}_{eff}(\lambda) + Z_o} \right|^2 \right] \quad (3.47)$$

式中:$\hat{R}_{eff}(\lambda)$ 为有效复反射系数;$\kappa(\lambda)$ 为辐射系数;$\hat{Z}_{eff}(\lambda) = \sqrt{\mu_{eff}/\hat{\varepsilon}_{eff}(\lambda)}$(非磁性介质 $\mu_{eff} = 1$);$Z_o = \sqrt{\mu_o/\varepsilon_o}$ 为自由空间的波阻抗;T_o 为热力学温度。

对于归一化复阻抗来说

$$\frac{\hat{Z}_{eff}}{Z_o} = r + jx = \frac{1 + \hat{R}_{eff}}{1 - \hat{R}_{eff}}, \quad \hat{R}_{eff} = u + jx, \quad |\hat{R}_{eff}|^2 = u^2 + v^2 \quad (3.48)$$

得到了与传输线史密斯圆图相关的归一化阻抗的实部和虚部:

$$\begin{cases} r = \dfrac{1 - u^2 - v^2}{(1 - u)^2 + v^2} \\ x = \dfrac{2v}{(1 - u^2) + v^2} \end{cases} \quad (3.49)$$

有效复介电常数为

$$\hat{\varepsilon}_{eff} = \varepsilon_r + j\varepsilon_i = \left[\frac{1 + u + jv}{1 - u - jv} \right]^2 \quad (3.50)$$

阻抗法允许使用菲涅耳公式计算最低几何观测点式(3.50)的有效反射系数 $|\hat{R}_{eff}|^2 = u^2 + v^2$。此外,均匀海水环境 $u \geq v$ 时,波长 $\lambda > 4 \sim 6$cm;因此,

式(3.49)和式(3.50)可以简化为

$$r \approx \frac{1 - u^2}{(1 - u)^2} = \frac{1 + u}{1 - u} \text{和} \hat{\varepsilon}_{\text{eff}} \approx \varepsilon_r = \left[\frac{1 + u}{1 - u}\right]^2 \qquad (3.51)$$

式中：$u = \sqrt{\left|\hat{R}_{\text{eff}}\right|^2} = \sqrt{1 - \kappa}$。

通常情况下，复反射系数 $\hat{R}_{\text{eff}} = u + jv$ 的实部和虚部，均是通过亮温来确定的，反演过程比式(3.49)～式(3.51)所示的更复杂，需要使用双位非最低点多频极化测量法。

图3.24介绍了介电光谱的建议方法 $\hat{\varepsilon}_{\text{eff}}(\lambda)$ 以及从微波辐射测量中反演的

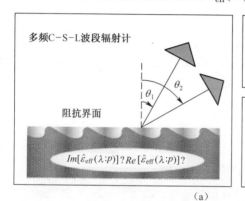

（a）

有效复菲涅耳反射系数

$$\hat{R}_H = \frac{\sqrt{\hat{\varepsilon}_{\text{eff}} - \sin^2\theta} - \cos\theta}{\sqrt{\hat{\varepsilon}_{\text{eff}} - \sin^2\theta} + \cos\theta}$$

$$\hat{R}_V = \frac{\hat{\varepsilon}_{\text{eff}}\cos\theta - \sqrt{\hat{\varepsilon}_{\text{eff}} - \sin^2\theta}}{\hat{\varepsilon}_{\text{eff}}\cos\theta + \sqrt{\hat{\varepsilon}_{\text{eff}} - \sin^2\theta}}$$

$$\hat{R}_V = \frac{\hat{R}_H^2 + \hat{R}_H\cos(2\theta)}{1 + \hat{R}_H\cos(2\theta)} \quad \hat{R}_{H,V} = |\hat{R}_{H,V}|\exp(-j\varphi_{H,V})$$

$$\begin{cases} |\hat{R}_V|\sin\varphi_V + |\hat{R}_H||\hat{R}_V|\cos(2\theta)\sin(\varphi_H + \varphi_V) = |\hat{R}_H|^2\sin(2\varphi_H) + |\hat{R}_H|\cos(2\theta)\sin\varphi_H \\ |\hat{R}_V|\cos\varphi_V + |\hat{R}_H||\hat{R}_V|\cos(2\theta)\sin(\varphi_H + \varphi_V) = |\hat{R}_H|^2\cos(2\varphi_H) + |\hat{R}_H|\cos(2\theta)\sin\varphi_H \end{cases}$$

有效复介电常数

$$\hat{\varepsilon}_{\text{eff}}(\lambda) = \frac{1 + \hat{R}_V(\lambda)}{1 - \hat{R}_V(\lambda)} \cdot \frac{1 + \hat{R}_H(\lambda)}{1 - \hat{R}_H(\lambda)}$$

（b）

图 3.24　混合海洋介质的介电光谱(a)实验方法;(b)从多波段辐射
测量中获取亚表面层有效复介电常数的流程图和基本公式。

流程图。该算法通过两个极化下的复菲涅耳系数之间的关系进行操作(Azzam,1979,1986;Shestopaloff,2011)。

另外,计算混合介质的复介电常数的变化,可以使用 Havriliak-Negami 方程式(3.14)和有效混合介质公式(Tinga, et al. ,1973;De Loor, 1983;Sihvola,1999;Kärkkäinenet,2000),部分结果如下所示。

图 3.25 展示了在"气—液"入侵和"液—液"入侵两种情况下,$Im\{\hat{\varepsilon}_{\text{eff}}(\lambda)\}$ 与 $Re\{\hat{\varepsilon}_{\text{eff}}(\lambda)\}$ 相互对抗的若干图例。为了提供最佳的数值细节和评估,电磁波长 λ 在 0.3~30cm 内变化,并且具有非常小的离散间隔($\Delta\lambda = 0.1$cm)。

使用维纳矩阵公式可以计算"液体"入侵情况下的复有效介电常数。这些图展现了不同类型的混合介质下获得的介电光谱之间的差异。图表的特点是具有图形可测性,为阻抗微波光谱学的实施提供了物理基础。

由于微波在混合曝气介质中的穿透深度很大,在"气—液"入侵的情况下,可以观察到介电谱发生了显著的变化。图表的走势很大程度上取决于气体入侵的空隙率。

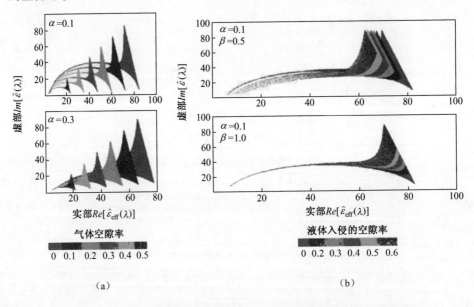

(a)   （b）

图 3.25　计算了两种类型的亚表面混合湍流介质的有效介电谱,并标记了
Havriliak-Negami 方程(α,β)的参数
(a)"气—液"入侵(如"空泡流动"和/或"气泡射流")。这种情况可以归属于"检测性能级别"。
(b)"液—液"入侵(如"湍流斑"和/或"盐指")。这种情况可以归属于"检测困难级别"。
(a)和(b)中,颜色刻度(不是条)表示相应入侵类型的空隙率的值。

在"液—液"入侵的情况下,可以观察到更集中的介电光谱定位。假定周围的海水和液体侵入物具有不同的物理性质。这里的重要调节参数是 Havriliak-Negami 方程(3.14)中的指数 α 和 β。液体入侵的体积浓度也是可变参数。微波响应较弱,但使用敏感的低频辐射计也许能够测量到。

图 3.25 所示的所有介电谱都是不同的。频率偏移和有效复介电常数的值取决于电介质混合模型中输入参数的组合。但是,这些结果有一定的趋势。在"气—液"入侵的情况下,在高频和低频微波带都可以很好地区分介电谱;但是在"液—液"入侵的情况下,电介质特征可能只存在于低频波段。因此,我们认为相关信息主要集中在 C 波段,S 波段和 L 波段。

总之,这里提到的阻抗概念具有微波诊断非突发自然现象(包括亚表面湍流和混合过程)的潜力。

3.7 漏油和污染的辐射性

遥感方法已经逐步应用于海洋石油泄漏的环境监测中。随着雷达、红外线、激光雷达和视频技术的发展,被动微波辐射测量已经成为空中监视石油污染的有效工具。例如,微波扫描辐射计可以确定 $50\mu m$ 和 $3mm$ 之间的漏油层厚度。

由于石油产品和海水介电性能之间存在巨大差异,光谱辐射率对表面油膜的高灵敏度决定了微波辐射计的性能。早期研究(Hollinger, Mennella, 1973; Hurford, 1986; Skou, 1986; Lodge, 1989; Krotikov, et al., 2002)证明,海面的电物理性质主要随着油膜而改变。在这种情况下,重要的是有油膜的时候要分离影响海洋微波辐射的以下两种机制:①由于波谱中高频成分的强衰减引起的粗糙度变化;②油膜作为自由空间与海水之间的电磁匹配层,引起了电磁波传播的变化。

2.5.7 节提到了第一种机制。在海面上存在单分子膜或超薄油膜的情况下,阻尼效应会产生低对比度变化的亮温 $\Delta T_B \approx 2\sim3K$。评估第二种机制——阻抗匹配是非常重要的,它会根据海面条件形成高对比度变化的亮温,接近于 $\Delta T_B \approx 60K$。这种影响与石油产品(汽油、苯和石油)的膜厚度、类型和介电性质有直接关系。

3.7.1 油和污染物的介电性能

表 3.1 总结了关于油及其衍生物介电常数的一些实验数据。复介电常数的

实部值为 $\varepsilon' = 1.8 \sim 3.0$。油产品的电介质损耗很小。介质损耗的正切为 $\tan(\varepsilon'/\varepsilon'') = 10^{-3}$。实验室测量显示，$\varepsilon'$ 线性取决于纯化油的比重和其在空气中暴露的时间。随着温度的升高，ε' 值会明显降低。

表 3.1 石油产品的介电常数

石油产品	介电常数 （实数部分），ε'	介电损耗角正切值 $\tan(\varepsilon'/\varepsilon'')$	温度/℃	频率
苯	2.25~2.27	—		0.1~1GHz； 5~10GHz
工业苯	2.10	3×10^{-3}	—	35GHz
生油	2.12~2.25	10^{-3}	20~30	10MHz； 3.9~10GHz
油蒸馏器	1.8~3.0	5×10^{-3}	23	37GHz

油包水乳化液的介电性质与纯油或原油的介电性能完全不同。在计算油包水乳化液的复介电常数时，可以采用混合介质公式，例如式（3.38）。在这种情况下，需要改变参数：$\varepsilon_w \rightarrow \varepsilon_i$ 和 $\varepsilon_i \rightarrow \varepsilon_w$，其中 ε_i 和 ε_w 是油和水的复合介电常数；而 A_j 是含水物的形状因子。

计算表明，在乳液的水体积浓度 $c = 0 \sim 0.2$，且波长 $\lambda = 0.2 \sim 2.0\mathrm{cm}$ 的条件下，乳液的有效介电常数的典型值为 $\varepsilon_m' = 0.5 \sim 5.0$ 和 $\varepsilon_m'' = 1.0 \sim 3.5$。在 $c>0.3\sim0.4$ 的高浓度下，形状因子 A_j 对 ε_m 值的影响非常重要。

3.7.2 微波模型与效果

双层介电模型表面由乳剂层覆盖，是一个简单的微波模型。通过平面双层电介质的菲涅耳反射系数来计算膜–水系统的辐射率 κ_m（Landau，Lifshitz，1984）：

$$\begin{cases} \kappa_m = 1 - \left| \dfrac{r_{12}\mathrm{e}^{-2i\Psi} + r_{23}}{r_{12}r_{23} + \mathrm{e}^{-2i\Psi}} \right|^2 \\ \Psi = \dfrac{2\pi h}{\lambda}\sqrt{\varepsilon_m - \sin^2\theta} \end{cases} \tag{3.52}$$

式中：r_{12}，r_{23} 为相应膜边界的反射系数；h 为膜的厚度；θ 为视角。有效复介电常数 $\varepsilon_m(\lambda,t,s)$ 是电磁波长（λ）、温度（t）和水的盐度（s）的函数，可以通过式（3.38）求出该值。

膜–水系统的亮温对比度为 $\Delta T_B = (\kappa_m - \kappa_0)T_0$，其中 κ_0 为无油平坦水面的辐射率。在 $\lambda = 0.2\sim0.8\mathrm{cm}$ 的波长范围内，对比度 ΔT_B 随着乳液中水的体积浓

度的增长而增加,最高值可达到 $\Delta T_B = 60 \sim 80K$。波长 $\lambda > 2cm$ 时,对比度 $\Delta T_B < 2K$。

图 3.26 说明了双层介质系统中亮温的典型干扰依赖性。振幅周期大致为

$$H = \frac{\lambda}{2\sqrt{\varepsilon'_m - \sin^2\theta}}$$ (3.53)

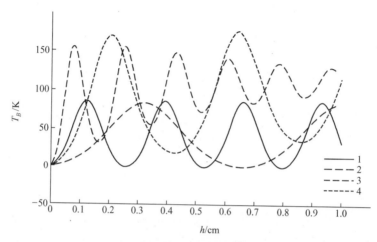

图 3.26 亮度对比与油膜厚度的关系

在波长 λ 为 0.8cm 和 2cm(最低点)处建模。乳液中水的体积浓度是变化的:1—$c=0$ 和 $\lambda=0.8cm$;2—$c=0$ 和 $\lambda=2cm$;3—$c=0.5$ 和 $\lambda=0.8cm$;4—$c=0.5$ 和 $\lambda=2cm$(Cherny I. V. ,Raizer V. Yu;*Passive Microwave Remote Sensing of Oceans*,第 195 页,1998。版权归Wiley-VCHVerlag GmbH&Co. KGaA 所有)。

在原油(没有介电损耗)的情况下,振动的振幅是恒定的,并且与膜的厚度无关。但在油包水乳化液(有介电损耗)的情况下,振动将变弱,而且亮温的渐近水平只与膜的复介电常数有关。

当微波辐射与介电层的厚度无关时,极化依赖性就会揭示一个有趣的效应。在 $\theta = 65° \sim 68°$ 的布鲁斯特视角和垂直极化的情况下,仅由层的介电常数便可以定义亮温(图 3.27)。这表明在这些角度下,可以使用极化微波辐射测量来估算油产品的介电常数。在垂直极化中,当掠射角 $\theta = 70° \sim 80°$ 时,乳液中水的体积浓度的增加将会导致亮温对比度的降低。在波长 λ 为 0.8cm 和 2cm 处,受油膜影响而形成的亮度对比的双通道回归如图 3.28 所示。这些曲线具有循环的形式,并且表示了来自双层介质的反射和辐射的干扰特征。用 $50\mu m$ 的离散度来读取油膜厚度,并用点表示。

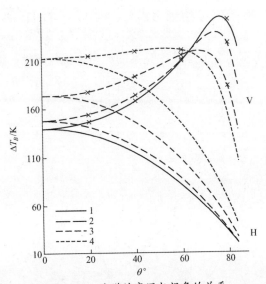

图 3.27　油膜的亮温与视角的关系

在波长 λ = 0.8cm 处建模。极化:垂直极化(V) 和水平极化(H)。乳液中水的体积浓度是变化的 :
1—c = 0;2—c = 0.2; 3—c = 0.4; 4—c = 0.5 (Cherny I. V. ,Raizer V. Yu,
Passive Microwave Remote Sensing of Oceans。第 195 页,1998。版权归
Wiley-VCH Verlag GmbH&Co. KGaA 所有。经许可转载)。

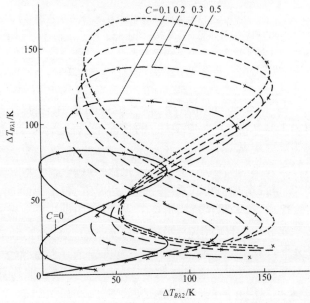

图 3.28　波长 λ₁ = 2cm 和 λ₂ = 0.8cm(最低点)处,受油膜影响形成的亮温对比度
的双通道回归。乳液中水的体积浓度在 c = 0~0.5 的范围内变化。
(Cherny I. V. and Raizer V. Yu,*Passive Microwave Remote Sensing of Oceans*,第 195 页,1998。
版权归 Wiley-VCH Verlag GmbH&Co. KGaA 所有)。

图 3.29 对理论和实验数据进行了比较。我们使用了飞机机载实验和实验室获得的天然油脂微波测量结果。通过改变模型参数可以使理论和实验达成一致。

在波长 λ 为 0.8cm 和 2cm 的机载空中测量当中,油包水乳化液的一致性最好。

而在波长 $\lambda = 2$cm 的实验室测量当中,则是原油的一致性最好,可以在光滑的水体表面上扩散。

也许使用多频微波辐射计可以测量油膜厚度和乳液浓度。雷达和辐射计微波的组合数据能够提供更详细的与油污扩散行为及其特征相关的信息。我们和其他科研小组的研究共同表明,海洋中石油污染微波诊断所需的最佳观测参数为:波长 $\lambda = 0.3 \sim 2.0$cm 和视角 $\theta = 0° \sim 30°$。

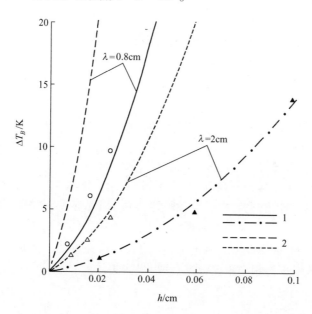

图 3.29　波长 $\lambda = 0.8$cm 和 2cm(最低点处)时,亮温对比度对油膜厚度的依赖性
计算:1—原油;2—油包水状液($c = 0.5$)。实验数据:△—飞机机载;▲—实验室。
(Cherny I. V., Raizer V. Yu, *Passive Microwave Remote Sensing of Oceans*,第 195 页,1998。
版权归 Wiley-VCH Verlag GmbH&Co. KGaA 公司所有,经许可转载)。

3.8　大气的影响

在许多应用中,包括来自高空平台(飞机或卫星)的辐射测量,都需要估计

地球大气对海洋微波辐射的影响。假定等温线水平均匀,通过辐射计测量的海洋大气系统的总亮温可以由以下辐射转换方程来表示

$$T_B(\lambda,\theta;\boldsymbol{q}) = \kappa(\lambda,\theta;\boldsymbol{q}) \cdot T_o \cdot \exp(-\tau_\lambda/\cos\theta) + T_{up}(\lambda,\theta) + r(\lambda,\theta;\boldsymbol{q})$$
$$\cdot [T_{down}(\lambda\theta) + T_{cosm} \cdot \exp(-\tau_\lambda/\cos\theta)] \cdot \exp(-\tau_\lambda/\cos\theta)$$
$$(3.54)$$

$$T_{up}(\lambda,\theta) = [1 - \exp(-\tau_\lambda/\cos\theta)] \cdot T_{a\uparrow}(\lambda) \qquad (3.55)$$

$$T_{down}(\lambda,\theta) = [1 - \exp(-\tau_\lambda/\cos\theta)] \cdot T_{a\downarrow}(\lambda) \qquad (3.56)$$

式中:$k(\lambda,\theta,q)$ 和 $r(\lambda,\theta,q)$ 为海洋表面的辐射系数(辐射率)和反射系数(功率反射率);$T_{up}(\lambda,\theta)$ 和 $T_{down}(\lambda,\theta)$ 为大气上升流亮温和下降流亮温;$T_{a\uparrow}(\lambda)$ 和 $T_{a\downarrow}(\lambda)$ 为与之相对应的大气有效辐射温度;$T_{cosm} = 2.7K$ 为太空(星系)辐射温度;$\tau_\lambda = \tau_{\lambda o} + \tau_{\lambda w} + \tau_{\lambda c}$ 为与氧($\tau_{\lambda o}$),水蒸气($\tau_{\lambda w}$)和云液体水($\tau_{\lambda c}$)有关的大气总吸收;T_o 是表面温度。对于光滑的水面来说,$k(\lambda,\theta,q) = 1 - r(\lambda,\theta,q)$。

在式(3.54)中,辐射系数 $k(\lambda,\theta,q)$ 和反射系数 $r(\lambda,\theta,q)$ 是波长 λ,入射角 θ,偏振度和矢量参数 q 的函数,用于反映海洋和大气状态的特征。特别是,可以使用多因素海面模型来确定海洋表面辐射率 $k(\lambda,\theta,q)$。另外,利用辐射转换方程式(3.54)~式(3.56),可以从微波辐射数据中检索得到表面参数和大气参数(Guissard,1998;Mitnik,Mitnik,2003)。

要想使用式(3.54)获得精确数值模拟,必须了解大气参数的基本知识。但是,在高分辨率的辐射观测中,可以通过特定的辐射亮度对比和/或其光谱和极化特征来区分大气及表面微波特征。因此,尽管在式(3.54)中,某些环境情况下(例如,在晴朗的天气和/或无云的天空)的大气条件可能不太重要,但是大气条件对数据的解释来说相当重要,也应获得更多关注。

3.9　小结

本章讨论了海洋微波辐射的主要机理。通过三个因素来确定微波辐射特性:①海水(其表层)的介电性能;②几何特征;③海洋—大气界面的体积不均匀性。

介电常数是水的电磁波长、温度和盐度的函数。在毫米和厘米范围内的电磁波长下,复介电常数有很强的分散性。在厘米波长下,温度对介电常数和辐射率的影响更为明显;在分米波长下,盐度对辐射率的影响要强得多。

几何和体积不均匀性对海洋辐射率的作用是不同的。几何不均匀性——表面波、粗糙度和湍流——会产生低对比度的亮温特征(通常在近最低点的入射角处高达 5K);体积不均匀性——泡沫、白浪、飞沫、气泡、石油污染和乳液——会产生高对比度的亮温特征(现实中通常可达 20～30K)。一般情况下,辐射计所测量到的海洋微波辐射由几何和体积因素的联合影响来确定,可以将其看作是统计学上的一个总体。

总的来说,海洋—大气系统的微波辐射可以由多参数光谱亮温函数来表示。

$$T_{B\lambda} = F_\lambda(V, T, S, H, O_{2A}, W_A, Q_A) \tag{3.57}$$

式中包括风速(V),海面温度(T)、盐度(S)、特定现象或事件下的水动力响应(H)、大气氧(O_{2A})、水蒸气(W_A)和云中液态水。积分函数式(3.57)是数学基础,有助于多波段被动微波辐射对海洋和大气参数的测量。在大气遥感方面,可以考虑使用这个数学方法来解决不适定问题(Tikhonov, Arsenin, 1977; Doicu, et al., 2010)。

参考文献

Akhadov, Y. Y. 1980. Dielectric Properties of Binary Solutions: A Data Handbook. Pergamon, Oxford, England.

Akhmanov, S. A., D'yakov, Yu. E., and Chirkin, A. S. 1981. Introduction to Statistical Radio Physics and Optics. Nauka, Moscow (in Russian).

Anguelova, M. D. 2008. Complex dielectric constant of sea foam at microwave frequencies. Journal of Geophyical Research. 113(C08001). Doi: 10. 1029/2007JC004212. Anguelova, M. D. and Gaiser, P. W. 2011. Skin depth at microwave frequencies of sea foam layers with vertical profile of void fraction. Journal of Geophysical Research. 116(C11002). Doi: 10. 1029/2011JC007372.

Anguelova, M. D. and Gaiser, P. W. 2012. Dielectric and radiative properties of sea foam at microwave frequencies: Conceptual understanding of foam emissivity. Remote Sensing. 4: 1162 – 1189. Doi: 10. 3390/rs4051162.

Anguelova, M. D. and Gaiser, P. W. 2013. Microwave emissivity of sea foam layers with vertically inhomogeneous dielectric properties. Remote Sensing of Environment. 139:81–96.

Anguelova, M. D., Gaiser, P. W., and Raizer, V. 2009. Foam emissivity models for microwave observations of oceans from space. In Proceedings of International Geoscience and Remote Sensing Symposium, 12–17 July 2009, Cape Town, South Africa, Vol. 2, pp. II–274–II–277. Doi: 10. 1109/IGARSS. 2009. 5418061.

Anguelova, M. D. and Webster, F. 2006. Whitecap coverage from satellite measure-ments: A first step toward modeling the variability of oceanic whitecaps. Journal of Geophysical Research. 111(C03017):1–23.

Apresyan, L. A. and Kravtsov, Y. A. 1996. Radiation Transfer: Statistical and Wave Aspects. Gordon and Breach Publishers, Amsterdam.

Aziz, M. A. ,Reising, S. C. , Asher, W. E. , Rose, L. A. ,Gaiser, P. W. ,and Horgan, K.
A. 2005. Effects of air-sea interaction parameters on ocean surface microwave emission at 10 and 37 GHz. IEEE Transactions on Geoscience and Remote Sensing. 43(8):1763-1774.

Azzam, R. M. A. 1979. Direct relation between Fresnel's interface reflection coeffi-cients for the parallel and perpendicular polarizations. Journal of the Optical Society of America. 69(7):1007-1016.

Azzam, R. M. A. 1986. Relationship between the p and s Fresnel reflection coeffi-cients of an interface inde-pendent of angle of incidence. Journal of the Optical Society of America A. 3(7):928-929.

Babenko, V. A. , Astafyeva, L. G. , and Kuzmin, V. N. 2003. Electromagnetic Scattering in Disperse Media: Inhomogeneous and Anisotropic Particles. Springer, Berlin.

Barber, Jr. , R. B. and Wu, J. 1997. Sea brightness temperature and effects of spray and whitecaps. Journal of Geophysical Research. 102(C3):5823-5827.

Barsoukov, E. and Macdonald, J. R. 2005. Impedance Spectroscopy: Theory, Experiment, and Applications, 2nd edition. Wiley, Hoboken, NJ.

Basharinov, A. E. , Gurvich, A. S. , and Yegorov, S. T. 1974. Radio Emission of the Earth as a Planet. Mos-cow. Nauka (in Russian).

Bass, F. G. and Fuks, I. M. 1979. Wave Scattering from Statistically Rough Surfaces. Pergamon, Oxford, New York.

Belyaev, Y. K. and Nosko, V. P. 1969. Characteristics of excursions above a high level for a Gaussian process and its envelope. Theory of Probability and Its Application. 14(2):296-309.

Bettenhausen, M. H. , Smith, C. K. , Bevilacqua, R. M. , Nai-Yu Wang, N. -Yu. , Gaiser, P. W. , and Cox, S. 2006. A nonlinear optimization algorithm for WindSat wind vector retrievals. IEEE Transactions on Geoscience and Remote Sensing. 44(3):597-610.

Bogorodskiy, V. V. , Kozlov, A. I. , and Tuchkov, L. T. 1977. Radio Thermal Emission of the Earth's Cov-ers. Leningrad. Hydrometeoizdat (in Russian).

Bolotnikova, G. A. , Irisov, V. G. , Raizer, V. Yu. , Smirnov, A. I. , and Etkin, V. S. 1994. Variations of the natural emission of the ocean in the 8 and 18 cm bands. Soviet Journal of Remote Sensing. 11(3):393-404 (translated from Russian).

Bordonskiy, G. S. , Vasil'kova, I. B. , Veselov, V. M. , Vorsin, N. N. , Militskiy, Yu. A. , Mirovskiy, V. G. , Nikitin, V. V. et al. 1978. Spectral characteristics of the emissiv-ity of foam formations. Izvestiya, At-mospheric and Oceanic Physics. 14(6):464-469 (translated from Russian).

Born, M. and Wolf, E. 1999. Principles of Optics, 7th edition. Cambridge University Press, Cambridge.

Brekhovskikh, L. 1980. Waves in Layered Media, 2nd edition. (Applied Mathematics and Mechanics, volume 16). Academic Press, New York.

Bulatov, M. G. , Kravtsov, Yu. A. , Pungin, V. G. , Raev, M. D. , and Skvortsov, E. I. 2003. Microwave radiation and backscatter of the sea surface perturbed by underwater gas bubble flow. In Proceedings of Inter-national Geoscience and Remote Sensing Symposium, 21-25 July 2003, Toulouse, France, Vol. 4, 2668-2670. Doi:10. 1109/IGARSS. 2003. 1294545.

Bunkin, F. V. and Gochelashvili, K. S. 1968. Bursts of a random scalar field. Radiophysics and Quantum Electronics. 11(12):1059-1063 (translated from Russian).

Camps, A. , Corbella, I. , Vall-Llossera, M. , Duffo, N. , Torres, F. , Villarino, R. , Enrique, L. et al.

2003. L-band sea surface emissivity: Preliminary results of the Wise-2000 campaign and its application to sa-linity retrieval in the SMOS mission. Radio Science. 38(4):MAR 36-1-MAR 36-8.

Camps, A., Font, J., Etcheto, J., Caselles, V., Weill, A., Corbella, I., Vall-Llosser, M. et al. 2002. Sea surface emissivity observations at L-band: First results of the wind and salinity experiment WISE-2000. IEEE Transactions on Geoscience and Remote Sensing. 40(10):2117-2130.

Camps, A., Font, J. Vall-llossera, M., Gabarro, C., Corbella, I., Duffo, N., Torres, F. et al. 2004. The WISE 2000 and 2001 field experiments in support of the SMOS mis-sion: Sea surface L-band brightness tem-perature observations and their appli-cation to sea surface salinity retrieval. IEEE Transactions on Geoscience and Remote Sensing. 42(4):804-823.

Camps, A., Vall-llossera, M., Villarino, R., Reul, N., Chapron, B., Corbella, I., Duff, N. et al. 2005. The emissivity of foam covered water surface at L-band: Theoretical modeling and experimental results from the Frog 2003 field experiment. IEEE Transactions on Geoscience and Remote Sensing. 43(5):925-937.

Chen, D., Tsang, L., Zhou, L., Reising, S. C., Asher, W. E., Rose, L. A., and Ding, K. H. 2003. Mi-crowave emission and scattering of foam based on Monte Carlo sim-ulations of dense media. IEEE Transactions on Geoscience and Remote Sensing. 41(4):782-789.

Cherny, I. V. and Raizer, V. Yu. 1998. Passive Microwave Remote Sensing of Oceans. Wiley, Chichester, England.

Cole, K. S. and Cole, R. H. 1941. Dispersion and absorption in dielectrics I. Alternating current characteris-tics. Journal of Chemical Physics. 9:341-351. Doi: 10. 1063/1. 1750906.

Cole, K. S. and Cole, R. H. 1942. Dispersion and absorption in dielectrics II. Direct current characteristics. Journal of Chemical Physics. 10:98-105. Doi: 10. 1063/1. 1723677.

Cox, T. S. and Munk, W. 1954. Statistics of the sea surface derived from sun glitter. Journal of Marine Re-search. 13:198-227.

Davidson, D. W. and Cole, R. H. 1951. Dielectric relaxation in glycerol, propylene glycol, and n-propanol. Journal of Chemical Physics. 19(12):1484-1490.

Debye, P. 1929. Polar Molecules. Chemical Catalog, New York.

Deirmendjian, D. 1969. Electromagnetic Scattering on Spherical Polydispersions. American Elsevier Publishing Company, New York.

De Loor, G. P. 1983. The dielectric properties of wet materials. IEEE Transactions on Geoscience and Remote Sensing. 21(3):364-369.

Demir, M. A. and Johnson, J. T. 2007. Fourth-order small-slope theory of sea-sur-face brightness tempera-tures. IEEE Transactions on Geoscience Electronics. 45(1):175-186.

Doicu, A., Trautmann, T., and Schreier, F. 2010. Numerical Regularization for Atmospheric Inverse Prob-lems. Springer Praxis, Berlin, Germany.

Dombrovsky, L. A. 1979. Calculation of thermal radio emission from foam on the sea surface. Izvestiya, Atmos-pheric and Oceanic Physics. 15(3):193-198 (translated from Russian).

Dombrovsky, L. A. 1981. Absorption and scattering of microwave radiation by spher-ical water shells. Izvestiya, Atmospheric and Oceanic Physics. 17(3):324-329 (translated from Russian).

Dombrovsky, L. A. and Baillis, D. 2010. Thermal Radiation in Disperse Systems: An Engineering Approach. Begell House Publishers Inc., Redding, CT.

Dombrovsky, L. A. and Rayzer, V. Yu. 1992. Microwave model of a two-phase medium at the ocean surface. Izvestiya, Atmospheric and Oceanic Physics. 28(8):650–656 (translated from Russian).

Droppleman, J. D. 1970. Apparent microwave emissivity of sea foam. Journal of Geophysical Research. 75(3): 696–698.

Dzura, M. S., Etkin, V. S., Khrupin, A. S., Pospelov, M. N., and Raev, M. D. 1992. Radiometers-polarimeters: Principles of design and applications for sea surface microwave emission polarimetry. In Proceedings of International Geoscience and Remote Sensing Symposium, May 26–29, 1992, Houston, TX, Vol. 2, pp. 1432–1434. Doi: 10.1109/IGARSS.1992.578475.

Ellison, W. Balana, A., Delbos, G., Lamkaouchi, K., Eymard, L., Guillou, C., and Prigent, C. 1998. New permittivity measurements of seawater. Radio Science. 33(3):639–648.

Ellison, W. J., English, S. J., Lamkaouchi, K., Balana, A., Obligis, E., DeBlonde, G., Hewison, T. J., Bauer, P., Kelly, G., and Eymard, L. 2003. A comparison of ocean emissivity models using the Advanced Microwave Sounding Unit, the Special Sensor Microwave Imager, the TRMM Microwave Imager, and airborne radi-ometer observations. Journal of Geophysical Research. 108(D21): ACL 1.1 – ACL 1.14. Doi: 10.1029/2002JD003213.

Etcheto, J., Dinnat, E. P., Boutin, J., Camps, A., Miller, J., Contardo, S., Wesson, J., Font, J., and Long, D. G. 2004. Wind speed effect on L-band brightness temperature inferred from EuroSTARRS and WISE 2001 field experiments. IEEE Transactions on Geoscience and Remote Sensing. 42(10):2206–2213.

Etkin, V. S., Raev, M. D., Bulatov, M. G., Militsky, Y. A., Smirnov, A. V., Raizer, V. Y., Trokhimovsky, Y. A. et al. 1991. Radiohydrophysical AeroSpace Research of Ocean. Academy of Science, Space Research Institute, Moscow, Russia, Technical Report. IIp-1749.

Etkin, V. S., Vorsin, N. N., Kravtsov, Y. A., Mirovskiy, V. G., Nikitin, V. V., Popov, A. E., and Troitskiy, I. A. 1978. Discovering critical phenomena under thermal microwave emission of the uneven water surface. Radiophysics and Quantum Electronics. 21(3):316–318 (translated from Russian).

Franceschetti, G., Imperatore, P., Iodice, A., Riccio, D., and Ruello, G. 2008. Scattering from layered structures with one rough interface: A unified formulation of perturbative solutions. IEEE Transactions on Geoscience and Remote Sensing. 46(6):1634–1643.

Fung, A. K. 1994. Microwave Scattering and Emission Models and Their Applications. Artech House, Norwood, MA.

Fung, A. K. and Chen, K.-S. 2010. Microwave Scattering and Emission Models for Users. Artech House, Norwood, MA.

Gadani, D. H., Rana, V. A., Bhatnagar, S. P., Prajapati, A. N., and Vyas, A. D. 2012. Effect of salinity on dielectric properties of water. Indian Journal of Pure & Applied Physics. 50:405–410.

George, S. G. and Tatnall, A. R. L. 2012. Measurement of turbulence in the oceanic mixed layer using Synthetic Aperture Radar (SAR). Ocean Science Discussions. 9(5):2851–2883. Doi: 10.5194/osd-9-2851-2012.

Gershenzon, V. E., Raizer, V. Yu., and Etkin, V. S. 1982. The transition layer method in the problem of thermal radiation from rough surface. Radiophysics and Quantum Electronics. 25(11):914–918 (translated from Russian).

Gibson, C. H., Bondur, V. G., Keeler, R. N., and Leung, P. T. 2008. Energetics of the beamed Zombie turbulence maser action mechanism for remote detection of submerged oceanic turbulence. Journal of Applied Fluid Mechanics. 1(1):11-42.

Goodberlet, M. A., Swift, C. T., and Wilkerson, J. C. 1989. Remote sensing of ocean surface wind with the Special Sensor Microwave/Imager. Journal of Geophysical Research. 94(C10):14547-14555.

Grankov, A. G. and Milshin, A. A. 2015. Microwave Radiation of the Ocean-Atmosphere: Boundary Heatand Dynamic Interaction, 2nd edition. Springer, Cham, Switzerland. Guillou, C., Ellison, W., Eymard, L., Lamkaouchi, K., Prigent,C., Delbos, G., Balana.

G. and Boukabara, S. A. 1998. Impact of new permittivity measurements on sea surface emissivity modeling in microwaves. Radio Science. 33(3):649-667. Doi: 10.1029/97RS02744.

Guissard, A. 1998. The retrieval of atmospheric water vapor and cloud liquid water over the oceans from a simple radiative transfer model: Application to SSM/I data. IEEE Transactions on Geoscience and Remote Sensing. 36(1):328-332.

Guo, J., Tsang, L., Asher, W., Ding, K.-H., and Chen, C.-T. 2001. Appliations of dense media radiative transfer theory for passive microwave remote sensing of foam covered ocean. IEEE Transactions on Geoscience and Remote Sensing. 39(5):1019-1027.

Hasted, J. B. 1961. The dielectric properties of water. In Progress in Dielectrics, J. B. Birks and J. Hart (eds.), Vol. 3, pp. 103-149. Heywood, London.

Havriliak, S. and Negami, S. 1967. A complex plane representation of dielectric and mechanical relaxation processes in some polymers. Polymer. 8:161-210. Doi: 10.1016/0032-3861(67)90021-3.

Ho, W. and Hall, W. F. 1973. Measurements of the dielectric properties of sea water and NaCl solutions at 2. 65 GHz. Journal of Geophysical Research. 78(27):6301-6315. Hollinger, J. P. 1970. Passive microwave measurements of the sea surface. Journal Geophysical Research. 75(27):5209-5213. Doi: 10.1029/JC075i027p05209.

Hollinger, J. P. 1971. Passive microwave measurements of sea surface roughness. IEEE Transactions on Geoscience Electronics. 9(3):165-169.

Hollinger, J. P. and Mennella, R. A. 1973. Oil spills: Measurements of their distribu-tions and volumes by multifrequency microwave radiometry. Science. 181:54-56. Hollinger, J. P., Peirce, J. L., and Poe, G. A. 1990. SSM/I Instrument evaluation. IEEE Transactions on Geoscience and Remote Sensing. 28(5): 781-790.

Hurford, N. 1986. Use of airborne microwave radiometry for the detection and inves-tigation of oil slicks at sea. Oil and Chemical Pollution. 3(1):5-18. Doi: 10.1016/ S0269-8579(86)80010-7.

Hwang, P. A. 2012. Foam and roughness effects on passive microwave remote sensing of the ocean. IEEE Transactions on Geoscience and Remote Sensing. 50(8):2978-2985.

Il'in, V. A., Kamenetskaya, M. S., Rayzer, V. Yu., Fatykhov, K. Z., and Filonovich, S. R. 1988. Radiophysical studies of nonlinear surface waves. Izvestiya, Atmospheric and Oceanic Physics. 24(6):467-471 (translated from Russian).

Il'in, V. A., Kasymov, S. S., Rayzer, V. Yu., Stepanishceva, M. N., and Fatykhov, K. Z. 1991. Laboratory studies of disturbances on a surface caused by falling rain. Izvestiya, Atmospheric and Oceanic Physics. 27(5):399-402 (translated from Russian).

Il'in, V. A., Naumov, A. A., Rayzer, V. Yu., Filonovich, S. R., and Etkin, V. S. 1985. Influence of short gravity waves on the thermal radiation from the surface of water. Izvestiya, Atmospheric and Oceanic Physics. 21(1):59-63 (translated from Russian).

Ilyin, V. A. and Raizer, V. Yu. 1992. Microwave observations of finite-amplitude water waves. IEEE Transactions on Geoscience and Remote Sensing. 30(1):189-192. Doi: 10.1109/36.124232.

Imperatore, P., Iodice, A., and Riccio, D. 2009. Electromagnetic wave scattering from layered structures with an arbitrary number of rough interfaces. IEEE Transactions on Geoscience and Remote Sensing. 47(4): 1056-1072.

Irisov, V. G. 1987. PhD. Space Research Institute (IKI). Moscow. Russia (in Russian).

Irisov, V. 1994. Small-scale expansion for electromagnetic-wave diffraction on a rough surface. Waves in Random Media. 4(4):441-452.

Irisov, V. G. 1997. Small-slope expansion for thermal and reflected radiation from a rough surface. Waves in Random Media. 7(1):1-10.

Irisov, V. G. 2000. Azimuthal variations of the microwave radiation from a slightly non-Gaussian sea surface. Radio Science. 35(1):65-82.

Irisov, V. G., Trokhimovskii, Yu. G., and Etkin, V. S. 1987. Radiothermal spectroscopy of the ocean surface. Soviet Physics, Doklady. 32(11):914-915 (translated from Russian). Ishimaru, A. 1991. Electromagnetic Wave Propagation, Radiation, and Scattering. Englewood Cliffs, Prentice Hall, NJ.

Ishimaru, V. G. 1991. Electromagnetic model for rough surface microwave emission and reconstruct ripple spectrum parameters. In Proceedings of International Geoscience and Remote Sensing Symposium, June 3-6, 1991, Helsinki, Finland, Vol. 3, pp. 1271-1273.

Jakeman, E. 1991. Non-Gaussian statistical models for scattering calculations. Waves Random Media. 3(1): S109-S119.

Janssen, M. A. 1993. Atmospheric Remote Sensing by Microwave Radiometry. John Wiley and Sons, New York, NY.

Johnson, J. T. 2005. A study of rough surface thermal emission and reflection using Voronovich's small slope approximation. IEEE Transactions on Geoscience and Remote Sensing. 43(2):306-314.

Johnson, J. T. 2006. An efficient two-scale model for the computation of thermal emission and atmospheric reflection from the sea surface. IEEE Transactions on Geoscience and Remote Sensing. 44(3):560-568.

Johnson, J. T., Kong, J. A., Shin, R. T., Staelin, D. H., O'Neill, K., and Lohanick, A. W. 1993. Third Stokes parameter emission from a periodic water surface. IEEE Transactions on Geoscience and Remote Sensing. 31(5):1066-1080.

Johnson, J. T., Kong, J. A., Shin, R. T., Yueh, S. H., Nghiem, S. V., and Kwok, R. 1994. Polarimetric thermal emission from rough ocean surfaces. Journal of Electromagnetic Waves and Applications. 8(1): 43-59.

Johnson, J. T. and Zang, M. 1999. Theoretical study of the small slope approximation for ocean polarimetric thermal emission. IEEE Transactions on Geoscience and Remote Sensing. 37(5):2305-2316.

Joseph, G. 2005. Fundamentals of Remote Sensing, 2nd edition. University Press, (India) Private Limited, Hyderguda, Hyderabad, India.

Joshi, A. S. and Kurtadikar, M. L. 2013. Study of seawater permittivity models and labora-tory validation at 5 GHz. Journal of Geomatics. Indian Society of Geomatics. 7(1):33-40. Kärkkäinen, K. K., Sihvola, A.

H. , and Nikoskinen, K. I. 2000. Effective permittivity of mixtures: Numerical validation by the FDTD method. IEEE Transactions on Geoscience and Remote Sensing. 38(3):1303–1308.

Kazumori, M. , Liu, Q. , Treadon, R. , and Derber, J. C. 2008. Impact study of AMSR–E radiances in the NCEP Global Data Assimilation System. Monthly Weather Review. 136 (2): 541 – 559. Doi: 10. 1175/2007MWR2147. 1.

Keeler, R. N. , Bondur, V. G. , and Gibson, C. H. 2005. Optical satellite imagery detec–tion of internal wave effects from a submerged turbulent outfall in the stratified ocean. Geophysical Research Letters. 32(12):L12610. Doi: 10. 1029/2005GL022390.

Kerr, Y. H. , Waldteufel, P. , Wigneron, J. –P. , Martinuzzi, J. –M. , Font, J. , and Berger, M. 2001. Soil moisture retrieval from space: The Soil Moisture and Ocean Salinity (SMOS) mission. IEEE Transactions on Geoscience and Remote Sensing. 39(8):1729–1735.

Kirchhoff, G. 1860. Über das Verhaltnis zwischen dem Emissionsvermögen und dem Absorptionsvermögen. der Körper für Wärme und Licht. Poggendorfs Annalen der Physik und Chemie. 109: 275 – 301. English translation by F. Guthrie: Kirchhoff, G. (1860). On the relation between the radiating and the absorbing powers of dif–ferent bodies for light and heat. Philosophical Magazine. Series 4. 20:1–21.

Klein, L. A. and Swift, C. T. 1977. An improved model for the dielectric constant for sea water at microwave frequencies. IEEE Transactions on Antennas and Propagation. 25(1):104–111.

Kosolapov, V. S. and Raizer, V. Yu. 1991. Satellite microwave radiometry of the rain intensity and cloud water content (from modeling results) . Soviet Journal of Remote Sensing. 8 (5): 860 – 878 (translated from Russian) .

Kravtsov, Yu. A. , Mirovskaya, Ye. A. , Popov, A. Ye. , Troitskiy, I. A. , and Etkin, V. S. 1978. Critical effects in the thermal radiation of a periodically uneven water surface. Izvestiya, Atmospheric and Oceanic Physics. 14(7):522–526 (translated from Russian) .

Kremer, F. and Schönhals, A. 2003. Broadband Dielectric Spectroscopy. Springer–Verlag, Berlin Heidelberg.

Krotikov, V. D. , Mordvinkin, I. N. , Pelyushenko, A. S. , Pelyushenko, S. A. , and Rakut, I. V. 2002. Radiometric methods of remote sensing of oil spills on water surfaces. Radiophysics and Quantum Electronics. 45(3):220–229 (translated from Russian) .

Kutuza, B. G. 2003. Spatial and temporal fluctuations of atmospheric microwave emission. Radio Science. 38 (3)8047:12–1–12–7.

Kuz'min, A. V. and Raizer, V. Yu. 1991. Application of the theory of excursions of a random field to the analysis of radiation from a rough surface in the quasistatic approximation. Radiophysics and Quantum Electronics. 34(2):128–135 (translated from Russian) .

Lahtinen, J. , Gasiewski, A. J. , Klein, M. , and Corbella, I. 2003a. A calibration method for fully polarimetric microwave radiometers. IEEE Transactions on Geoscience and Remote Sensing. 41(3):588–602.

Lahtinen, J. , Pihlflyckt, J. , Mononen, I. , Tauriainen, S. J. , Kemppinen, M. , and Hallikainen, M. T. 2003b. Fully polarimetric microwave radiometer for remote sensing. IEEE Transactions on Geoscience and Remote Sensing. 41(8):1869–1878.

Landau, L. D. and Lifshitz, E. M. 1984. Electrodynamics of Continuous Media, 2nd edition (with L. P. Pitaevskii). Pergamon Press, Oxford, New York.

Lang, R. H. , Utku, C. , and Le Vine, D. M. 2003. Measurement of the dielectric con–stant of seawater at L–

band. In Proceedings of International Geoscience and Remote Sensing Symposium, July 21−25, 2003, Toulouse, France, Vol. 1, pp. 19−21.

Lang, R., Zhou, Y., Utku, C., and Le Vine, D. 2016. Accurate measurements of the dielectric constant of seawater at L band. AGU Publication Radio Science. 51. Doi: 10. 1002/2015RS00577.

Laursen, B. and Skou, N. 2001. Wind direction over the ocean determined by an air−borne, imaging, polarimetric radiometer system. IEEE Transactions on Geoscience and Remote Sensing. 39(7):1547−1555.

Lavender, S. and Lavender, A. 2015. Practical Handbook of Remote Sensing. CRC Press, Boca Raton, FL.

Levin, M. L. and Rytov, S. M. 1973. "Kirchhoff" form of fluctuation−dissipation theorem for distributed systems. Journal of Experimental and Theoretical Physics (ZhETF). 65:1382−1391 (translated from Russian). Internet http://www. jetp. ac. ru/cgi−bin/dn/e_038_04_0688. pdf.

Le Vine, D. M., Lagerloef, G. S. E., Colomb, F. R., Yueh, S. H., and Pellerano, F. A. 2007. Aquarius: An instrument to monitor sea surface salinity from space. IEEE Transactions on Geoscience and Remote Sensing. 45(7):2040−2050.

Le Vine, D. M. and Utku, C. 2009. Comment on modified Stokes parameters. IEEE Transactions on Geoscience and Remote Sensing. 47(8):2707−2713.

Liebe, H., Hufford, G., and Takeshi, M. 1991. A model for the complex permittivity of water at frequencies below 1 THz. International Journal of Infrared and Millimeter Waves. 12(7):659−675.

Lin, Z., Zhang, X., and Fang, G. 2009. Theoretical model of electromagnetic scattering from 3D multi−layer dielectric media with slightly rough surfaces. In Progress in Electromagnetics Research, PIER 96, Vol. 96, pp. 37−62.

Liu, Q. and Weng, F. 2003. Retrieval of sea surface wind vector from simulated satellite microwave polarimetric measurements. AGU Journal Radio Science. 38(4):8078. Doi: 10. 1029/2002RS002729.

Liu, Q., Weng, F., and English, S. 2011. An improved fast microwave water emissivity model. IEEE Transactions on Geoscience and Remote Sensing. 49(4):1238−1250.

Liu, W. T., Tang W., and Wentz, F. J. 1992. Perceptible water and surface humanity over the global oceans from Special Sensor Microwave Imager and European Center for Medium Range Weather Forecasts. Journal of Geophysical Research. 97(C2):2251−2264. Lodge, A. E. 1989. The Remote Sensing of Oil Slicks ((IP) Proceedings of the Institute of Petroleum). Wiley−Blackwell, Hoboken, New Jersey.

Martin, S. 2014. An Introduction in Ocean Remote Sensing, 2nd edition. Cambridge University Press, Cambridge.

Matveev, D. T. 1971. On the spectrum of microwave emission of ruffled sea surface. Izvestiya, Atmospheric and Oceanic Physics, 7(10):1070−1076 (in Russian).

Matzler, C. 2006. Thermal Microwave Radiation: Applications for Remote Sensing. The Institution of Engineering and Technology, London, UK.

Meissner, T. and Wentz, F. J. 2004. The complex dielectric constant of pure and sea water from microwave satellite observations. IEEE Transactions on Geoscience and Remote Sensing. 42(9):1836−1849.

Meissner, T. and Wentz, F. J. 2012. The emissivity of the ocean surface between 6 and 90 GHz over a large range of wind speeds and earth incidence angles. IEEE Transactions on Geoscience and Remote Sensing. 50 (8):3004−3026.

Militskii, Yu. A., Rayzer, V. Yu., Sharkov, E. A., and Etkin, V. S. 1977. Scattering of microwave radiation by foamy structures. Radio Engineering and Electronic Physics. 22(11):46-50 (translated from Russian).

Militskii, Y. A., Rayzer, V. Y., Sharkov, E. A., and Etkin, V. S. 1978. On thermal emis-sion of foamy structures. Journal Technical Physics. 48(5):1031-1033 (translated from Russian).

Mitnik, L. M. and Mitnik, M. L. 2003. Retrieval of atmospheric and ocean surface parameters from ADEOS-II Advanced Microwave Scanning Radiometer (AMSR) data: Comparison of errors of global and regional algorithms. Radio Science. 38(4):8065 Mar30-1-Mar30-10.

Monique, F. M. A. A., Schaap, M., de Leeuw, G., and Builtjes, P. J. H. 2010. Progress in the determination of the sea spray source function using satellite data. Journal of Integrative Environmental Sciences. 7 (S1):159-166. Doi: 10.1080/19438151003621466. Njoku.

E. G. (ed.) 2014. Encyclopedia of Remote Sensing (Encyclopedia of Earth Sciences Series). Springer, New York.

Nordberg, W., Conaway, J., and Thaddeus, P. 1969. Microwave observations of sea state from aircraft. Quarterly Journal of the Royal Meteorological Society. 95(404):408-413. Doi: 10.1002/qj.49709540414.

Nörtemann, K., Hilland, J., and Kaatze, U. 1997. Dielectric properties of aque- ous NaCl solutions at microwave frequencies. Journal of Physical Chemistry. A. 101(37):6864-6869. Doi: 10.1021/jp971623a.

Nosko, V. P. 1980. On the definition of the number of excursions of a random field above a fixed level. Theory of Probability and Its Applications. 24(3):598-602.

Odelevskiy, V. N. 1951. Calculations of the general conductivity of heterogeneous layers. Journal of Technical Physics. 21(6):667-685 (in Russian).

Padmanabhan, S. and Reising, S. C. 2003. Radiometric measurements of the microwave emissivity of reproducible breaking waves. In Proceedings of International Geoscience and Remote Sensing Symposium, July 21-25, 2000, Toulouse, France, Vol. 1, pp. 339-341. Doi: 10.1109/IGARSS.2003.1293769.

Padmanabhan, S., Reising, S. C., Asher, W. E., Raizer, V., and Gaiser, P. W. 2007. Comparison of modeled and observed microwave emissivities of water sur-faces in the presence of breaking waves and foam. In Proceedings of International Geoscience and Remote Sensing Symposium, July 23-27, 2007, Barcelona, Spain, pp. 42-45. Doi: 10.1109/IGARSS.2007.4422725.

Pandey, P. C. and Kakar, R. K. 1982. An empirical microwave emissivity model for a foam-covered sea. IEEE Journal of Oceanic Engineering. 7(3):135-140.

Peake, W. H. 1959. Interaction of electromagnetic waves with some natural sur-faces. IRE Transactions on Antennas and Propagation. 7(5):324-329. Doi: 10.1109/TAP.1959.1144736.

Petit, R. (ed.) 1980. Electromagnetic Theory of Gratings(Topics in Current Physics). Springer-Verlag, Berlin, Heidelberg.

Piepmeier, J. R. and Gasiewski, A. J. 2001. High-resolution passive polarimetric microwave mapping of ocean surface wind vector fields. IEEE Transactions on Geoscience and Remote Sensing. 39(3):606-622.

Piepmeier, J. R., Long, D. G., and Njoku, E. G. 2008. Stokes antenna temperatures. IEEE Transactions on Geoscience and Remote Sensing. 46(2):516-527.

Planck, M. 1914. The Theory of Heat Radiation. P. Blakiston's Son & Co, Philadelphia, PA. Pospelov, M. N. 1996. Surface wind speed retrieval using passive microwave polarim-etry: The dependence on atmosphere stability. IEEE Transactions on Geoscience and Remote Sensing. 34(5):1166–1171.

Pospelov, M. N. 2004. Wind direction signal in polarized microwave emission of sea surface under various incidence angles. Gayana (Concepción). 68 (2): 493 – 498. Internet http://dx.doi.org/10.4067/S0717-65382004000300032.

Potter, H., Smith, G. B., Snow, C. M., Dowgiallo, D. J., Bobak, J. P., and Anguelova, M. D. 2015. Whitecap lifetime stages from infrared imagery with implica−tions for microwave radiometric measurements of whitecap fraction. Journal of Geophysical Research. Oceans. 120(11):7521–7537. Doi: 10.1002/2015JC011276.

Raicu, V. and Feldman, Y. 2015. Dielectric Relaxation in Biological Systems: Physical Principles, Methods, and Applications. Oxford University Press, Oxford, UK.

Raizer, V. Yu. 1992. Two phase ocean surface structures and microwave remote sensing. In Proceedings of International Geoscience and Remote Sensing Symposium, May 26–29, 1992, Houston, TX, Vol. 3, pp. 1460–1462. Doi: 10.1109/ IGARSS.1992.578483.

Raizer, V. 2001. Modeling of sea−roughness radiometric effects for the retrieval of surface salinity at 14.3 GHz. In Proceedings of International Geoscience and Remote Sensing Symposium, July 9–13, 2001, Sydney, Australia, Vol. 4, pp. 1761–1763. Doi: 10.1109/IGARSS.2001.977063.

Raizer, V. 2004. Passive microwave detection of bubble wakes. In Proceedings of International Geoscience and Remote Sensing Symposium, September 20–24, 2004, Anchorage, Alaska, Vol. 5, pp. 3592–3594. Doi: 10.1109/IGARSS.2004.1370488.

Raizer, V. 2005. A combined foam−spray model for ocean microwave radiometry. In Proceedings of International Geoscience and Remote Sensing Symposium, 25–29, July 2005, Seoul, Korea, Vol. 7, pp. 4749–4752. Doi: 10.1109/IGARSS.2005.1526733.

Raizer, V. 2006. Macroscopic foam−spray models for ocean microwave radiometry. In Proceedings of International Geoscience and Remote Sensing Symposium, July 31 – August 4, 2006, Denver, Colorado, pp. 3672–3675. Doi: 10.1109/IGARSS.2006.941. Raizer, V. 2007. Macroscopic foam−spray models for ocean microwave radiome – try. IEEE Transactions on Geoscience and Remote Sensing. 45 (10): 3138 – 3144. Doi: 10.1109/TGRS.2007.895981.

Raizer, V. 2008. Modeling of L−band foam emissivity and impact on surface salin−ity retrieval. In Proceedings of International Geoscience and Remote Sensing Symposium, July 6–11, 2008, Boston, MA, Vol. 4, pp. IV−930−IV−933. Doi: 10.1109/ IGARSS.2008.4779876.

Raizer, V. 2009. Modeling L−bandemissivityofawind−drivenseasurface. In Proceedings of International Geoscience and Remote Sensing Symposium, July 12–17, 2009, Cape Town, South Africa, pp. III−745−III−748. Doi: 10.1109/IGARSS.2009.5417872.

Raizer, V. 2012. Microwave scattering model of sea foam. In Proceedings of International Geoscience and Remote Sensing Symposium, July 22 – 27, 2012, Munich, Germany, pp. 5836 – 5839. Doi: 10.1109/IGARSS.2012.6352282.

Raizer, V. 2013. Radar backscattering from sea foam and spray. In Proceedings of International Geoscience and Remote Sensing Symposium, July 21 – 26, 2013, Melbourne, Australia, pp. 4054–4057. Doi: 10.1109/IGARSS.2013.6723723.

Raizer, V. 2014. Impedance model of sea surface at S−L−band. In Proceedings of International Geoscience and Remote Sensing Symposium, 13 – 18 July 2014, Quebec City, Quebec, Canada, pp. 4400–4403. Doi:

10. 1109/IGARSS. 2014. 6947466.

Raizer, V. Yu. and Cherny, I. V. 1994. Microwave diagnostics of ocean surface. "Mikrovolnovaia diagnostika poverkhnostnogo sloia okeana. " Gidrometeoizdat. Sankt – Peterburg. Library of Congress, LC classification (full) GC211. 2 . R35 1994. (in Russian).

Raizer, V. Yu. and Sharkov, E. A. 1981. Electrodynamic description of densely packed dispersed system. Radiophysics and Quantum Electronics. 24(7):553-557 (trans-lated from Russian).

Raizer, V. Yu. , Zaitseva, I. G. , Aniskovich, V. M. , and Etkin, V. S. 1986. Determining sea ice physical parameters from remotely sensed microwave data in the 0. 3-18 cm. Soviet Journal of Remote Sensing. 5(1): 29-42 (translated from Russian).

Ray, P. S. 1972. Broadband complex refractive indices of ice and water. Applied Optics. 11(8):1836-1844.

Rayzer, V. Yu. , Sharkov, E. A. , and Etkin, V. S. 1975. Influence of temperature and salinity on the radio e-mission of a smooth ocean surface in the decimeter and meter bands. Izvestiya, Atmospheric and Oceanic Physics. 11(6):652-655 (translated from Russian). Robinson, I. S. 2010. Discovering the Ocean from Space: The Unique Applications of Satellite Oceanography. Springer, Berlin, Heidelberg.

Robitaille, P. -M. 2009. Kirchhoff's Law of Thermal Emission: 150 Years. Progress in Physics. 4:3-13.

Rose, L. A. , Asher, W. E. , Reising, S. C. , Gaiser, P. W. , Germain, K. M. St. ,Dowgiallo, D. J. , Horgan, K. A. , Farquharson, G. , and Knapp, E. J. 2002. Radiometric measurements of the microwave emissivity of foam. IEEE Transactions on Geoscience and Remote Sensing. 40(12):2619-2625.

Rozenkranz, P. V. and Staelin, D. H. 1972. Microwave emissivity of ocean foam and its effect on nadiral radiometric measurements. Journal of Geophysical Research. 77(33):6528-6538.

Ruf, C. S. 1998. Constraints on the polarization purity of a Stokes microwave radiom-eter. Radio Science. 33(6): 1617-1639.

Rytov, S. M. , Kravtsov, Yu. A. , and Tatarskii, V. I. 1989. Principles of Statistical Radiophysics. Vol. 3. Springer-Verlag, Berlin.

Sadovsky, I. N. , Kuzmin, A. V. , and Pospelov, M. N. 2009. Dynamics of short sea wave spectrum estimated from microwave radiometric measurements. IEEE Transactions on Geoscience and Remote Sensing. 47(9): 3051-3056.

Salisbury, D. J. , Anguelova, M. D. , and Brooks, I. M. 2014. Global distribution and seasonal dependence of satellite – based whitecap fraction. Geophysical Research Letters. 41 (5): 1616 – 1623. Doi: 10. 1002/2014GL059246.

Sasaki, Y. , Asanuma, I. , Muneyama, K. , Naito, G. , and Suzuki, T. 1987. The depen-dence of sea-surface microwave emission on wind speed, frequency, incident angle and polarization over the frequencies range from 1 to 40 GHz. IEEE Transactions on Geoscience and Remote Sensing. 25(2):138-146.

Savelyev, I. B. , Anguelova, M. D. , Frick, G. M. , Dowgiallo, D. J. , Hwang, P. A. , Caffrey, P. F. , and Bobak, J. P. 2014. On direct passive microwave remote sensing of sea spray aerosol production. Atmospheric Chemistry and Physics. 14:11611-11631. Doi: 10. 5194/acp-14-11611-2014.

Scou, N. 1989. Microwave Radiometer Systems. Design & Analysis. Artech House, Norwood, MA.

Sharkov, E. A. 2003. Passive Microwave Remote Sensing of the Earth: Physical Foundations. Springer Praxis Books, Chichester, UK.

Sharkov, E. A. 2007. Breaking Ocean Waves: Geometry, Structure and Remote Sensing. Praxis Publishing,

133

Chichester, UK.

Shestopaloff, Yu. K. 2011. Polarization invariants and retrieval of surface parameters using polarization measurements in remote sensing applications. Applied Optics. 50(36):6606-6616.

Shutko, A. M. 1985. The status of the passive microwave sensing of the waters— Lakes, seas, and oceans—Under the variation of their state, temperature, and mineralization (salinity): Models, experiments, examples of application. IEEE Journal of Oceanic Engineering. 10(4):418-437. Doi: 10.1109/JOE.1985.1145121.

Shutko, A. M. 1986. Microwave Radiometry of A Water Surface and The Ground. Nauka (in Russian), Moscow.

Sihvola, A. 1999. Electromagnetic Mixing Formulas and Applications, IEE Electromagnetic Waves Series, Vol. 47. The Institute of Electrical Engineers.

Skou, N. 1986. Microwave radiometry for oil pollution monitoring, measurements, and systems. IEEE Transactions on Geoscience and Remote Sensing. 24(3):360-367.

Skou, N. and Laursen, B. 1998. Measurement of ocean wind vector by an airborne, imaging, polarimetric radiometer. Radio Science. 33(3):669-675.

Smith, P. M. 1988. The emissivity of sea foam at 19 and 37 GHz. IEEE Transactions on Geoscience and Remote Sensing. 29(5):541-547.

Somaraju, R. and Trumpf, J. 2006. Frequency, temperature and salinity variation of the permittivity of seawater. IEEE Transactions on Antennas and Propagation. 54(11):3441-3448.

Stogryn, A. 1971. Equations for calculating the dielectric constant for saline water. IEEE Transactions on Microwave Theory and Technology. 19(8):733-736.

Stogryn, A. 1972. The emissivity of sea foam at microwave frequencies. Journal of Geophysical Research. 77 (9):1698-1666.

Stratton, J. A. 1941. Electromagnetic Theory. McGraw-Hill Book Company.

Swift, C. T. 1974. Microwave radiometric measurements of the Cape God Canal. Radio Science. 9(7): 641-653.

Swift, C. T. and MacIntosh, R. E. 1983. Considerations for microwave remote sensing of ocean-surface salinity. IEEE Transactions on Geoscience and Remote Sensing. 21(4):480-491.

Tang, C. C. H. 1974. The effect of droplets in the air-sea transition zone on the sea brightness temperature. Journal of Physical Oceanography. 4:579-593.

Tatarskii, V. I. 1961. Wave Propagation in a Turbulent Medium. Translated by A. Silverman. McGraw-Hill, New York.

Tatarskii, V. V. and Tatarskii, V. I. 1996. Non-Gaussian statistical model of the ocean surface for wave-scattering theories. Waves in Random Media. 6(4):419-435.

Tikhonov, A. N. and Arsenin, V. Y. 1977. Solutions of Ill-Posed Problems. V. H. Winston. Tinga, W. R., Voss, W. A. G., and Blossey, D. F. 1973. Generalized approach to multi-phase dielectric mixture theory. Journal of Applied Physics. 44(9):3897-3902.

Trokhimovski, Yu. G. 2000. Gravity-capillary wave curvature spectrum and mean-square slope retrieved from microwave radiometric measurements (Coastal Ocean Probing Experiment). Journal of Atmospheric and Oceanic Technology. 17(9): 1259 - 1270. http://dx.doi.org/10.1175/1520 - 0426 (2000) 017 < 1259: GNCWCS>2.0.CO;2

Trokhimovski, Yu. G., Bolotnikova, G. A., Etkin, V. S., Grechko, S. I., and Kuzmin, A. V. 1995. The dependence of S-band sea surface brightness temperature on wind vector at normal incidence. IEEE Transactions on Geoscience and Remote Sensing. 33(4):1085-1088.

Trokhimovski, Y. G., Irisov, V. G., Westwater, E. R., Fedor, L. S., and Leuski, V. E. 2000. Microwave polarimetric measurements of the sea surface brightness tem-perature from a blimp during the Coastal Ocean Probing Experiment (COPE). Journal of Geophysical Research. 105(C3):6501-6516.

Trokhimovski, Y. G., Kuzmin, A. V., Pospelov, M. N., Irisov, V. G., and Sadovsky, I. N. 2003. Laboratory polarimetric measurements of microwave emission from capillary waves. Radio Science. 38(3):MAR 4-1-MAR 4-7.

Tsang, L., Chen, C. T., Chang, A. T. C., Guo, J., and Ding, K. H. 2000a. Dense media relative transfer theory based on quasi-crystalline approximation with applications to passive microwave remote sensing of snow. Radio Science. 35(3):731-749. Tsang, L., Kong, J. A., and Ding, K. H. 2000b. Scattering and emission by layered media. In Scattering of Electromagnetic Waves: Theories and Application. J. A. Kong(ed.), pp. 203-207. John Wiley and Sons, New York, NY.

Tsang, L., Kong, J. A., and Shin, R. T. 1985. Theory of Microwave Remote Sensing. Wiley-Interscience, New York.

Tsang, L., Njoku, E., and Kong, J. A. 1975. Microwave thermal emission from a strati-fied medium with nonuniform temperature distribution. Journal of Applied Physics. 46(12):5127-5133.

Ulaby, F. T. and Long, D. G. 2013. Microwave Radar and Radiometric Remote Sensing. University of Michigan Press, Ann Arbor, Michigan.

Ulaby, F. T., Moore, R. K., and Fung, A. K. 1981,1982,1986. Microwave Remote Sensing. Active and Passive (in three volumes), Advanced Book Program, Reading and Artech House, MA.

Van de Hulst, H. 1957. Light-Scattering by Small Particles. Wiley, New York; also Dover, New York, 1981.

Van Melle, M. J., Wang, H. H., and Hall, W. F. 1973. Microwave radiometric obser-vations of simulated sea surface conditions. Journal of Geophysical Research. 78(6):969-976. Doi: 10.1029/JC078i006p00969.

Veron, F., Melville, W. K., and Lenain L. 2009. Measurements of ocean surface turbulence and wave-turbulence interactions. Journal of Physical Oceanography. 39(9):2310-2323. http://dx.doi.org/10.1175/2009JPO4019.1.

Von Hippel, A. R. 1995. Dielectrics and Waves, 2nd edition. Artech House, Boston. Voronovich, A. 1994. Small-slope approximation for electromagnetic wave scattering at a rough interface of two dielectric half-space. Waves in Random Media. 4(3):337-367.

Voronovich, A. 1996. On the theory of electromagnetic waves scattering from the sea surface at low grazing angles. Radio Science. 31(6):1519-1530.

Voronovich, A. 1999. Wave Scattering from Rough Surfaces (Springer Series on Wave Phenomena), 2nd edition. Springer, Berlin, Heidelberg.

Vorsin, N. N., Glotov, A. A., Mirovskiy, V. G., Raizer, V. Yu., Troitskii, I. A., Sharkov, E. A., and Etkin, V. S. 1984. Direct radiometric measurements of sea foam. Soviet Journal of Remote Sensing. 2(3):520-525 (translated from Russian).

Webster, W. J., Wilheit, T. T., Ross, D. B., and Gloersen, P. G. 1976. Spectral character-istics of the microwave emission from a wind-driven foam-covered sea. Journal of Geophysical Research. 81(18):

3095-3099.

Wei, E. B. 2011. Microwave vector radiative transfer equation of a sea foam layer by the second-order Rayleigh approximation. Radio Science. 46(5): RS5012-RS5013.

Wei, E. B. 2013. Effective medium approximation model of sea foam layer micro-wave emissivity of a vertical profile. International Journal of Remote Sensing. 34(4):1180-1193.

Wei, E. B. Liu, S. B. Wang, Z. Z. Liu, J. Y. , and Dong, S. 2014a. Emissivity measurements and theoretical model of foam-covered sea surface at C-band. International Journal of Remote Sensing. 35(4): 1511-1525.

Wei,E.-B. ,Liu, S. -B. ,Wang, Z. -Z. ,Tong,X. -L. ,Dong, S. ,Li, B. ,and Liu, J. -Y. 2014b.

Emissivity measurements of foam-covered water surface at L-band for low water temperatures. Remote Sensing. 6 (11):10913-10930. Doi: 10. 3390/rs61110913. Wentz, F. J. 1975. A two-scale scattering model for foam-free sea microwave brightness temperatures. Journal of Geophysical Research. 80(24):3441-3446.

Wentz, F. J. 1992. Measurement of oceanic wind vector using satellite microwave radiometers. IEEE Transactions on Geoscience and Remote Sensing. 30(5):960-972.

Wentz, F. J. 1997. A well-calibrated ocean algorithm for SSM/I. Journal of Geophysical Research. 102(C4): 8703-8718.

第4章

海洋数据的仿真与预测

　　本章介绍了一种新型联合数值仿真框架,专门用于分析和预测复杂的微波遥感数据(信号、图像、特征)。该框架以多因素微波随机模型进行操作,涵盖了数字信号/图像处理和计算机视觉等要素。相关文献中对以上这些运算法则有详细论述(Pratt,2001;Chen,2007;Szeliski,2011;Lillesand et al.,2015)。

　　该框架提供了大量与海洋微波遥感数据、场景和方案有关的数字建模及模拟。为了评估微波性能,本章列举并讨论了数值实例和选定结果。该框架是一种灵活的计算机工具,仅用于科学研究,不能进行实际操作(Raizer,1998,2002,2005,2011)。

4.1　基本介绍

　　此框架代表的是广义上的前向性多因素模型,描述了由不同环境因素引起的微波辐射作用的统计组合。框架的建立提供了微波辐射作用在可变观察条件下的空间平均值和空间断续连通性。

　　图4.1为框架流程图,是由若干个连续运算组合而成的一个单一算法。

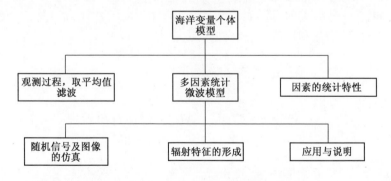

图 4.1　微波数据建模及模拟框架流程图

通过相应的电磁模型(第 3 章)定义与个别环境因素相关的微波辐射作用。这些个体作用的统计集合形成了一个复合的微波辐射亮度场景,其特征为空间概率分布函数(pdf)。因此,用于观测复合多因子的微波遥感模型(RSM)得以建成。点扩散函数(psf)可以提供平均值和滤波。这种函数和实际(建模)辐射亮度场景之间的卷积,即可调用观测过程。该框架有助于研究不同的微波辐射测量数据并将其转换成计算机可视化产品。

4.2 多因素微波模型

多因素模型采用多种因素来预测和解释复合现象和/或任意系统的行为。历史上,数学理论和多因素模型的开发是为了分析金融市场,但我们认为这种经济学概念也可以应用于遥感。事实上,为了对整体电磁响应的估计有一定可能性,需要考虑大量的随机变量,类比更是不可或缺的。预测低风险事件和动态复杂的海洋场均是重要的地球物理实例,可以使用遥感方法进行研究。

可以依据给定物理场景下的总亮温对比值来表示海洋表面的多因素光谱微波模型,如下所示:

$$\Delta T_{B\lambda}(r,t) = \sum_{i=1}^{N} \left[\sum_{k=1}^{M} \frac{\partial T_{Bi(r,t,q_i^k)}}{\partial q_i^k} \Delta q_i^k w_i(r,t) + \Psi_i^k \right] \tag{4.1}$$

式中:T_{Bi} 为由各因素引起的亮温变化;Δq_i^k 为参数的变化;W_i 为统计权重系数;Ψ_i^k 为相应的误差项;N 是参与因素的数量,M 是与各因素相关的输入参数数量;$r = \{x,y\}$ 为坐标矢量;t 为时间。该模型通过与各个水动力-物理因素相关的确定参数和/或统计参数及其分布来运行。

例如,在一些简单的海洋表面实例中,统计各向同性风力涉及三个参与因素——粗糙度、泡沫和白浪,微波模型可以写为

$$\Delta T_{B\lambda}(V) = \sum_{i=1}^{3} \Delta T_{Bi} W_i(V)$$

或

$$\Delta T_{B\lambda} = \Delta T_{B1} W_1 + \Delta T_{B2} W_2 + \Delta T_{B3} W_3$$

$$W_1 + W_2 + W_3 = 1, \qquad W_1 + W_2 = W_f$$

$$W_1 = \frac{1}{1 + R_f} W_f, \qquad W_2 = \frac{R_f}{1 + R_f} W_f$$

$$W_f = av^b, \qquad R_f = A + BV$$

$$\Delta T_{B1,2,3} = \frac{\partial T_{B1,2,3}(T,S)}{\partial T}\Delta T + \frac{\partial T_{B1,2,3}(T,S)}{\partial S}\Delta S \qquad (4.2)$$

式中：$T_{B1,2,3}$ 为由个别因素引起的亮温对比值（由电磁模型计算得出，第 3 章）；V 为风速；T 为海面温度；S 为盐度；W_3，W_2，W_3 分别为表面粗糙度、泡沫条纹和白浪的面积比；W_f 为总泡沫+白浪的面积比；R_f 为泡沫-白浪面积比的比率；a，b，A，B 为经验常数。

模型式(4.2)展示了当三种因素——表面粗糙度、泡沫条纹和白浪同时存在时，如何估计在指定波长 λ 处的总对比值 $\Delta T_{B\lambda}(V)$ 的辐射风依赖性。同时，另外两个物理参数——海面温度和盐度也被正式纳入考虑范围之内。当涉及其他地球物理参数时，这种特定的模型可以在更复杂的情况下扩展延伸。

4.3　数学公式

广义正向性多元统计 RSMM 的数学公式可以用亮温矩阵场景 T_A，T_{BS} 场分成两部分来表示，如下所示：

$$\overline{\overline{T}}_{BS} = \sum_{i=1}^{N} \overline{\overline{T}}_{Bi} \otimes \overline{\overline{H}}_{pi} \qquad \text{随机场景} \qquad (4.3)$$

$$\overline{\overline{T}}_A = \overline{P} * * \overline{\overline{T}}_{BS} + \overline{\eta} + \overline{\mu} \qquad \text{观测过程} \qquad (4.4)$$

式中：$\overline{\overline{T}}_A$ 为预期的（测量）场景；$\overline{\overline{T}}_{BS}$ 为实际（建模）随机多因素场景；$\overline{\overline{T}}_{Bi}$ 为 i 因素的实际确定性场景；$\overline{\overline{T}}_{Bi} \otimes \overline{\overline{H}}_{pi}$ 为两个矩阵的克罗内科积；$\overline{\overline{H}}_{pi}$ 为随机权重矩阵，描述了 i 因素的随机场并使用了相应的概率密度函数来运行；$\overline{P}$ 是向量点扩散函数；$\overline{\eta}$ 为加法器噪声；$\overline{\mu}$ 为不可观察的（隐藏）地球物理噪声；N 为参与地球物理因素的数量。

在式(4.3)中，模型矩阵 $\overline{\overline{T}}_{Bi}$ 是由来自每个地球物理（或流体动力学）因素的微波作用来定义，而模型矩阵 $\overline{\overline{T}}_{BS}$ 则为多因素统计微波响应。观测过程式(4.4)描述了所得到的平均值和滤波的随机微波场景。根据仪器的技术参数和观测几何，确定了矢量点扩散函数 $\overline{P}$。仪器噪声通过高斯分布函数建模；地球物理噪声是用来描述某些地球物理变量中不可观察参数的随机过程（场）。例如，如果需要从微波数据中提取有关水文物理参数的信息，则将地球大气的影响视为地球物理噪声。

因为观测过程是所需地球物理数据集的函数,因此可以考虑两类智能数据采集:检测和估计。在统计信号处理和通信理论中,这两个类别相互联系(重叠),因此可以通过某种概率检测和识别目标变量。估计时也要考虑到观测误差和过程噪声。

在进行海洋观测时,特别是探测局部流体力学事件(不包括风、温度或盐度)时,由于海洋环境的多样性,例如,观测过程嘈杂,在空间和时间上的事件行为具有不可预测性,导致传统的采集模式可能不起作用。此外,能在非稳定的海洋条件下解决反向遥感问题的终极模型是不存在的。因此,可以选择对微波数据直接进行数值建模和仿真,随后详述微波特征并分类。实际运用这种复杂算法需要多项操作。尤其是,数字利用式(4.3)和式(4.4)大量参数和变量的输入输出,这使得整体图像难以提前实现。事实上,计算机实验必须包含,在研究策略中要调用数据处理的数字方法。

4.4 数据仿真举例

本节介绍了微波辐射信号和海洋环境的典型图像。实际上,这些数据是现实中原始实验记录的计算副本,是通过灵敏的被动微波辐射计记录下来的。本节所选的例子显示了海洋辐射测量数据的内容和随机结构。这些材料有助于读者深入了解高分辨率测量的问题,更好地理解数据处理和分析的原理。

4.4.1 环境特征

首先,海洋微波的环境背景与大尺度海面动力学有关。在双因素表征(表面粗糙度+泡沫)的情况下,通过数字扩展算子 $F\{\cdots\}$,自动解算出实际的微波场景 $T_B(x,y) = F\{\Delta T_S(x,y);\Delta T_f(x,y)\}$,为了减少不确定性,我们运用了线性运算,它是表面粗糙度和泡沫/白浪的微波作用的加权和, $F\{\cdots\} = \Delta T_S(x,y) \cdot W_S + \Delta T_f(x,y) \cdot W_f$。其中 W_f, W_S 是相应的面积比(取决于风速)。这种方法适用于观测空间时间范围广的辐射信号平均值。线性运算使我们能够创建逼真的微波场景,也有助于在狂风、泡沫和白浪活动的情况下,创建不同的宏观结构。为了减少由计算机合成可能产生的错误,用亮度阈值和某些空间频率过滤了所得到的图像 $T_B(x,y)$。

图4.2显示了在不同情况下模拟海洋表面的几种典型的辐射框架和图像。表面粗糙度产生相对小的辐射信号变化(为2~3K),而泡沫在脉冲幅度上产生较大的信号变化(5~10K)。

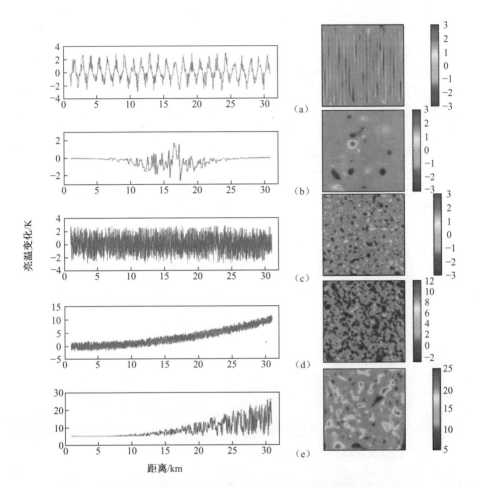

图 4.2　在不同海洋条件下,对 Ku 波段微波辐射测量数据进行数字模拟

剖面图(左图):(a)周期性(内波);(b)异常(孤立波);(c)正常静态随机过程(均匀风);(d)正常过程下的振幅趋势和常数均方根偏差(不均匀风);(e)正常过程下振幅趋势和可变均方根偏差(风不均匀增加时的波浪破裂和泡沫/白浪)。图像(右图):场景大小为约 30km×30km;(a)和(b)为确定性模型;(c)~(e)为统计模型(随机海洋微波背景)。(改编自 Raizer, V. 2005. In Proceedings of International Geoscience and Remote Sensing Symposium, Vol. 1, pp. 268~271. Doi:10. 1109 / IGARSS. 2005. 1526159)。

　　在 K 波段、X 波段、C 波段、S 波段和 L 波段,同时进行辐射剖面的建模和模拟。这些数据产生了重要作用:表明了海洋辐射信号的随机(噪声)特征及其多频段的相关性。实际上,这是由于表面粗糙度和泡沫覆盖度的联合统计影响而发生的。在现场实验(从船舶和飞机平台)中,多次观察到这种类型的辐射信号。总体而言,辐射信号的振幅趋势和波动反映了可变风情况下非平稳的海洋表面状况。例如,它可能受风吹程的限制。然而,在现实中,海洋辐射信号不仅受环境条件影响,而且还受观测过程(如时空平均值)制约,这对详述相关特征来说十分重要。

辐射信号(特征)的具体变化也可以存在于局部海洋特征和/或海面干扰中。其中,粗糙度的变化最有可能引起辐射信号的变化。而粗糙度也会随着水动力波间相互作用、调制、不稳定性和海浪破碎(或微裂)的变化而变化。在这些情况下,没有互补信息和模型数据,很难对可能的微波特征进行评估。

图 4.3 展示了一些典型的实例。这些信号有以下几个特点:①一系列高对

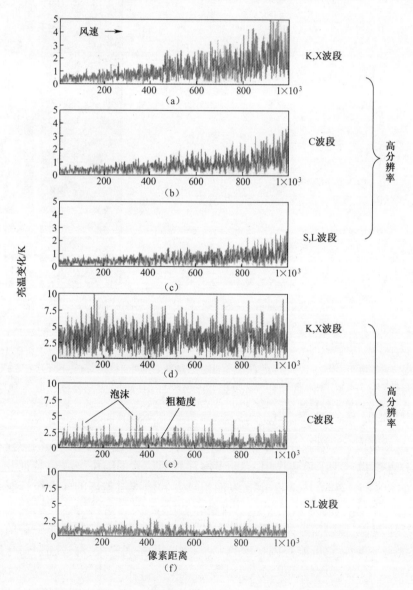

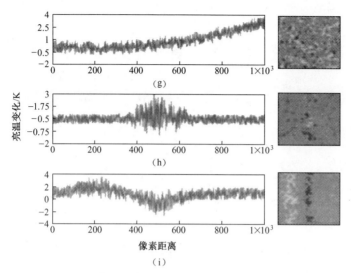

图 4.3　用于可变海面条件的高分辨率多波段辐射测量数据的计算机数值模拟示例。
左图为时间序列信号(剖面图);右图为图像。在 K、X、C、S 和 L 波段的实现:
(a)~(c)取风;(d)~(f)粗糙度和泡沫的影响。仅在 L 波段的实现:
(g)风力作用;(h)温度界面;(i)盐度异常

比度脉冲式的波动与波浪破裂、泡沫/白浪活动有关;②表面粗糙度可以引发低
对比度的周期性信号,如内波和表面波浪相互作用表现为交替条纹和离岸流;
③在表面尾迹、薄泡沫碎片、表面洋流或锋面的影响下,会出现"爆裂"型误差;
④辐射信号的扩展变异与由温盐过程引起的局部海表温盐度变异有关。

　　从所提供的数据可以看出,微波辐射产生的数据的任何组合或随机混合都
会产生复杂的测量数据集,包括多衬比度辐射-亮度纹理图象。海洋微波纹理代
表了一类新颖的遥感信息,它们通过被动微波图像来表征海洋环境过程和流动场。
合成的复杂纹理提供了对相关辐射特征进行检测和识别的手段,例如,与泡沫/白
浪覆盖率有关的特征。通过与光学数据的类比,这些特征表现为扩展和/或局部
化的图像对象(斑点)。然而,这种模型的实验验证和详细的实现尚未完成,对高
分辨率被动微波辐射测量技术来说,这仍然是一项具有挑战性的任务。

4.4.2　粗糙度-盐度-温度的异常

　　粗糙度-盐度-温度异常(RSTA)表示复杂的热力学特征,与海面粗糙度、表面
盐度和温度的同步变化相关。海洋实验数据显示,海洋上层的亚表面层通常是不
稳定和不均匀的,如大气-水界面和电磁表层。这些情况的发生受许多环境过程的
影响:温盐(如接合处的盐度、温度和密度)循环、双扩散和对流过程、湍流混合、流
水动力学相互作用、微波调制、海流、波浪破裂和风力作用。

在这种情况下,作为遥感研究的地球物理对象,自然界的 RSTA 现象既常见又很神奇,同时也相当重要。

最有可能的 RSTA 的表现形式如下:①称为"盐指"的双扩散不稳定性;②温度锋面、温盐"尾流"、盐水入侵或淡水注入;③称为裂流的强离岸流。

在这种情况下计算总亮温对比度,可以使用对共振模型式(3.12)三部分求和:

$$\Delta T_B = \alpha \Delta T_{Brough} + \beta \Delta T_{Bsal} + \gamma \Delta T_{Btemp} \qquad (4.5)$$

$$\begin{cases} \Delta T_{Brough} = B_T(k_0) \dfrac{\partial \Theta_T}{\partial E_k} \Delta E_k \\[2mm] \Delta T_{Bsal} = B_T(k_0) \dfrac{\partial \Theta_T}{\partial S} \Delta S \\[2mm] \Delta T_{Btemp} = B_T(k_0) \dfrac{\partial \Theta_T}{\partial t} \Delta t \end{cases} \qquad (4.6)$$

式中:T_{Brough}、T_{Bsal} 和 T_{Btemp} 分别为由表面粗糙度、盐度和温度变化引起的亮度温度对比度;ΔE_k,ΔS 和 Δt 分别为波数谱(描述粗糙度变化)、盐度和温度的扰动项;$\Theta_T(E_k,k_0;t,s)$ 为来自式(3.12)的亮温要素;k_0 为电磁波数;k 为表面波数;$B_T(k_0)$ 为常数;α、β、γ 为权重系数。

海面物理参数可以用 S 波段和 L 波段的微波辐射计测量,为了说明这个众所周知的事实,我们计算发射率的辐射-风依赖性(图 4.4),并以双通道聚类图(图 4.5)

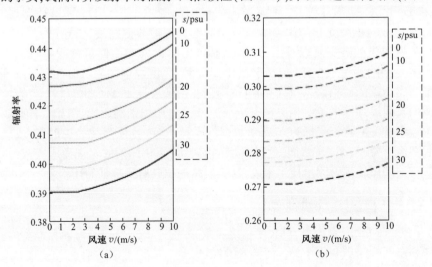

(a) (b)

图 4.4　使用共振模型式(3.19)计算的 L 波段(1.4GHz)发射率的辐射-风依赖性
视角度为37°;盐度在 s=0~35psu 范围内变化。
(a)为垂直极化;(b)为水平极化。

的形式来显示亮温的温盐敏感度。这些结果表明,只有运用至少两个通道的低频(1~3GHz)范围内的遥感测量法,才可以区分海面温度、盐度和粗糙度的影响。

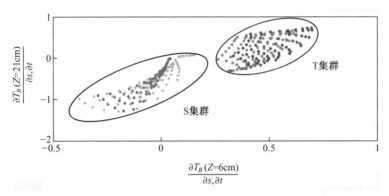

图 4.5　双通道 T–S 聚类图,显示了亮温对海面温度和盐度的敏感度

入射角为 37°;垂直–极化;温度和盐度范围:$t = 0 \sim 40℃$,$s = 0 \sim 40\mathrm{psu}$;S 集群和 T 集群易区分,分别对应风速在 3~10m/s 范围内的导数 $\partial/\partial s$ 和 $\partial/\partial t$。

图 4.6 显示了在 L 波段数字生成的 RSTA 特征的假设示例。输入数据包含模拟以下条件的三个组成部分:①通过功率波数谱 $F(K) \sim AK^{-n}$ 的振幅转换建

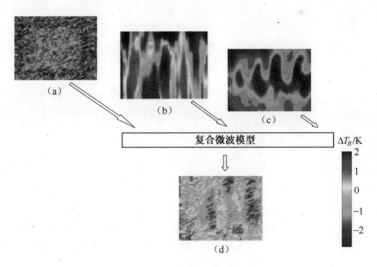

图 4.6　粗糙度 –盐度 –温度异常(RSTA)

计算机模拟:(a)~(c)输入图片;(d)产生 RSTA 微波图像。彩条显示 L 波段和 37° 入射(垂直极化)的辐射亮度对比度。(From Raizer,2010. In Proceedings of International Geoscience and Remote Sensing Symposium,pp. 31–31–3177。Doi:10. 1109 / IGARSS. 2010. 5651356)。

立表面粗糙度异常模型,其中 A 和 n 是参数;②海面盐度 s(盐波)的梯度;③海面温度 t(热波)的梯度。输出数据由随机复合辐射亮度图(d)表示。图片中出现的大规模马赛克式辐射亮度纹理使我们可以做出假设:也许可以使用高分辨率 S-L 波段辐射测量和图像法对海洋 RSTA 进行检测(Raizer,2010)。

4.5 多波段组合成像

另一个建模和模拟的例子与不同环境因素下海面多波段微波图像有关(Raizer 2011)。图 4.7 表明,在高和低空间分辨率(像素)下,两组多波段随机海洋微波辐射图像(或数字图像)同时生成。我们采用了具有以下四个因素的统计模型:①风生粗糙度,即常规波谱;②两相分散结构,泡沫/白浪/飞沫/气泡;③梯度 SST;④SSS 的梯度。最后,这些因素会对海洋辐射率产生不同的作用。

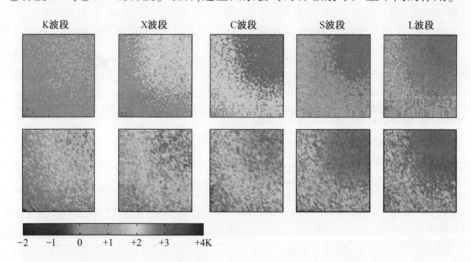

图 4.7 两组多波段随机海洋微波辐射图像同时产生不同像素分辨率(四因素模型)

每幅图像的大小为 2048×2048 像素。上半部分为高分辨率(网格分辨率为 100 像素),
下半部分为低分辨率(网格分辨率为 50 像素)。波段规格:K 波段(18.7GHz,1.6cm),
X 波段(10.7GHz,2.8cm), C 波段(6.9GHz,4.3cm), S 波段(2.6GHz,8.6cm),
L 波段(1.4 GHz,21cm)。

由于依赖多因素波段的微波辐射影响,图片中出现了辐射亮度变化和对比度特征(特性)。这些特征的可观察性、颜色、形状和纹理内容由微波贡献的统计分布和空间分辨率决定。实际上,由于像素分辨率的降低,导致所有波段都会出现图像变化和"特征平滑"的现象。在高分辨率图像(图 4.7 中上半部分)的情况下,有多个不同的辐射特征,而在低分辨率图像(图 4.7 中下半部分)的情况下,特征主要是扩展和单调字符。这些图片显著的复杂性是随机混合和/或辐射率随机变化的结果。这种微波效应可以在可变风或非平稳表面条件下观察到。

例如,在有限风区的风波增长对 S 波段和 L 波段的辐射信号和图像产生中等程度间接作用,从而导致了 SST 和 SSS 场的联合地球物理参数变化(Raizer,2009)。由于风生表面粗糙度和破碎波,最有价值(可测量)的图像效应可能发生在 K 波段、X 波段和 C 波段。

所提出的数字示例说明如下:①微波作用的联合统计特征导致多波段数据的复杂性和多样性,这有时会引起数据分析和解释的不确定性;②观察过程(分辨率、平均、过滤)在从海洋高分辨率图像中选择和提取相关地球物理信息(特征)方面起着重要的作用。

为了预测海啸中的假想被动微波图像,早期开发了一个更为复杂的数字示例。根据空间微波辐射星座概念(Myers,2008;Myers,et al.,2008)创建了成像模型。所谓的"海啸微波特征"表示与海面粗糙度的长周期空间波调制有关的亮温(-2~3K)①周期性变化。提出的模型调用了观测几何、映射和时序,这些数据提供了不同空间分辨率下海啸微波图像的数字模拟(图 4.8)。

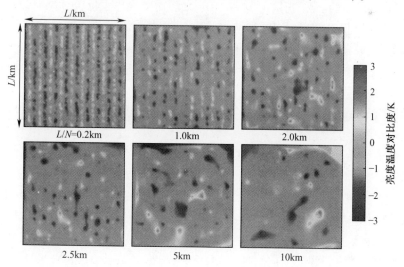

图 4.8　海洋海啸在不同空间分辨率下的被动微波图像。在分辨率 L/N 下的计算机模拟,其中 L 是图像场景的大小(1000km×1000km),N 是像素(N=5000,1000,500,400,200,100)

---

①　译者注:原文此处为(~2÷+3K),疑为印刷错误。

4.6 数据融合

可以通过融合多波段成像数据来进行更详细的研究,尤其是在超分辨率微波观测的情况下。我们将此主题称为海洋遥感数据融合(ODF)。ODF 的目标是提高对海洋微波数据的估计,并开发更先进的工具提取辐射特征。这里提供的材料来自于原著(Raizer,2013)。

多传感器和多光谱(multispectral,MS)数据融合的方法被广泛应用于遥感中(Alparone,et al,2015;Lillesand,et al,2015;Pohl,van Genderen,2016)。最后,与单波段传感器——主动(雷达和激光雷达)或被动(辐射计、红外和视频)相比,MS 数据收集的信息更有价值。

目前已经有先进的数据融合技术和算法(Hall,McMullen,2004;Liggins,et al. ,2009;Tso,Mather,2009;Raol,2010)。不过,对于 ODF 来说,我们将重点放在以下三个方面:

(1)统计方法。该像素级方法使用其统计和相关特征来完成 MS 数据的融合。亮度-色调-饱和度(IHS)、局部平均匹配、主成分分析(PCA)、回归分析、统计区域合并等技术是最常用的。这种 ODF 方法需要收集大量统计微波数据。

(2)快速傅里叶转换(FFT)方法。该方法提供了低通和高通的原始数据的傅里叶滤波,融合了滤波数据并使用逆 FFT(IFFT)来增强所需的信息。如果假设初始 MS(成像)数据有周期性特征,则 FFT 方法适用于 ODF。最好的遥感实例是海洋内波的海面表现(第 5 章)。

(3)小波法。作为像素特征级融合方法,多分辨率小波变换在空间和频域中产生丰富的尺度效应和结构信息。数据融合以数字小波变换(DWT)为基础,很大程度上增强了图像特征;DWT 广泛用于分析动态多尺度数据。我们假定小波对 ODF 来说是最有效的方法。

一个重要的实践主题是具有最高空间分辨率(1~10m)的海洋表面 MS 主动-被动微波图像。尽管这样的实际遥感实验是迄今为止最大的挑战,但是可以使用数值模拟来研究适当的数据融合技术。尤其是,可以用矩阵矢量形式来表示超分辨率 MS 微波图像的前向线性模型,例如,根据(Nguyen. et al. ,2001):

$$\overline{\overline{T}}_A(k) = \overline{\overline{P}}(k)\overline{\overline{F}}(k)H_{atm}(k)\ \overline{\overline{T}}_{B0}(k) + \overline{V}(k), k = 1,\cdots,N \qquad (4.7)$$

式中:$\overline{\overline{T}}_A(k)$ 为用于测量第 k 个光谱带(传感器)的辐射亮度图像场景;$T(k)$ 为实际的高分辨率辐射亮度图像场景;$\overline{\overline{P}}(k)$ 为传感器点扩散函数;$\overline{\overline{F}}(k)$ 为图像

采样算子;提供具有不同空间分辨率下对应的数据图像;$\bar{\bar{H}}_{atm}(k)$ 为大气传递函数;$\bar{\bar{V}}(k)$ 为随机噪声;N 为光谱带(或传感器)的数量。

式(4.7)的形式解可以通过直接逆法来确定:

$$\bar{\bar{T}}_{B0}(k) = [\bar{\bar{M}}(k)^{\mathrm{T}}\bar{\bar{M}}(k)]^{-1}[\bar{\bar{M}}(k)]^{\mathrm{T}}\bar{\bar{T}}_A(k) \qquad (4.8)$$

式中:矩阵 $\bar{\bar{M}}(k) = \bar{\bar{D}}(k)\bar{\bar{F}}(k)H_{atm}(k)$。在较高(超)空间分辨率的情况下,大规模的 $\bar{\bar{M}}(k)$ 和 $\bar{\bar{M}}(k)^{\mathrm{T}}\bar{\bar{M}}(k)$ 矩阵可能会明显增加计算时间,最终导致不实际的结果。

可以使用 PCA 方法(Raol,2010)显示初始 ODF,将多个数据融合表达为总和的形式:

$$\bar{\bar{M}}(k_{ij}) = P_i\bar{\bar{M}}(k_i) + P_j\bar{\bar{M}}(k_j) \qquad (4.9)$$

式中:$\bar{\bar{M}}(k_i)$ 和 $\bar{\bar{M}}(k_j)$ 为输入的光谱图像;P_i 和 P_j 为从协方差矩阵计算的归一化主成分(即 $P_i + P_j = 1$);$k_{i,j}$ 为光谱带($i,j = 1,2,\cdots,N$),N 为光谱带的数量。PCA 是图像融合的标准像素级方法。

基本算法(4.9)在 MATLAB® 中可以使用,且比较简单;PCA 提供了相对稳定的图像增强方面的结果。然而,对于大面积 ODF 应用,使用最大似然估计算法和/或神经网络(Benediktsson,et al.,1990)的方程式(4.7)和式(4.8)的隐式解决方案会更好。

整体来看,由于海洋微波数据的低信噪比和对比度噪声比,实现微波多光谱 ODF 是一项具有挑战性的任务。实际上,以下原因可能会影响性能检测和特征提取:①多光谱海洋数据具有高度的关联性、各向异性、非均匀性和非平稳性,很难进行统计匹配和连接;②典型的低频多分辨率阻碍了在频域内获得有价值的信息;③对相关信息进行数字评估时,高量级的环境噪声也是一大挑战。

然而,如果我们以组合(或混合)数据融合为基础,来组织并行或分布式网络,则可以在一定程度上改进 ODF 过程。我们认为,相比于选定数据融合方法,在混合 ODF 的情况下,相关特征能得到更好的提取和评估。

图 4.9 显示了 ODF 的建议算法。它由多个形式运算(子块)组成,提供输入的 MS 数据之间的多步融合。输出结果代表的是融合在一起的结果数据和提取到的信号。这里的主要问题是如何给出它们的地球物理特性和详述。在我们看来,这种解释可以使用数值模拟、模拟和统计匹配技术等辅助方法来完成。

图 4.10 演示了一个 ODF 实现的简单例子。该算法应用于五频多波段辐射图像,该图像是由四因子复合微波辐射模型生成。该算法分别计算了表面粗糙度、泡沫覆盖度、表面温度和盐度的微波作用(亮温对比度),然后将其结果随机地并入图像模型。

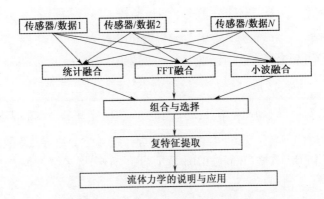

图4.9　用于先进海洋遥感研究(ODF)的多传感器/多波段数据融合网络

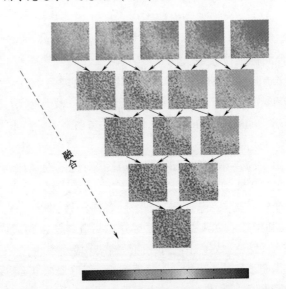

图4.10　微波图像的多波段 ODF 融合的数字实例

　　使用某些多步数据融合,可以同时增强表面粗糙度和泡沫覆盖度的影响,从而减少温度和盐度的影响。这个特定的数字示例演示了如何使用 ODF 从多波段微波图像中提取或阐明信息。

　　数据融合是实际应用的重要组成部分,但是完整实现数据融合的任务是很复杂的。因为高分辩率多光谱海洋数据库有着很强的随机复杂性和多义性。这种情况可能导致很难准确解释融合结果。为了提供最好的结果,需要大量的计算。整体而言,综合(混合)数据融合(神经网络)网络似乎具有明显的优势,可以有效地评估多光谱海洋微波数据。

本节提出的 ODF 技术可以应用于微波遥感中,检测许多"重要"表面现象,包括波浪破裂和泡沫/白浪场、表面层、离岸流和漏油现象。在这种情况下,并行和/或分布式数据融合网络似乎在获取相关信息方面具有显著的优势。组合(混合)数据融合方法也可用于微波数据的地球物理解释,揭示"隐藏"信息(特征)目的。

4.7　小结

本章重点介绍了复杂海洋微波遥感数据——信号、图像和特征的预测、建模和仿真等相关新颖科学课题。为此,开发并采用了以多因素微波辐射模型和数据/图像处理数字方法运行的组合数字框架。在数值研究中,揭示了许多重要的实际问题,具体如下:

(1)联合多因素效应及其统计间歇性导致海洋微波数据的多样性和复杂性,给解释地球物理信息带来了困难。

(2)为了减少可能的不确定性并提供相关信息,灵活的多光谱(多波段)融合方法似乎是最有前景的手段。

(3)海洋微波识别的检测性能取决于观察过程(空间分辨率和平均值)。

统计多因素模型可以提供对复杂辐射特征最真实的解释和反演目的。

很明显,以上实例使我们对数据内容和特征估计产生了一个初步的"快速"观点。未来海洋遥感的发展必然会使用有效的智能数字模拟技术和算法(提供计算机实验),创建以物理学为基础的综合图像模型,并提供有目的的现场观察。

参考文献

Alparone, L., Aiazzi, B., Baronti, S., and Garzelli A. 2015. Remote Sensing Image Fusion (Signal and Image Processing of Earth Observations). CRC Press, Boca Raton, FL.

Benediktsson, J., Swain, P. H., and Ersoy, O. K. 1990. Neural network approaches versus statistical methods in classification of multisource remote sensing data. IEEE Transactions on Geoscience and Remote Sensing. 28 (4):540-552.

Chen, C. H. 2007. Signal Processing for Remote Sensing. CRC Press, Boca Raton, FL. Hall, D. L. and Mc-Mullen, S. A. H. 2004. Mathematical Techniques in Multisensor Data Fusion. Artech House, Norwood, MA.

Liggins, M. E., Hall, D. J., and Llinas, J. 2009. Handbook of Multisensor Data Fusion: Theory and Practice. CRC Press, Boca Raton, FL.

Lillesand, T., Kiefer, R. W., and Chipman, J. 2015. Remote Sensing and Image Interpretation, 7th edition. Wiley, Hoboken, NJ.

Myers, R. G. 2008. Potential for Tsunami Detection and Early-Warning Using Space-Based Passive Microwave Radiometry. Master's Thesis. Massachusetts Institute of Technology. Boston, MA. http://dspace.mit.edu/handle/1721.1/42913.

Myers, R. G., Draim, J. E., Cefola, P. J., and Raizer, V. Y. 2008. A new tsunami detec-tion concept using space-based microwave radiometery. In Proceedings of International Geoscience and Remote Sensing Symposium, July 6 - 11, 2008, Boston, MA, USA, Vol. 4, pp. IV - 958 - IV - 961. Doi: 10.1109/IGARSS.2008.4779883.

Nguyen, N., Milanfar, P., and Golub, G. H. 2001. A computationally efficient image superresolution algorithm. IEEE Transactions on Image Processing. 10(4):573-583.

Pohl, C. and van Genderen, J. 2016. Remote Sensing Image Fusion: A Practical Guide. CRC Press, Boca Raton, FL.

Pratt, W. K. 2001. Digital Image Processing, 3rd edition. John Wiley & Sons, Inc., Hoboken, NJ.

Raizer, V. 1998. Microwave radiometric scenes and images of oceanic surface phenomena. In Proceedings of International Geoscience and Remote Sensing Symposium, July 6-10, 1998, Seattle, WA, USA, Vol. 5, pp. 2474-2476. Doi: 10.1109/IGARSS.1998.702250.

Raizer, V. 2002. Statistical modeling for ocean microwave radiometric imagery. In Proceedings of International Geoscience and Remote Sensing Symposium, June 25-26, 2002, Toronto, Canada, Vol. 4, pp. 2144-2146. Doi: 10.1109/IGARSS.2002.1026472.

Raizer, V. 2005. Texture models for high-resolution ocean microwave imagery. In Proceedings of International Geoscience and Remote Sensing Symposium, July 25-29, 2005, Seoul, Korea, Vol. 1, pp. 268-271. Doi: 10.1109/IGARSS.2005.1526159.

Raizer, V. 2009. Modeling L-band emissivity of a wind-driven sea surface. In Proceedings of International Geoscience and Remote Sensing Symposium, July 12-17, 2009, Cape Town, South Africa, Vol. 3, pp. III-745-III-748. Doi: 10.1109/IGARSS.2009.5417872.

Raizer, V. 2010. Simulations of roughness-salinity-temperature anomalies at S-L-bands. In Proceedings of International Geoscience and Remote Sensing Symposium, July 25-30, 2010, Honolulu, HI, USA, pp. 3174-3177. Doi: 10.1109/IGARSS.2010.5651356.

Raizer, V. 2011. Multifactor models and simulations for ocean microwave radiometry. In Proceedingsof International Geoscienceand Remote Sensing Symposium, July 24-29, 2011, Vancouver, Canada, pp. 2045-2048. Doi: 10.1109/IGARSS.2011.6049533.

Raizer, V. 2013. Multisensor data fusion for advanced ocean remote sensing studies. In Proceedings of International Geoscience and Remote Sensing Symposium, July 21-26, 2013, Melbourne, Victoria, Australia, pp. 1622-1625. Doi: 10.1109/IGARSS.2013.6723102.

Raol, J. R. 2010. Multi-Sensor Data Fusion with MATLAB. CRC Press, Taylor & Francis Group, Boca Raton, FL.

Szeliski, R. 2011. Computer Vision: Algorithms and Applications (Texts in Computer Science). Springer, New York, London.

Tso, B. and Mather, B. 2009. Classification Methods for Remotely Sensed Data, 2nd edition. CRC Press, Boca Raton, FL.

第5章

高分辨率多波段技术与观测

在本章中,考虑了海洋高分辨率被动微波观测技术的基本原理。这种技术的性能由许多因素决定,最重要的是仪器设计技术、观测过程、数据分析和地球物理解释。使用选定的实验和数值数据来说明和讨论这个概念,它们代表了一类新型的遥感信息。该材料使读者能够更好地了解被动微波仪器能力、研究方法和海洋高分辨率观测的挑战性。

5.1 引言

近年来,被动微波辐射计成功地应用于海洋和大气的遥感,提高了对海面温度、盐度、近海面风矢量、石油泄漏、边界层特性以及海-气通量的监测。辐射测量对海洋指标和参数的敏感度有很大差别。众所周知,事实是来自海洋的微波无线电信号的变化不仅仅由海面状况决定,还取决于观测指标。为了从遥感测量中获得所需的信息,有必要选择适当的技术配置:微波频率、仪器观测系统、视角(极化)、天线覆盖范围、空间分辨率、截幅以及其它参数。所有这些动机都是由遥感研究的目标和任务决定的。

空、天基被动微波辐射系统:SSM/I、SMMR、WindSat、SMOS、Aquarius(2011—2015)、Aqua AMSR、Meteor-M MTVZA 和其他微波传感器,被设计成便于在低分辨率下观测地球(约 20~100km),这样就可以监测中尺度和超大尺度的地球物理参数。对于这些及其他星载仪器和程序的详细描述可以在很多著作(Kramer,2002;Grankov,Milshin,2010;Ulaby,Long,2013;Martin,2014;Qu,et al.,2014)和论文(Kerr,et al.,2001;Gaiser,et al.,2004;Le Vine,et al.,2007,2010;Cherny,et al.,2010;Klemas,2011)中找到。

然而,这些系统在对局部动态海洋特征的观测方面效率不高。对我们来说,很容易理解这种观测需要应用更有效的遥感技术。本章将论述在海洋遥感研究中,高分辨率多波段被动微波图像具有显著优势的可能性。

如上所述,在采用某种科学方法的情况下,被动微波技术能够提供对于海洋表面详细的观测。在这一点上有两个主要问题：①有关数据的选择和评估，即所谓的感兴趣的特征信息；②数据及特征信息的地球物理意义、验证和基于物理学的正确解释。

可以使用综合理论实验方法找到合适的解决方案，这意味着没有适当的实验或测量，只通过理论不能解决问题；相反，实验不能对相应的理论提供足够的理解（尽管我们的实验比理论更优选）。因此，为了获得相关数据，必须采用现有硬件和软件技术。本章给出了一个实现这个选项的机会。

5.2 历史沿革

在过去几十年中进行的主动遥感研究表明海洋表面特征探测的可能性，这些特征是由不同环境过程和海域引起。作用因素是风矢量变化、表面波相互作用和调制、内波运动、表面流、船舶尾流、海洋-大气界面中的对流单元和湍流漩涡的产生，以及其他事件。

这些海洋现象在空基 X 波段、L 波段、P 波段、C 波段和 Ku 波段的雷达图像中已经被观察到很多次，开创性的 SEASET 任务和工作（Apel，Gonzalez，1983）以及合成孔径雷达起始于内波特征实验 SARSEX（Gasparovic，et al. ，1988）。

第一个高分辨率的海面被动微波图像由 I. V. Cherny 在 20 世纪 80 年代得到，他使用的是机载扫描多通道辐射计，频率为 22.2GHz、31GHz、34GHz、37GHz、42GHz、48GHz、75GHz 和 96GHz。该仪器采用圆锥扫描机制，提供了与天底的角度为 75°的表面的观察结果。实地（船舶和空中）实验阐明了用以观察不同的"关键"海面现象、环境和诱发事件的微波能力。它们如下：

（1）内波和孤立波的观察。

（2）"残雨"表面效应。

（3）黑潮地区的锋区。

（4）海洋天气环带（Rossby 孤波）。

（5）来自热带气旋沃伦起源的表面效应。源自热带气旋"沃伦（warren）"的海面效应。

（6）西北太平洋异常气旋轨迹的诊断法。

这些实验和获得的数据的详细评论已经在我们的著作（Cherny，Raizer，1998）中公布。作为这些研究的结果，我们已经提出并开发了基于放大机制的海洋微波诊断的新概念。在这个概念中，放大过程与导致波谱连续或脉冲式激励的二次调制不稳定性的发展相关。这种效应导致微波辐射信号在选择的微波频率下的强烈变化,这可以通过微波辐射的共振理论来解释(3.3.2节)。

在 20 世纪 90 年代初,Gasiewski 开发并发明了一种新型的、外观类似的被动微波多通道辐射计成像仪(但具有不同的锥形扫描机制),称为"极化扫描辐射计"(PSR)(Piepmeier,Gasiewski,1996,1997; Klein, et al.,2002)。

PSR 是一种通用的机载机械扫描成像辐射计,通道为 10.7GHz、18.7GHz、21.3GHz、37.0GHz 和 89.0GHz,包括这些波段中的每一个垂直和水平极化。PSR 的一个关键特征是能够使用全锥形(360°)方位角扫描,来提供飞行器的前向和后向的映射(http://www.esrl.noaa. gov/psd/technology/psr/)。

PSR 最初是为了获得地球上海洋、陆地、冰、云和降水的极化微波辐射图像而开发的。PSR 提供了一个独一无二的,在亮度和空间变化在 1K 和 1km 以下时研究海洋微波辐射的空间结构的机会。特别是机载 PSR 成功地用于近海面风矢量的测量(Gasiewski, et al. ,1997; Kunkee, Gasiewski, 1997; Piepmeier, et al.,1998; Piepmeier,Gasiewski,2001)。PSR 系统还参与了一些环境遥感实验和子卫星跟踪任务(Jackson, et al. ,2005; Cavalieri, et al. ,2006; Bindlish, et al. ,2008; Stankov et al. ,2008)。为了研究海洋,PSR 已经安装在两架飞机(NASA P-3B 和 DC-8)上,并在 1997—2004 年运行。Raizer 和 Gasiewski(2000)报道了关于这项实验工作的首次信息。此时 PSR 系统的规格如表 5.1 所列。

表 5.1　极化扫描辐射计的规格(PSR,1998)

平　台		DC-8 或 P-3B				
中心频率/GHz		10.7	18.7	21.5	37	89
波长/cm		2.8	1.6	1.4	0.81	0.34
极化方向		垂直和水平				
天底角		65°,62°和58°				
积分时间/ms		18				
测量灵敏度/K		0.5	0.3	0.4	0.5	0.6
$\tau = 18ms$	绝对精度/K	1~2				
	信号稳定性估计/K	0.6~0.9				
轨道高度 200km	天线 3dB 的波束宽度	8°	8°	8°	2.3°	2.3°
	观测海拔高度 H/km	1.0~3.0				
天线覆盖区	58°入射	$0.36H = 1.1km, 0.11H = 0.32km$				
	65°入射	$0.52H = 1.5km, 0.15H = 0.45km$				

155

（续）

平　　台		DC-8 或 P-3B
条带宽度	58°入射	3.2H = 9.6km
	65°入射	4.3H = 12.9km

来源：Piepmeier，J. P. 和 Gasiewski，A. J. 1996.极化扫描辐射计用于机载微波成像研究. In(Proceeding of Internation Geoscience and Remote Sensing Symposium), May27 - 31, 1996. Lincoln, Nebraska, Vol 3, pp. 1120-1122. Doi:10. 1109 / IGARSS. 1996.516587；Raizer，V. Y. 2005b. 用于海洋研究的高分辨率无源微波成像概念.In(Proceedings of MTS/IEEE OCEANS 2005 Conference),September 18-23,2005, Washington,D.C.,Vol. 1,pp. 62-69. Doi:10. 1109 / OCEANS. 2005. 1639738.

5.3　基本概念

　　作者在 1996 年产生了一个应用高分辨率被动微波图像来详细观察海洋表面特征的想法,并且在晚一些时候进行了报告(Raizer 2005a,b)。从以前的经验可以看出,除了相同的一维辐射测量记录(或剖面图)之外,二维微波辐射的实现(微波图像)具有重要的优点。高分辨率机载被动微波图像是探索海洋环境和进行可测试科学实验的有效工具,这也是获得新成果的绝佳机会。

　　事实上,海洋指标和范围的表现显示在统一的二维图像上比通过一维记录好得多。这是因为连续的扫描方式提供了空间运动的瞬时对准和表面的变异性。即使是单频微波照片,只要在正确的时间,在正确的地方完美得到,也可以比一组多通道辐射资料或时间序列给我们更多有用的信息。

　　因此,最好的选择是进行多波段全景成像,提供具有最高空间分辨率的海洋的多波段辐射亮度图像。然而,这样的成像概念需要新的技术上的努力和资源,包括对遥感问题的新观点。因此,高分辨率观测的主要目标如下:

　　(1) 利用遥感技术展现海洋特征。

　　(2) 收集并指定适当的微波成像数据库。

　　(3) 探索海洋微波图像的属性和参数。

　　(4) 设计成像数据的统计结构和纹理结构特征。

　　(5) 应用强大的数字处理来提取和评估相关信息。

　　(6) 创建适当的基于物理的成像模型。

　　(7) 开发不同海洋场景和情景的建模和模拟。

　　(8) 制定流体动力学假说,用于解释观察到的特征。

（9）提供正确的地球物理解释和微波数据库的应用。

该概念如图 5.1 所示。事实上，我们必须处理一个多元化的跨学科框架，这被作为一个科研项目而构建。在 5.3.1 节，我们考虑一些例子，并解释如何利用收集到的微波辐射测量数据进行高级研究和应用。

5.3.1 微波成像的要素

图像提供了一个通过二维辐射亮度图片探索海洋特征的难得机会。辐射计成像仪记录的微波发射变化反映了海面的空间动态和情况。然而，成像数据的质量取决于扫描系统和仪器的特性。在空基遥感测量中，主要影响因素是扫描辐射计的灵敏度和分辨率之间的关系。仪器参数的选择和优化对海洋被动微波观测具有重要的意义。

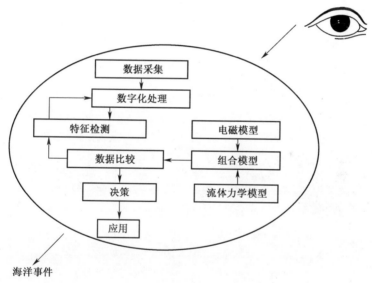

图 5.1　用于高级海洋研究的基础微波遥感概念

飞机观测系统如图 5.2 所示。在这种情况下，微波辐射测量的性能或检测能力可以在有利的环境条件下最大化。检测能力由辐射敏感度 δT，扫描测量系统和所得特征参数 $\{T_{con}, \eta\}$ 之间的关系来决定。在使用机械圆锥扫描辐射计系统的情况下，海洋目标区域的检测能力 D_T 可以估计为

$$D_T = \frac{T_{con}\eta}{\delta T} \tag{5.1}$$

$$\delta T = \sqrt{k^2 (T_N + T_S)^2 \frac{1}{\Delta f\tau} + (T_N - T_E)^2 \left(\frac{\Delta G}{G}\right)^2}$$

$$或\ \delta T = \frac{k(T_N + T_S)}{\sqrt{\Delta f \tau_{\text{eff}}}} \tag{5.2}$$

$$\tau_{\text{eff}} = \frac{\beta/2}{2\alpha}t = \frac{L_x L_y}{2DV} \tag{5.3}$$

式中：δT 为辐射计的变化灵敏度；T_{con} 为目标区域的亮温对比度；$\eta \leqslant 1$ 为光束填充因子；Δf 为频率带宽（MHz）；τ 为辐射计的积分时间；$\Delta G/G$ 为辐射计的部分功率增益变化；T_N 为接收机噪声温度；T_S 为场景天线温度；T_E 为标准负载噪声温度（噪声注入辐射计 $T_N - T_E \to 0$）；常数 $k = \sqrt{2} \sim 4$，取决于辐射计的类型；τ_{eff} 为有效积分时间，取决于扫描参数（也称为每个天线覆盖区的停留时间）；$\{L_x, L_y\}$ 为天线覆盖区的尺寸，即分别沿着扫描线和轨迹线的分辨率；$t = L_x V$ 为移位时间；θ 为入射角（常数）；β 为天线波束宽度（3dB）；α 为主动扫描角度；R 为距离；H 为高度；D 为截幅；V 为飞机的速度（m／s）。

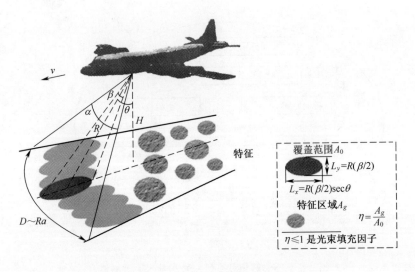

图 5.2　高分辨率微波图像系统

（From Raizer, V. Y. 2005b. *High-resolution passive microwave-imaging concept for ocean studies*. In Proceedings of MTS/IEEE OCEANS 2005 Conference, September 18–23, 2005, Washington, D.C., Vol. 1, pp. 62 – 69. Doi：10.1109/ OCEANS.2005.1639738.）

式（5.1）~式（5.3）展示了，如果选择以下参数：$|T_{\text{con}}| \approx 1.5 \sim 3.0K$（频率范围 $f = 10 \sim 20\text{GHz}$），$\Delta f = 300\text{MHz}$，$T_N = 500K$，$T_S = 200K$，$\theta = 60°$，$\beta = 20°$，$\alpha = 120°$，$H = 3.0\text{km}$，$V = 120\text{m}／\text{s}$，则可以对具有绝对值 $|T_{\text{con}}| \approx 1.5 \sim 3.0(\text{K})$（在 $\eta \approx 0.5 \sim 1.0$ 时）的常规辐射特征进行可靠检测。在这种情况下，

检测能力的值在 $D_T \approx 5 \sim 10$ 的范围内,这对于空间大小为 0.5~1km 的低对比度海洋特征的配准是完美的。

如果获得的微波图像的质量(分辨率和对比度)差,则可能不能达到所需的检测能力值 D_T。在这里,我们设置一个对比度阈值 $|T_{con}| \approx 3.0K$,这是检测背景海洋参数的关键物理学标准。这意味着,通过使用具有足够空间分辨率的标准配置的机载真实孔径微波成像仪,可以很容易地观察到 $|T_{con}| \geqslant 3.0K$ 的特征信息。这种特征信息通常与大面积的海面动态特性有关。

但是,采用传统的微波技术,以 $|T_{con}| \leqslant 1.5K$ 的对比度来测量特征信息将会是很困难的,甚至可能是不可实现的。这种相对低对比度和略可观察到的(隐藏)的特征信息通常与动态的小尺度水动力扰动有关,也包括深海海面的表现。它们的可靠性检测需要使用先进的技术和某些观测系统。

为了获得所需的结果,有两个选择可以提高被动微波图像的质量。存在一种可能性,是基于应用具有最高空间分辨率的干涉式综合孔径或多视实孔径辐射测量技术的技术解决方案。这种微波辐射系统的原理是已知的(Ruf, et al., 1988;Le Vine,1999;Skou,Le Vine,2006)。另一种可能性是使用传统的扫描辐射系统,并开发和应用鲁棒数字处理来增强微波成像数据。在这种情况下,可以考虑使用图像处理算法和计算机视觉技术来提取和指定相关信息。

5.3.2　数字处理的要素

微波成像数据的数字处理是高分辨率海洋观测的重要组成部分。处理的目标是提供具有地球物理意义的相关信息(特征)的选择、提取和评估。该处理包括与成像数据的统计、组织、纹理结构和形态的分析相关的多个操作。这种处理也设定了特征识别和决策所需的标准和规则。

图 5.3 展示了专题数据处理的常见方案,该图表包含一些模块。预处理(Ⅰ)提供原始辐射测量数据的二维格式化,包括几何校正、仪器噪声降低、校准、地理定位和多波段图像的显示。全局处理(Ⅱ)应用于地理位置图像的纹理结构特征、增强和分类。本地处理(Ⅲ)提供特征提取、分段和形态分析。形状、大小和亮度用于选择和规范相关的特征。另外,统计处理(Ⅳ)用于估计图像和特征的空间、频谱和相关特征。

5.3.3　解释的要素

海洋微波图像的解译是一个复杂的过程,它需要使用跨学科的方法和经验。还包括海洋微波发射的物理机理和依赖性的知识。解译也选用微波无线电测量数据的建模和仿真。

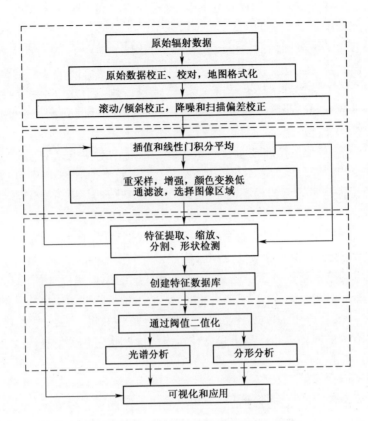

图 5.3 主题图像处理流程图

(Ⅰ)预处理;(Ⅱ)全局处理;(Ⅲ)局部处理;(Ⅳ)统计处理。

图 5.4 展示了用于高分辨率海洋微波数据的地球物理解译的流程图(无线电流体物理模型)。它包括三个主要部分:水动力(上方模块)、电磁(中间模块)和数据利用(下方模块)。

流体动力学部分描述了微波辐射计可能探测到的海洋特征的产生和演变机制,这并不意味着所有可用的流体力学理论及模型都应该在解译过程中用到,有必要考虑引起海洋微波辐射可测量变化的机制和影响。

电磁部分涉及海洋微波辐射的频谱带和极化特征的建模和仿真。为了进行充分的理论分析,我们考虑了多因素方法(4.2 节和 4.4 节)。

最后,通过实验和模型预测数据的比较,提供了特征信息的数字规范,此过程需要多个操作来得到所需的结果。

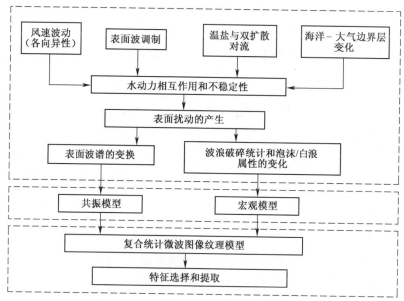

图 5.4　用于分析复杂数据的流体电磁模型

5.4　微波数据分析

我们考虑了专门用于高分辨率海洋微波成像数据主题分析的数字数据处理方法。开发和应用基于实验理论方法的组合算法和技术,使我们能够根据目标和科学任务提供灵活的数据处理。我们认为,这样的选择提供了校正和应用高分辨率海洋微波数据的最佳可能性和优势。

5.4.1　成像数据收集

在本节中,介绍并讨论了实验性高分辨率海洋成像数据的选定示例。这样的采集是在机载 PSR 测量的基础上创建的。所有观测结果都是在海面风温和、海洋-大气界面条件稳定和晴空的大气的条件下进行的。实验包括在 1.5km、3.0km 和 5km 高度上,在大约 150km×50km 测试区域的辐射测绘。飞行模式通常由开阔的海面上的 5 个、4 个或 3 个密集的平行航段构成。因此,在每个实验中,对应于飞机前后映射的两视("前"和"后")图像被收集、校准和归档。

可视化 PSR 数据表示在 10.7GHz、18.7GHz、21.5GHz、37GHz 和 89GHz(波长分别为 λ = 2.8cm、1.6cm、1.4cm、0.81cm、0.33cm)5 个频率下同时生成的

161

20 通道多频段、格式化、经过地理定位和校准的数字图像（辐射图）：10.7GHz、18.7GHz、21.5GHz、37GHz 和 89GHz（λ = 2.8cm、1.6cm、1.4cm、0.81cm 和 0.33cm 波长）；在水平和垂直极化以及之前和之后的位置；可用的从最低点的恒定擦地视角的范围为 58°~62°；空间分辨率为 100~500m，这取决于微波频率和飞行高度。

图 5.5 展示了一个和风时典型的多频段高分辨率地理定位的海洋表面的

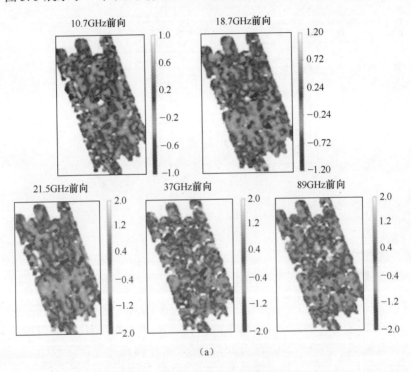

(a)

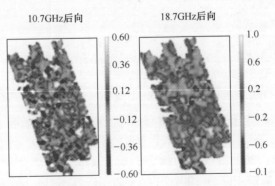

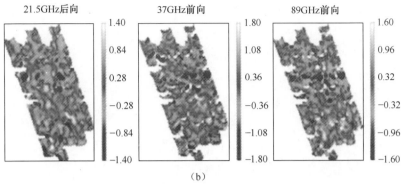

(b)

图 5.5　(见彩图)多通道高分辨率(0.1~0.3km)海洋 PSR 图像

5 个光谱通道结合在一起,$\theta=62°$ 入射,水平极化(a)前向(b)后向,

测绘面积为 20km×30km。条件:和风,无泡沫的表面和清澈的空气

(来自 Raizer, V. Y. 2005b. *High-resolution passive microwave*

-imaging con- cept for ocean studies. In Proceedings of MTS/IEEE OCEANS 2005 Conference,

September 18-23, 2005, Washington, D. C. , Vol. 1, pp. 62-69. Doi:

10. 1109/OCEANS. 2005. 1639738)

PSR 图像。这些辐射图像表示延伸的和局部的辐射亮度场,亮温的变化范围在
-5~+5K。它是一种潜在的有价值的新型信息来源,需要特殊分析。下面考虑
方法分析和这些数据的解释。

5.4.2　特征信息规范

图像特征(或辐射特征)的规范是处理中的重要组成部分。对于数字规范,
使用三个主要标准:特征的形状、大小和亮度。该算法建立在形态分析、排序和
滤波的基础上。滤波实现为交互式分类器,包括以下主要步骤:①线性和非线性
滤波;②颜色分割;③纹理结构分析;④通过指定亮度梯度增强辐射特征。最后
一个操作是使用可调谐的红绿蓝(RGB)彩色滤光片进行的。RGB 过滤提供特
征几何的假色可视化。

图 5.6 展示了数字图像处理后的地理定位的多频段 PSR 数据中提取的图
像特征的典型示例(Raizer, 2003)。这些特征表示亮度降低的小尺寸图像目标
(点)内部有"冷"中心,在外部有"热"多色轮廓。其内部亮度对比范围为 3~
5K,典型尺寸为 2~5km。这些点特征在统计学意义上是最具代表性的。详细的
研究表明,图像中的其他更复杂的几何特征(复杂特征)也可以被提取。一些特
定类型的特征如图 5.7 所示、表 5.2 所列。可以就其地球物理性质提出以下
建议。

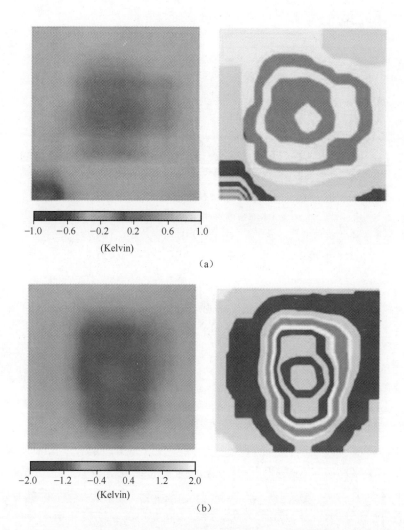

-1.0 -0.6 -0.2 0.2 0.6 1.0
(Kelvin)

（a）

-2.0 -1.2 -0.4 0.4 1.2 2.0
(Kelvin)

（b）

图 5.6 （见彩图）点环状海洋微波辐射特征及其颜色分割的例子
(a)冷点,10.7GHz;(b)热点 21.5GHz,左部分真正的颜色,右侧分割。所有图像片段的大小约为
0.8km×0.8km。（Raizer, VY 2005b。 *High-resolution passive microwave-imaging concept for*
ocean studies. In Proceedings of MTS / IEEE OCEANS 2005 Conference,
September 18-23,2005 Washington,D. C. Vol.1,pp62-69。Doi :10.1109 / OCEANS. 2005. 1639738)

　　首先,点辐射特征可能与近海面风在空间上不均匀有关。海洋表面膜以及
离岸流是最可能的原因。实际上,根据模型计算,在中等(无泡沫)条件下,所选
PSR 频率下表面粗糙度的影响产生的亮度温度的变化范围为-5～+5K 。在擦
地视角下可以观察到负和正亮温对比度;也会发生由风矢量方位角各向异性引

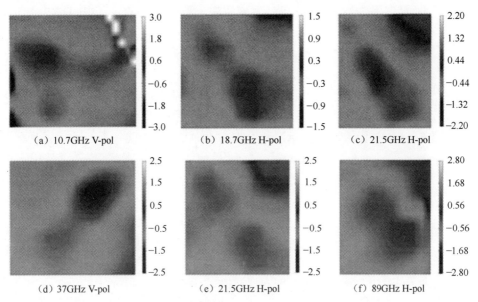

图 5.7　（见彩图）变截面的低对比度海洋微波辐射特征的选择示例

(a)交叉型;(b)和(c)V 型;(d)~(f)八字型。所有图像碎片的大小约为 2km×3km 或更小。
颜色条显示相对于图像强度的平均水平计算得出的亮温对比度。

起的极化效应。这里的主要电磁水动力因子是表面波谱的变换,这在海洋微波
辐射中产生可测量的变化(第 3 章)。

表 5.2　不同辐射特征的规范

#	类型	亮度对比度/K	尺寸/km	形状
1	冷点	$-5.0 \sim -0$	$<2 \sim 3$	圆形,椭圆形
2	热点	$0 \sim +5.0$	$<2 \sim 3$	圆形,椭圆形
3	八字	$-3.0 \sim -1.0$	~ 2	两个靠近的点
4	V 型	$-2.0 \sim +2.0$	$1.5 \sim 5$	粗的交叉
5	尾型	$-2.0 \sim +2.0$	$1.5 \sim 10$	粗线
6	U 型	$-0.5 \sim -1.5$	<1	马蹄形映射

第二,辐射特征可能反映出海洋上层的某些热流体动力学环境(例如,海面
下温盐精细结构的存在)作为局部能量活动区。这种"非平衡"物质有利于发展
不同类型的流体动力学不稳定性,产生爆破型表面扰动,(亚)表面湍流侵入,甚
至表面风以及粗糙度方面的自相似结构。

此外,在高分辨率海洋图像中观察到的一些圆形辐射特征也可以是深海进
程中的微波指标,这可能导致中尺度(约 1km)相干结构的产生。其中,最可能

出现的是空气-海洋界面的小漩涡、涡流或湍流单元的现象。我们知道 SAR 卫星图像中不同尺度的相干海洋结构是可见的(Alpers, Brümmer, 1994; Li, et al., 2000; Ivanov, Ginzburg, 2002)。

在对收集的数据进行专门分析时,可以得出以下重要结论。高分辨率海洋微波图像代表了包含变几何和对比度的点状特征的多个辐射亮度纹理结构区域(拼接)。从地球物理角度来看,这种微波拼接图片被认为是与海洋-大气相互作用相关的"海洋微波随机背景"环境,包括表面动力学。

5.4.3 纹理结构特征

基于纹理结构的算法广泛应用于图像建模、分段、分类、模式重建和计算机视觉。纹理结构增加了所产生的图像的真实性,非常详细地显示了它们的精细结构和组成。纹理结构分析首次用于海洋被动微波图像的研究(Raizer, et al., 1999)。

三种主要方法可用于描述图像纹理结构:①结构法;②随机法;③光谱法。结构法根据某些布置规律将纹理结构表现为像素、目标或(子)模式的排列。随机法提供了作为随机场的纹理结构的全局特征。图像的统计特性由概率密度函数(pdf)确定。光谱法描述了通过傅里叶分析,可以研究纹理结构特征的空间规律性。

对于用于高分辨率海洋微波图像的地球物理解释,最有效的选择是实验和模型成像数据之间的纹理结构拟合或纹理结构匹配。在对使用纹理结构拟合的首创发表之后,已经提出了许多纹理结构模型(Rosenfeld, Lipkin, 1970)。对现有图像处理方法的回顾(Gonzalez, Woods, 2008; Li, 2001; Richards, Jia, 2005; Pratt, 2007; Mirmehdi, et al., 2008; Engler, Randle, 2009; Mather, Koch, 2011; Russ, Neal, 2015)表明考虑一些基于纹理结构的模型是有意义的。例如:①镶嵌单元和"轰炸";②周期性;③傅里叶级数;④布朗运动;⑤分形;⑥Markov 链。模型①和②是确定性的;模型③~⑥是统计学的。

虽然这些模型在数学意义上有所不同,但是图像纹理结构模拟的算法可以使用统一的方法来表示。这种方法基于随机辐射亮度场的统计特征和量化,生成为具有特定 pdf 的像素集合。实际的微波图像场景由二维离散阵列表示:

$$T_B(x,y) = \sum_{n=1}^{N} \sum_{m=1}^{M} T_{Bn,m} W_{n,m}(x,y) J_{n,m}(x,y) \Delta x \Delta y \qquad (5.4)$$

式中:$T_{Bn,m}$ 为从微波发射模型计算的点$\{n,m\}$中的像素亮度温度;$W_{n,m}(x,y)$ 为与所选随机场模型的概率密度函数(或直方图)相关的对应权重系数;核函数 $J_{n,m}(x,y)$ 为线性图像模型的脉冲响应函数;$\Delta x, \Delta y$ 为离散采样间隔;$\{n,m\}$ 为当前像素索引;$N \times M$ 为图像中生成的像素的总数。这个技术已被应用于具有可变参数的海洋微波纹理解结构场景的建模和模拟(Raizer 2002, 2005a,b)。

该数值算法包括以下连续运算：

(1) 通过某些确定性与统计学规律,在坐标平面中产生大量像素的离散场。

(2) 像素强度的计算,即与不同海洋因素相关的亮温(对比度)的值,因此,可使用微波辐射模型或经验逼近。

(3) 标记被覆盖的像素指定的图像区域、图案或几何目标。该过程提供图像特征的初步编码,这之后可以与所需的信号相关联。

(4) 通过强度色彩量化像素。该操作将以每像素计算的亮度温度的值排列为标准 RGB 颜色格式。

(5) 图像场景或选定图像片段的数字内插、网格化和采样。这些处理提供了从定量离散像素场到指定尺寸的连续彩色图像的转换。

在这些操作中,我们以数字方式生成了以亮温(或对比度)表示的实际的二维微波图像 $T_B(x,y)$ 。该图像对应于具有指定参数的给定微波场景。使用相应的理论方法和赋值,算法分别应用于每个辐射信道(即每个微波频率和极化方式),由此产生了一个多维阵列,即多光谱数字微波图像。

为了更逼真地建模,选用了一个观测方法：

$$T_I(x,y) = \int P(x-x', y-y') T_B(x',y') \, \mathrm{d}x' \mathrm{d}y' + \Theta(x,y) \qquad (5.5)$$

式中：$T_I(x,y)$ 为预期场景；$P(x',y')$ 为描述辐射天线的增益模式的扩展函数,$\Theta(x,y)$ 为累加噪声系数。式(5.5)的计算需要了解实验系统、扩展函数以及信噪比特性。初步估计显示,在低对比度海洋微波场景(通常与表面粗糙度有关)的情况下,观测方法(5.5)不会明显影响微波图像纹理结构。在高对比度海洋微波场景(如包括泡沫/白浪覆盖率)的情况下,忽略卷积(5.5)导致纹理结构匹配图像解译时的错误或不确定性。海洋微波纹理结构的几个数字示例如图 5.8 所示。类似的纹理结构也可以在 PSR 图像中找到。

图 5.9 显示了相同尺度的模型和实验纹理结构实现之间的统计联系的示例。纹理结构拟合方法用于此特定比较。我们使用拼接随机场模型操作海洋表面的微波特征进行数值模拟。从该示例可以看出,至少在质量上可以实现模型和实验纹理结构数据之间的匹配,此示例仅显示随机匹配。分段提供了对局部纹理结构特征的更详细比较。

高分辨率海洋微波图像的统计特性也可以通过二维快速傅里叶变换(2-D FFT)进行研究。傅里叶分析是提供信息的工具,信息是关于整个图像的频率成分以及图像特征的空间的分布。我们应用这种技术来估计图像纹理结构的规律性,寻找辐射亮度的准周期性变化。

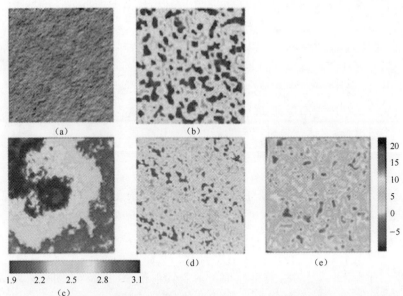

图 5.8 （见彩图）随机海洋微波辐射纹理结构使用不同的随机场模型进行数值模拟
(a)初始图像,傅里叶级数;(b)拼接;(c)分段;(d)马尔可夫随机场,MRF;(e)组合多对
比度可变纹理解结构,以绝对温标显示颜色带。(来自 Raizer, V. Y. 2005b. *High-resolution*
passive microwave-imaging concept for ocean studies. In Proceedings of MTS/IEEE OCEANS
2005 Conference, September 18 - 23, 2005, Washington, D. C., Vol. 1, pp. 62-69. Doi:
10. 1109/OCEANS. 2005. 1639738)

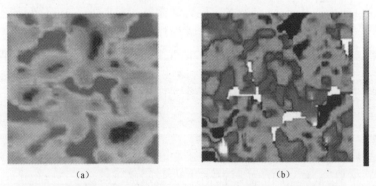

图 5.9 （见彩图）在相同大小(约 10km×10km)下(a)模型和(b)实验图像片段(37GHz)的
之间的统计纹理结构相关示例,以绝对温标显示颜色带

(来自 Raizer, V. Y. 2005b. *High-resolution passive microwave-imaging concept for ocean studies*. In Proceedings
of MTS/IEEE OCEANS 2005 Conference, September 18-23, 2005, Washington, D. C., Vol. 1, pp.
62-69. Doi: 10. 1109/OCEANS. 2005. 1639738)

原始的海洋微波图像和计算能力的二维 FFT 谱如图 5. 10 所示。大多数光

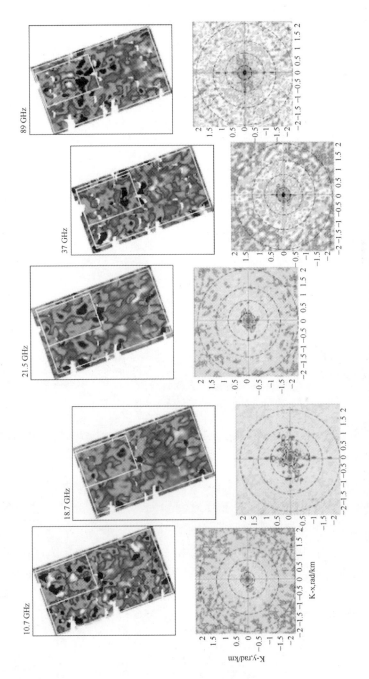

图 5.10 （见彩图）海洋微波辐射图像的增强傅里叶光谱，输入图片由白线框标记

谱特征被视为集中在低和中等空间频率中:使用 2-D FFT 实现的颜色滤波可清楚地区分光谱域。这种处理生成了图像中低对比度亮度变量的主要空间尺度,揭示了地球物理辐射特征。对于这些特定数据,相关的点状特征的大小为 2~4km。在 0°~60°的宽扇区观察到它们的角度分布(辐射亮度的峰值),这可以表示出表面的主要各向异性。

随机拼接纹理结构和 2-D FFT 频谱的变化是由不同环境因素引起的微波辐射分布的间歇连通性的结果(第 3 章)。联合电磁影响产生最真实的海洋微波场景,至少可以在统计学上建模和预测。例如,来自表面粗糙度和泡沫或白浪的微波分布统计组合导致多对比随机微波纹理结构的出现,伴随着随机分布的不同特征(图 5.8(e))。然而,将任何确定性的常规元素或地理对象引入成像模型都会导致图像发生变化。一个很好的例子是微波图像的内波事件(5.5.2节)。在这种情况下,纹理结构表征的方法可以更好地了解海洋微波图像的内容。

具有不同确定性和统计纹理实现的处理称为纹理合成。合成纹理呈现具有复杂属性的宏观纹理。有时,宏观纹理对于识别复杂特征很有用。纹理(多波段和空间)之间的相关性可以在图像存在准周期性亮度变化的情况下发生。因此,寻找相关(和/或去相关)图像纹理特征对于常规辐射特征的表现和规范是必要的。

5.4.4 多频段相关性

相关性分析用于确定微波图像的结构和统计特征。这种技术还提供了一个重要信息,信息是关于不同辐射通道对多波段观测优化所需的地球物理参数的敏感性的。相关光谱形式化被开发并应用于海洋 PSR 数据的研究(Raizer,2004)。

组合光谱和相关图像处理的框图如图 5.11 所示。使用二维 FFT 谱定义有价值的空间域(示例如图 5.10 所示)。为此,需要执行几个操作。首先,将采样过程应用于所有多频段图片,同时考虑图像特征的实际尺度。然后,使用数字图像处理来计算和增强所选图片的二维 FFT 光谱。最后,使用所选尺寸的图片来计算不同空间域的协方差和相关矩阵。

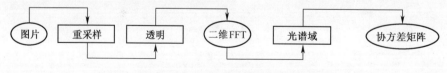

图 5.11 组合光谱和相关图像处理的框图

　　使用直接从校准的原始数据计算得到的双通道相关图来说明多频带 PSR 图像的统计相关性质。几个例子如图 5.12 所示。相关系数在 0.03～0.69 的很大的范围内变化。这种方法允许我们在统计意义上调查纹理结构相关性,并且还以不同的方式分离具有相对弱和强的多频带相关性的图像区域。然而,从这些普通的图中,难以估计各个图像特征与同组中其他图像之间的相关性。

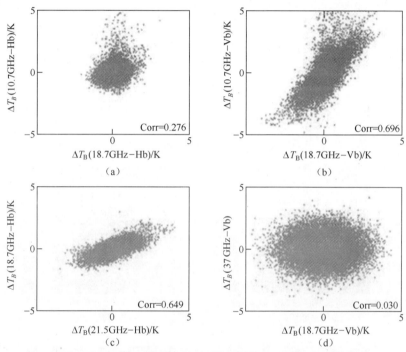

图 5.12　海洋微波辐射测量数据的典型双通道相关性图

　　更详细和充分的分析涉及多波段协方差和相关矩阵的计算。为了演示这种技术,采用了多通道 PSR 成像数据集。使用以下公式:

$$
\left.\begin{aligned}
&\boldsymbol{X} = [x_1, x_2, \cdots, x_{n-1}, x_n]^{\mathrm{T}}: && n \text{ 个波段的多通道图像} \\
&\boldsymbol{C}_{xx} = E\{(x - m_x)(x - m_x)^{\mathrm{T}}\}: && \text{带间协方差矩阵} \\
&\boldsymbol{m}_x = E\{X\}: && \text{平均向量(期望值)} \\
&\boldsymbol{R}_x = \begin{bmatrix} r_{11} & r_{12} & \cdots & r_{1n} \\ r_{21} & r_{22} & \cdots & r_{2n} \\ \cdots & \cdots & \cdots & \cdots \\ r_{n1} & r_{n2} & \cdots & r_{nn} \end{bmatrix}: && \text{协方差矩阵}
\end{aligned}\right\}
\quad (5.6)
$$

式中：$X_i(i=1,2,\cdots,n)$ 为第 i 个频带的数据；$r_{i,j}(i,j=1,2,\cdots,n)$ 为第 i 和第 j 个频带图像之间的相关系数；T 表示转置。

图 5.13 给出了通过海洋微波图像方程式(5.6)计算协方差和相关矩阵的示例。这些矩阵是选用大(a)、小(b)两种类型的图像片段计算得到，两种类型的图像片段在图 5.10 中由白色矩形大框和白色矩形小框标记。协方差矩阵反映了辐射亮度的空间统计波动特性，这种波动与微波发射的频带依赖性有关。海面的环境因素和随机特性在所有微波通道上产生大致相同的亮度、温度协方差，导致图像具有明显的纹理结构相似性。实际上，在大图像片段(a)的情况下，纹理结构具有相对较弱和混合的多通道相关性，相关系数为 0.55~0.65，而在小图像片段(b)的情况下，相关系数为 0.75~0.85(增加靠近矩阵对角线的元素)。估计的相关尺度对应于二维 FFT 频谱的主要频谱成分的周期如图 5.10 所示。

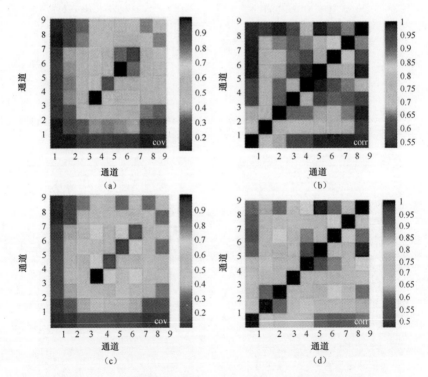

图 5.13 （见彩图）针对图 5.10 中的高分辨率海洋微波图像
(a)和(c)为其 9×9 多通道协方差矩阵，(b)和(c)为其 9×9 相关矩阵，矩阵是由两种不同的图像片段计算所得，一种是图 5.10 中的白色矩形大框，计算结果对应本图中(a)和(b)，另一种是图 5.10 中的白色矩形小框，计算结果对应本图中(c)和(d)。PSR 通道顺序为 10.7h、18.7h、21.5h、37h、89h、10.7v、18.7v、37v、89v；通道 21.5v 丢失，h、v 分别表示水平极化和垂直极化。

单个图像对象或区域之间的多频带相关是为有关特征的表示提供附加的统计标准的重要措施。然而,很难在没有假设其起源或支持信息的情况下识别及预测特征外观。

微波信号的相关(去相关)特征表明地球物理参数的特定变化的产生。例如,它可能是由其他表面扰动的近海面风的波动引起的表面波谱变化。相关谱分析使我们能够更好地了解情况,并为海洋微波数据提供更充分的解释。

5.4.5 基于分形的描述

分形几何(Mandelbrot,1983)提供了描述自然对象的尺度不变性的最简单的数学方法。与传统几何不同,分形几何通过非整数或分形维数解决形状的复杂性问题。自然界中可以找到分形物体,如树木、花卉、蕨类、云、雨、雪、冰、山、细菌和海岸线。分形几何也是研究非线性动力系统和随机行为复杂现象的工具:混沌运动(吸引子)、随机过程和场、变量信号和噪声。尤其,大量的文献资源讨论了地球物理分形和分形表面(Falconer,1990;Schertzer,Lovejoy,1991;Russ,1994)。

在遥感学中,使用(多)分形技术来描述动态观测和实验数据的特征,包括多分辨率和高光谱图像以及与混沌地球物理过程相关的特征。在这种情况下,海洋微波图像的分形特征可以与某些自相似的流体动力学模型相关联。分形形式使我们可以开创一个"分形特征"概念,这可以提供稳定的海洋特征和事件的检测和识别。基于分形的方法涉及海洋表面动力学的描述以及诱导光学、红外线和散射电磁辐射的分析(Glazman,1988;Glazman,Weichman,1989;Rayzer,Novikov,1990;Tessier,et al.,1993;Kerman,Bernier,1994;Raizer,et al.,1994;Shaw,Churnside,1997;Berizzi,et al.,2004,2006;Franceschetti,Riccio,2007;Sharkov,2007)。通过与这些工作类比,我们假设在某些条件下,海洋热微波辐射也出现统计学自相似性和缩放。

一个突出的环境例子就是大风时波浪破裂和泡沫/白浪的运动。虽然泡沫/白浪对海洋微波辐射的显着影响是已知的(第 3 章),然而,实际情况中波浪破裂和泡沫/白浪场的空间变化动力学性质尚未得到充分研究和描述。基于分形的技术可以从高分辨率光学和微波图像中提供所需的信息。

在海洋微波和光学辐射两种情况下,在 10 ~ 100m 的表面波长的间隔相同时,可观察到显着的尺度变换。频谱变化、尺度不变性或缩放,是由于波谱的某些间隔内能量的级联再分配而出现的。因此,高分辨率遥感测量可能会产生具有分形维数的特定值的自相似实现(信号、图像、特征)。这个意义上,记录过的微波辐射也可以由(多)分形表示(Raizer,2001,2012)。

时间相关的随机一维分形信号可以使用连续小波变换(CWT)通过以下重构公式(Mallat 2009)来建模:

$$s(t) = \frac{1}{C_\Psi} \int_{-\infty}^{\infty} \int_{-\infty}^{\infty} \frac{1}{a^2}[w(a,b)]\psi_{a,b}(t)\,\mathrm{d}a\mathrm{d}b, \quad \psi_{a,b}(t) = \frac{1}{\sqrt{a}}\psi_{a,b}\left(\frac{t-b}{a}\right) \quad (5.7)$$

式中: $w(a,b)$ 为小波系数; $\Psi_{a,b}(t)$ 为小波函数,

$$C_\psi = \int_{-\infty}^{\infty} \frac{|\Psi(\omega)|^2}{|\omega|}\mathrm{d}\omega$$

式中: $\Psi(\omega)$ 为 $\Psi_{a,b}(t)$ 的傅里叶变换。静态场景独立微波辐射信号通常对应于具有高斯 CWT 系数的高斯过程。因为 CWT 对于某些特定尺度的非高斯波动很敏感,所以 CWT 是分形随机信号的小波合成中的有效技术。

在数字化格式中,可以使用以下表达式对时间序列进行建模:

$$s(t) = \sum_\ell C_{j_0}(\ell)2^{j_0/2}\varphi(2^{j_0}t - \ell) + \sum_{j=j_0}^{\infty}\sum_\ell d_j(e)2^{j/2}\Psi(2^j t - \ell) \quad (5.8)$$

式中: $\varphi(t)$ 和 $\Psi(t)$ 分别为缩放和小波函数; $C_{j_0}(\ell)$ 和 $d_j(\ell)$ 为缩放和小波系数; j_0 为整数值。式(5.8)允许根据缩放和小波系数的选择来模拟确定性的和统计学的信号。在辐射信号的状态下,应用由模型计算定义的均方根涨落(第3章),通过亮温校准随机信号的变化。可以使用以下普遍的数学方法来生成分形随机二维场(表面和图像)(Russ,1994):

(1) 分形高斯噪声(FGN),

(2) 分形布朗运动(FBm),

(3) 中点位移的分形布朗运动(FBmMD),

(4) 小波合成(WLS)。

在 FBm 场的情况下,随机分形微波成像模型可以表示为

$$\mathrm{C}_{\mathrm{OV}}\{T_B(\boldsymbol{x})T_B(\boldsymbol{y})\} \infty \sigma_T^2\{\|\boldsymbol{x}\|^{2H} + \|\boldsymbol{y}\|^{2H} - \|\boldsymbol{x} - \boldsymbol{y}\|^{2H}\} \quad (5.9)$$

式中: $\mathrm{C}_{\mathrm{OV}}\{T_B\boldsymbol{x}T_B(\boldsymbol{y})\}$ 为亮温的协方差函数; σ_T^2 为方差; $\boldsymbol{x}$ 和 $\boldsymbol{y}$ 为随机坐标向量; H 为与分形维数 D 直接相关的 Hurst 指数。n 维空间的一般关系是 $H = n + 1 - D$。协方差函数(5.9)写成矩阵形式,可以根据分形维数 D 来模拟数字微波分形图像。

在实践中,微波辐射信号 $S_T(t)$ 和图像 $T_B(\boldsymbol{r},t)$ 的缩放和自相似性可以使用一般缩放公式来研究:

$$S_T(\lambda t) = \lambda^D S_T(t) \quad (5.10)$$

$$T_B(\lambda\boldsymbol{r},t) = \lambda^D T_B(\boldsymbol{r},t) \quad (5.11)$$

式中: $T_B(\boldsymbol{r},t)$ 为亮度温度场(辐射亮度); λ 为缩放因子; D 为分形维数, $\boldsymbol{r} =$

$\{x,y\}$ 为坐标;t 为时间。

另外,辐射功率谱密度可以以标准形式定义,$\varPhi_T(f,t)=\mu(t)f^{-\beta}$,其中 β 是幂指数(或谱指数),f 是频率,$\mu(t)$ 是时间相关振幅。在 $1\leqslant D\leqslant 2$ 范围内的 β 和 D 之间的线性缩放关系是 $D=E+(3-\beta)/2$,其中 E 是欧几里得维数。这种关系常用于分析地球物理数据集;然而,在海洋环境下,由于不稳定的运动,线性定律可能并非如此。这意味着海洋遥感数据的分形特征可以在某些时空空间频域展示,其中谱密度本身完全不改变。例如,"微波分形图像"可能会在某些特定条件下反映表面高度动态的混沌运动。据说这可能是一个湍流的尾流或其他局部的流体动力学事件。

基于分形的数字框架如图 5.14 所示。它由三部分组成:流体动力模型、电磁模型和数据生成。第一部分(I)提供了流体力学现象或事件的建模。它可能包括纳维-斯托克斯方程的原始形式或其他分析和数值结果的自相似解。为了描述波谱的变化,也可以应用动力学方程。第二部分(II)使用电磁模型(第 3 章)进行微波发射的计算。光谱(多波段)和辐射率的极化(角度)依赖性由分形维数参数化。第三部分(III)提供微波数据模拟及其验证。计算机实验使我们能够探索复杂的微波场景,完成多用途遥感任务,包括海洋微波数据的分形结构化。

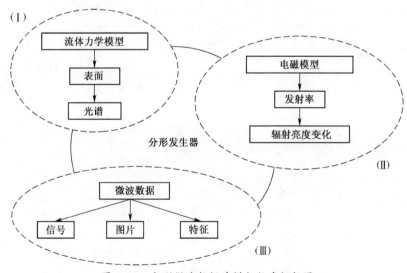

图 5.14　分形微波数据建模与仿真框架图

图 5.15 展示了生成数字分形微波无线电信号和图像的示例。通过模型和实验辐射测量数据之间的比较,依据分形图进行性能测试(图 5.16)。使用传统的计数分形维数的计数方法处理两个数据集。假定成像集代表某种"微波分形"的先验。通过例行操作,可以实现模型和实验数据之间的良好相关性。在

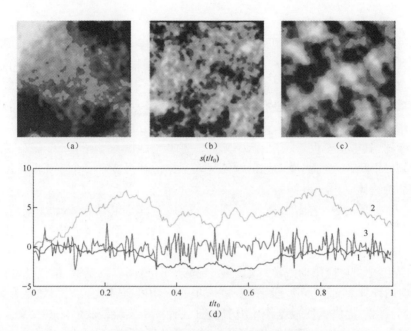

图 5.15　分形微波图像和信号建模

(a)分形布朗运动;(b)中点位移分形布朗运动;(c)傅里叶级数;(d)Ku 波段时间相关分形辐射信号;
1—非平稳(分形布朗运动)信号;2—分形异常(中点位移分形布朗运动);
3—固定高斯噪声(分形高斯噪声)。

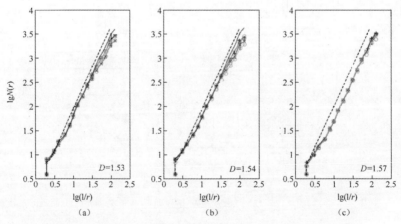

图 5.16　(见彩图)从模型和实验微波成像数据计算的分形维数

虚线—来自建模的数据。使用盒子计数法: $D = \lim_{r \to 0}(\lg N(r)/\lg(1/r))$ 。对三种

变体建模(图 5.15):(a)分形布朗运动;(b)中点位移分形布朗运动;(c)傅里叶级数。

这种情况下,海洋数据的自相似性在有限的尺度(1~3km)和分形维数 $D \approx 1.5 \sim$ 1.9 是合理的。总体而言,图像的分形特征也反映了涉及水动力尺度的中尺度海洋–大气相互作用。因此,在某些条件下获得的海洋微波数据中存在自相似性。

　　有时,个体辐射特征的形状仍然是形态分形或奇异吸引子。图 5.17 展示了

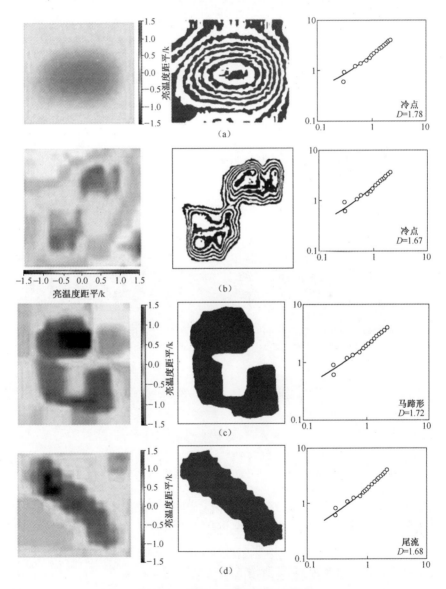

图 5.17　辐射亮度特征和分形维数

(a)冷点;(b)"8"字形;形态学分形;(c)马蹄形;(d)尾流。

分形特征(辐射亮度图片)和分形维数估计的一些示例。图 5.18 展示了所选的几何特征和混沌吸引子之间的比较:流体力学洛伦兹吸引子和斯梅尔马蹄形映射或马蹄涡(Smale,1967；Pesin，Climenhaga，2009)。注意,两个数学模型都用于描述流体动力学紊流。所获得的结果(图 5.17 和图 5.18)显示了为这些类型的几何特征的分形维数计算的值之间的良好相似性。

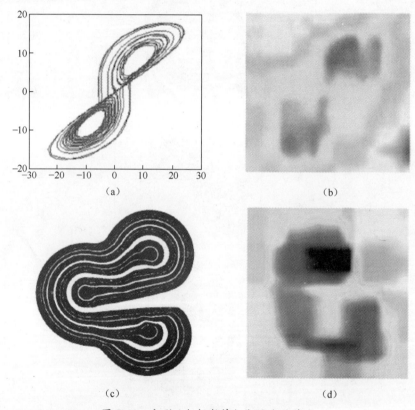

(a)　　　　　　　　　　(b)

(c)　　　　　　　　　　(d)

图 5.18　分形几何辐射特征和混沌吸引子
(a)洛伦兹吸引子;(b)与其相关的辐射亮度图片;(c)斯梅尔马蹄形映射;
(d)与其相关的辐射亮度照片。马蹄形映射称为湍流马蹄涡系统的数学表现。

类分形微波特征也可以体现在上层海洋界面(表面)层的混合过程和湍流侵入体(流动)的存在。例如,这种情况可能由于内波及孤立波场的温盐精细结构的波动而出现(第 2 章)。可以使用灵敏的 S-L 波段辐射计检测表面粗糙度、盐度和温度的联合微波影响,即所谓的粗糙度 - 盐度 - 温度异常(第 6 章)。

最终,分形维数由海洋微波成像确定并且被指定作为风速的函数,这样的分形维数可能会成为等效于海面状态蒲福氏风力等级的特征"辐射度"。我们可以看到从航空摄影获得的光学数据的类比。

由于在遥感模型和数据处理中存在涉及定标参数的可能性,基于分形的方法具有显着的优势。总体而言,海洋高分辨率微波数据的明显复杂性与局部不均匀性,不稳定性和间歇性事件,以及它们的混沌行为和分形结构有关。这些因素导致了类分形流体动力学特征的产生。其中,微波遥感对天然表面膜、激流、涡流、漩涡、尾流、破碎波、泡沫和白浪、漏油等重大事件重点关注。尤其,表面分形异常的遥感对于问题检测的发展将很有价值。

5.5　观测

在本节中,我们考虑并讨论了使用高分辨率被动微波图像获得的高级遥感数据和结果。所提供的资料包括风力作用下的海面、海洋内部波浪和船舶尾流的观测。这项研究体现了用先进海洋研究的被动微波图像学的真实能力。

5.5.1　风驱型海面

近海面风矢量的遥感测量是天气预报、飓风跟踪和海洋服务的重要应用。20 世纪 70 年代末,从被动微波无线电测量数据中获取风速的首个想法已经被提出了。该方法基于海洋微波辐射测量极化各向异性(Dzura, et al., 1992)。以前的参考文献可以在许多论文(Pospelov, 1996; Kuzmin, Pospelov, 1999)中找到。在过去 20 年中,风矢量反演的空域方法得到了开发和应用(Wentz, 1992; Yueh, 1997; Krasnopolsky, et al., 1995; Bettenhausen, et al., 2006; Shibata, 2006; Yueh, et al., 2006; Colliander, et al., 2007; Klotz, Uhlhorn, 2014)。

同时,由于在局部地区收集的遥感数据的统计学代表性较低,小于 1~3km 的风力作用下海面上的足够可靠的环境参数估计总是很难作为代表。此外,短暂风速偏差和风应力导致在低风速下的近海面风矢量的反演中出现误差。为了改进评估效果,需考虑下述技术。

微波辐射风依赖性,即亮度温度对风速的依赖性可以使用所谓的风指数近似。想法是基于这样的假设:在平静和适中条件下,风速的短期空间变化(波动)产生不同的点状辐射特征(图 5.6)。这些特征(热点和冷点)可以通过几何和亮度特征在图像中很好地进行区分。利用与可变风况相关的特征的统计处理,可以定义亮度 - 温度对比度 $\Delta T_{Bs}(V)$ 对风速的依赖关系。为此目的,使用以下近似关系:

$$\Delta T_{Bs}(k_0,V) \approx 2T_0K_0 \iint G(K,k_0;\varphi)F(K,V;\varphi)KdKd\varphi \approx 2T_0K_0^2\delta(k_0)V^\gamma$$

或 $\Delta T_{Bs} \propto V^\gamma$ (5.12)

式中:$\delta(k_0)$ 为恒定的,取决于电磁波数 k_0 和海水的介电参数。式(5.12)从共振微波模型(第3章)获得,包括功率波在 $A \propto V^\gamma$ 时写作 $F(K)=AK^{-4}Q(\varphi)$ 的形式,其中 γ 是风指数,$\theta(\varphi)$ 是扩散函数。以前已经证明了这种反演技术(Trokhimovski,Irisov,2000)。

图5.19给出了风速指数反演的一个例子。数字处理的微波成像数据和关系式(5.12)得出风速指数 $\gamma=$ 1.2 和 1.7 的两种不同情况:观察角度为62°的冷

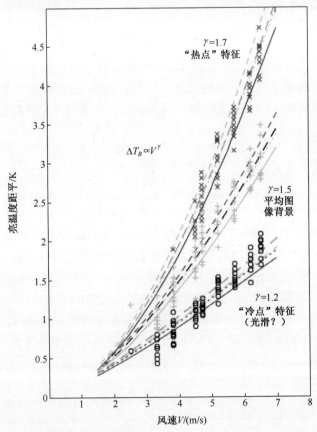

图 5.19　使用冷/热点特征排序和统计处理从 PSR 图像中反演风速指数
(来自 Raizer, V. Y. 2005b. *High-resolution passive microwave-imaging concept for ocean studies. In Proceedings of MTS/IEEE OCEANS 2005 Conference*, September 18-23, 2005, Washington, D. C. ,Vol. 1, pp. 62 – 69. Doi: 10. 1109/OCEANS. 2005. 1639738.)

点(粗糙度)和热点(粗糙度)以及水平极化。这些估计使用的是特征排序的方式和特殊的标准。相比其他方法,风速指数及演技术有一些优点,因为它在受限海域的较低风速(小于 5~7m/s)下提供了快速估计。

5.5.2　内波表现

海洋内波遥感对于微波辐射测量和图像来说仍然是一项具有挑战性的任务。这里讨论的这个主题涵盖了 1981—2001 年的历史文献。在此期间收集的数据有限,但令人印象深刻。经验表明,环境内波的海面表现——微波辐射信号(MSIW)——以亮温的准周期变化的形式记录,这与内部波周期相关。也许 2001 年以后,后续 MSIW 的被动微波观测并没有进行。同时,这种多频带辐射测量具有很大的价值,因为它们提供了检测技术的实验验证所需的测试资料。

MSIW 的首个微波辐射观测是在 1981—1985 年从配备三轴陀螺稳定平台的研究船上进行的。早期的数据和参考文献可以在我们的著作(Cherny,Raizer,1998)和论文(Baum,Irisov,2000)中找到。然后,1992 年,美国/俄罗斯联合内波遥感实验(JUSREX'92)在纽约大西洋海域组织进行(Chapman,Rowe,1992;Gasparovic, et al., 1993; Bulatov, et al., 1994; Gasparovic, Etkin, 1994)。JUSREX'92是第一个(也是最后一个)后冷战国际任务,其中不同的空域和船载主动/被动微波和光学传感器以及海洋测量结合在一起,以便对海洋内波进行综合研究。后来,在 COPE'95 期间,从软式气艇上获得了一些辐射测量数据(Kropfli,et al.,1999)。2001 年,纽约市的一个小型实验再次使用机载 PSR 观测。在此实验中,首次进行了内波表现的多波段被动微波图像(映射),其中的一些研究结果获得了公开出版(Raizer,2007)。

5.5.2.1　美国/俄罗斯内波遥感联合实验(JUSREX'92)

JUSREX 仍然是 20 世纪最先进和信息最丰富的多传感器场海洋项目。该项目的目标是演示遥感能力的示范,以检测特别是与环境内部波动的相关的深海过程。JUSREX 在大西洋长岛东端的测试区进行,内波的物理特性非常好。实验主要由约翰霍普金斯大学应用物理实验室(JHU/APL)和莫斯科空间研究所(IKI)组织。

JUSREX 是使用主动/被动微波和光学遥感方法的,首个多传感器探索内波任务。

JUSREX 仪器包括美国和俄罗斯的 SAR 卫星(ERS-1 和 Almaz-1),机载(Tu-134SKh,P-3,DC-8)Ku 波段、X 波段、C 波段和 L 波段雷达,高分辨率机载光学相机 MKF-6 和多频微波辐射计和散射仪。船载海洋和气象仪器也被用于遥感观测,同时测量原位海面参数。事实上,该实验开创了内波与表面波相互作用,诱导表面洋流动力学以及稳定/不稳定气象条件影响有关的外界水动力电磁过程的研究。

苏联飞机实验室 Tupolev Tu-134 SKh(注册号 CCCP-65917)采集了一份重要资料。这架飞机携带了几个传感器:Ku 波段真实孔径侧视机载雷达(SLAR)、多组微波辐射计和六波段航空照相机。表 5.3~表 5.5 显示了机载设备规格。图 5.20 和图 5.21 描述了飞机实验室和 SLAR 成像系统。从位于机身下方的两个悬吊天线发射交替的水平(H)和垂直(V)极化无线电脉冲。同时接收相同极化的反向散射信号,并分别产生四个雷达图像(HH,VV,HV 和 VH 极化)。SLAR 截幅在飞机的每一侧约 13km 处,高度为 2km(图 5.21(a))。航段通常为50~70km。总共有来自弗吉尼亚州的 NASA Wallops Flight Facility 的 7 个航班提供海洋内波特征记录。

表 5.3　机载 Tu-134 SKh Ku 波段 SLAR 的规格

参数	值
工作频率	13.3GHz ($\lambda = 2.25$cm)
传输功率(峰值)	60kW
传输脉冲宽度	110ns
接收机带宽	16MHz
接收灵敏度	−99dB
天线波束宽度(方位角)	0.0035rad
天线尺寸	0.44m×6 m
幅宽	12.5km($H = 2$km)
平均几何分辨率	25m×25m
脉冲重复频率	2kHz
极化	VV, HH
飞机速度	100···160m/s
集成样本数/像素数	180,标称;速度函数
采样率	6MHz × 8bits
像素数/行数	512/512

表 5.4　机载微波辐射计参数（1986—1992）

设备	频率/GHz	波长/cm	Δf/MHz	ΔT/K $\tau = 1s$	天线波束宽度
R-18	1.6	18.6	125	0.10	30°
R-8	3.9	8.0	210	0.07	15°
RP-1.5 （3-通道旋光仪）	20.0	1.5	2000	0.15	9°
RP-0.8 （3-通道旋光仪）	37.0	0.8	1600	0.15	9°

来源：Cherny I. V. 和 Raizer V. Yu。Passire Micronave Remote Sensing of Oceans.1998 年。版权 Wiley-VCHVerlag GmbH&Co. KGaA。转载许可

表 5.5　六通道多光谱摄像机 MKF-6M 的参数

通道	1	2	3	4	5	6
	四个可见光				两个红外线	
光谱带	480nm	540nm	600nm	660nm	720nm	840nm
目标焦点 f	125mm					
最大光学分辨率	150 线/mm（海洋条件约 2~3m）					
最大相对光圈	1/4					
视野大小	0.4~0.64H（H =高度,km）					
相框尺寸	56mm×81mm					
基本高度	3km 和 5km					
刻度（$L = H/f$）	从 1:20000~1:40000					
交叠	20%，60%，80%					
产品	摄影胶片卷可容纳 2500 帧					

图 5.20　配备 Ku 波段 SLAR 的机上实验室 Tupolev-134 SKh，多波段微波辐射计和 MKF-6 六波段光学航空照相机，来源：http://rus-sianplanes.net/id34257

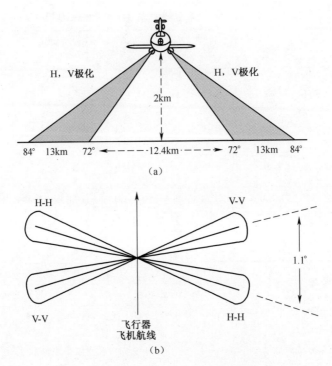

图 5.21 (a)SLAR 图像和(b)天线斜视图

　　SLAR 图像最重要的一方面是 VV 极化信号对大气边界层稳定性的极端敏感性(Gasparovic,et al.,1993；Gasparovic,Etkin,1994)。图 5.22(a)显示了利用 SLAR 数据设计的重构雷达图像拼接(Etkin,et al.,1994)。

　　在稳定的大气条件下,当空气温度高于海面水温时,垂直和水平极化的 SLAR 图像在质量上是相似的。尽管由于 VV 偏振"偏振图像"保留图像上的内波的对比度通常小于 HH 偏振图像上的对比度,但雷达信号也是相似的。在不稳定的大气条件下观察到另一个图像。顶部的 HH 偏振图像显示不同的内波特征。在 VV 偏振图像中,蜂窝型结构使内波特征在图像的下方。蜂窝的尺度是几千米。在 HH 偏振图像中,再次呈现内波特征。

　　其他 JUSREX 雷达传感器也观察到类似的类调制信号和图像。长期的雷达和原位观测(Shuchman,et al.,1988；Porter,Thompson,1999)以及理论分析(Liu 1988；Thompson,et al.,1988)证明了纽约湾内波特性的稳定性和重现性。

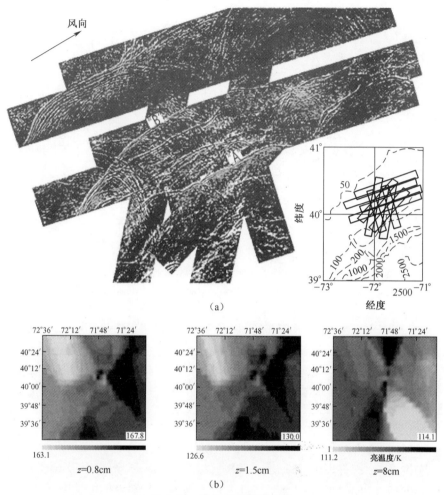

图 5.22　海洋内波遥感表现

（a）SLAR 图像拼接和飞机航线；（b）使用三个辐射通道重建被动微波图：$\lambda = 0.8, 1.5, 8\text{cm}$。一维辐射测量记录的数字插值对应于五个航段（玫瑰花式）轨迹图。（摘自 Gasparovic, RF, et al., 1993 年. Joint U. S. /Russia Internal Wave Remote Sensing Experiment: Interim Results. JHU/APL Report S1R-93U-011. The Johns Hopkins University Applied Physics Laboratory, MD; Cherny I. V. and Raizer V. Yu. Passive Microwave Remote Sensing of Oceans. 195 p. 1998. Copyright Wiley-VCH Verlag GmbH & Co. KGaA. 经许可转载）

　　典型的一维辐射 MSIW 表示海洋表面亮温的取决于时间的波动。图 5.23 显示了俄罗斯 Academik Ioffe 考察船在 JUSREX 期间获得的原位辐射记录（表 5.6 给出了船载仪器规格）。由于与海洋独立重力内波相关的等密度线和等温线发生偏移，辐射信号的强相关性和反相关性得以记录下来。

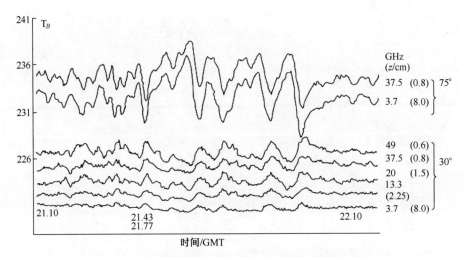

图 5.23 在大西洋纽约湾的海洋内波的被动微波表现。在 JUSREX '92 期间，
来自 Academik Ioffe 研究船的垂直极化和 30°和 75°入射角的多频（右列，GHz）测量
（源自 Bulatov, M. G. et al. 1994. In Proceedings of International Geoscience and Remote Sensing
Symposium, Vol. 2, pp. 756-758）

表 5.6 R／V Akademik Ioffe 辐射计规格（1992）

#	设备	频率 f/GHz	波长 λ/cm	Δf/MHz	灵敏度 δT_{min}/K $\tau = 1$ s	视角 /(°)	极化	天线波束 宽度/(°)
1	Rp-0.6h	49.0	0.6	3000	0.06	25~80	H	8
2	Rp-0.8v	37.0	0.8	2000	0.15	25~80	V	8
3	Rp-1.5v	20.0	1.5	2000	0.20	25~80	V	9
4	Rp-1.5h	20.0	1.5	2000	0.20	25~80	H	9
5	Rp-8v	3.7	8.0	200	0.07	25~80	V	15
6	Rg-0.8v	37.5	0.8	1500	0.15	75	V	8
7	Rg-8v	3.7	8.0	500	0.13	75	V	9
8	Rs-0.5	60.0	0.5	3000	0.07	扫描变量 270		5
9	R-IR	红外线	8~12 μm	—	0.10	10	—	5

Rp:辐射计视角为 25°~80°的入射角；

Rg:辐射计的视图为 75°；

Rs:用于扫描海面和天空的辐射计

飞机的微波辐射计出现了另一种情况。一组机载辐射测量数据主要用于重建海面温度(SST)和风速矢量。使用"极化各向异性"(第3章)和半经验回归算法的原理,得到了各飞行段海面温度和风速矢量的一维分布。

与舰载数据不同,没有发现内波效应导致的辐射信号空间调制。只有在由大气不稳定性引起的大尺度环流特性的情况下,才能观察到一些辐射信号的调制。内波的尺度和飞机辐射计的空间分辨率(几千米)之间显然是不一致的。在这个平均值下,只有海洋表面整体特征的大规模的变化才能由微波辐射计测量到。在这种情况下,与舰载的微波观测相反,没有表现出由单个孤子或内波群引起的局部表面效应。

提出一种利用二维统计插值算法进行辐射数据处理的替代方法。将这种处理方法应用于测试区域中全微波辐射图像的空间重建,在雷达图像上能观察到该区域内的内波包。这种方式的主要原理在于选择二维低频滤波器(或平滑窗)来确定与内波相关的大尺度微波特征。在我们飞机上采集的多频辐射测量数据集上实现了这样的过程。因此,在内插图像中发现了斑点辐射特征(图5.22(b))。

JUSREX的"环境条件"由来自约翰霍普金斯大学应用物理实验室的R. Gasparovic在JUSREX'92报告中详细描述:"在夏季,这个地区的水体有三个不同的层次:从表面到约10m的深度有一个很薄的混合层;深度为10~25m的强分层区域;以及延伸到底部的弱分层的下层。通过陆架坡折处的半日潮汐,内波群在强分层区域中产生。这些波群传播到西北部,最终在水深小于25m时消散。"内波事件的特点和周期性见表5.7和表5.8(Jackson,Apel,2004)。从这些和其他来源可以看出,单独的内波主要发生在夏天,在变热时会增加上层海洋的分层。孤波由大陆架边缘附近的潮汐流产生,分布在20~35km;已经测量了5~25m的振幅和200km至超过1000m的波长。

表5.7　纽约贝特孤波的特征尺度

波包长度/km	沿峰长/km	最大波长 λ_{MAX}/km	内波包距离/km
1~10	10~30	1.0~1.5	15~40
振幅 $2\eta_0$/m	长波速度 c_0(m/s)	波浪周期/min	表面宽度 ℓ_1(m)
-6~20	0.5~1.0	8···25	100

资料来源:Jackson,C. R.和Apel的数据,J. R. 2004年。根据与海军研究办公室的合同进行准备。代码322PO。互联网 http://www. internalwaveatlas. com/Atlas_ index. html

表5.8　内波在纽约市能观测到的月份

1月	2月	3月	4月	5月	6月	7月	8月	9月	10月	11月	12月
				×	×	×	×	×	×		

资料来源：Jackson，C. R.。和 Apel 的数据，J. R. 2004 年。根据与海军研究办公室的合同进行准备。代码 322PO。互联网 http://www.internalwaveatlas.com/Atlas_index.html

5.5.2.2　PSR 观测，2001

JUSREX 非常清楚地表明，为了记录可靠的 MSIW，有必要应用高分辨率的辐射成像技术。10 年后，2001 年 7 月至 8 月，在同一地区组织开展了一项新型遥感实验，首次将机载 PSR 成像仪用于海洋研究。

图 5.24(a)展示了测试区域的多波段实验地理位置被动微波图像。这些数据是在纽约湾的微风和晴空大气下获得的。在 PSR 图像中，MSIW 代表长的低对比度条纹，扩展的斑点区域和短线。辐射亮度的弱周期性变化也是可见的。此外，在不同 PSR 信道上记录的 MSIW 之间存在一些相关性。另外，为了说明内波群和孤波的存在，使用了相同海洋区域(以及大致同时)的雷达卫星 SAR 卫星(图 5.24(b))。我们观察到了微波辐射与内波雷达特征之间的某些相似性；两者具有相同的条纹外形、准周期性空间结构和相对较低的对比度。

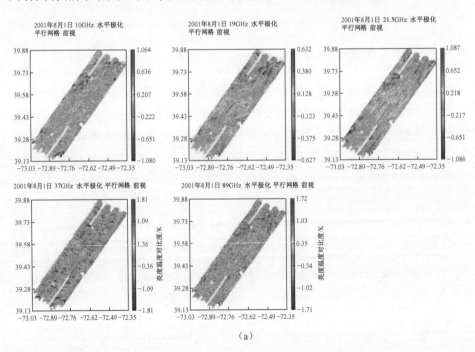

(a)

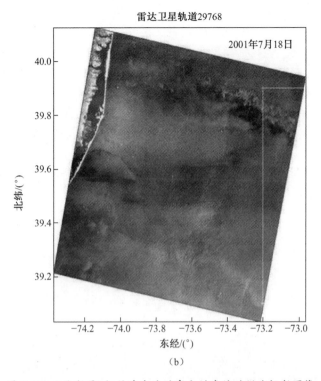

图 5.24　（见彩图）纽约湾内波的高分辨率被动微波辐射图像

（a）五波段地理位置（纬度与经度）微波 PSR 图像。彩图 80km×20km，五架相互平行的飞机在 3000 英尺（1 英尺=0.304m），58°入射角，水平极化，前视的条件下得到。辐射特征（红色对比条）在 10GHz，19GHz 和 21.5 GHz 处显示得很好。（b）2001 年 7 月 18 日在纽约湾的同样内波的雷达特征。标记区域符合 PSR 图像（RADARSAT 图片由 D. Thompson，JHU／APL 提供）。

　　船载和机载辐射测量数据的比较证实了辐射亮度的振荡特性；然而，测量的辐射度，对比度是不同的：3~5K（船）与 1~2K（飞机）。这种相反观点不仅可以由地球物理原因解释，也可以由仪器分辨率的显著差异解释。例如，非扫描型舰载 JUSREX'92 辐射测量的空间分辨率为 10~20m，而飞机扫描辐射测量的分辨率约为 100~200m。这些平台的辐射信号的观测条件和空间时间平均值也不尽相同。这项研究的重要组成部分是基于现实世界实验的验证。虽然内波理论的详细考虑超出了本书的范围，但是，适用于遥感研究的最重要的物理模型和机制是有意义的。它们如下：

　　（1）重力内波对风浪调制。剧烈的内波到达海面，并导致表面粗糙图案的出现——浮油和离岸流。这些大尺度现象可以通过雷达、辐射计或光学摄像机进行监控。

(2)"阻塞"效应和波级联。这种机制是基于休斯理论。表面波的运动由群同步准则确定:表面波的群速度和表面诱导水流的速度之和等于内波的相位速度。在这种情况下,在强相反水流方向上传播的表面波可被水流阻挡(Basovich,Tsimring,1984)。据推测,阻塞效应可以增强微波后向散射并改变发射率。

(3)非线性波相互作用、不稳定性和分岔。这种机制基于由 Hasselman,Longuet-Higgins 和 Zakharov 提出的非线性波动理论;更多细节见(Yuen,Lake,1982)。Volyak 开发了重要的遥感应用和理论研究;Bunkin 和 Volyak(1987)发表了一些结论。此外,这项工作是为了解释移动中的潜艇中可能出现特殊的雷达特征。其中,"十字""前标""弧"和"非线性"是最多的特征结构。这些数据是在 20 世纪 70 年代末和 80 年代用机载 Ku 波段侧视双极化雷达"Toros"(Antonov An-24 型飞机)、在 2.25cm 波长下测得的。

(4)表面活性膜的影响。许多作者已经研究了这个问题,如 Gade 等(1998)和 Ermakov 等(1998)。内波在会聚区积聚了表面活性剂,并且阻碍了短重力波和表面张力波,这导致波数谱的变换和调制以及电磁散射的相应变化。理论上,尽管在海洋实验中难以控制这种影响,但也可以记录发射率的微弱变化。

(5)温盐循环和双扩散过程。内波的不稳定和破裂引发混合和双重扩散过程,导致上层海洋层温度、盐度和密度的重分布(Federov,1978)。这些循环产生了所谓的非平衡能量活跃区,这有利于(亚)表面侵入体或温度 - 盐度异常的发展。温盐精细的过程是潜在不稳定的,如上所述,它们在海面的表现可以由敏感的 S-L 波段微波辐射计检测。

我们对试验所得的二维 MSIW 的理论分析基于被动微波图像的数值模拟。其思想是通过内波诱导的表面流场 $U(\boldsymbol{r})$ 产生海洋亮度温度 $T_B(\boldsymbol{r})$ 的数字场在波动作用平衡方程式运算的微波模型中已经考虑了类比方法(Godin,Irisov 2003;Irisov,2007)。

实施框架由三个主要部分组成:①水动力——由表面流波数谱产生的扰动;②电磁-亮度-温度对比度的计算;③成像数据的使用,包括模型与实验二维 MSIW 的比较。这样的框架也为环境内波事件提供了可观察性预测。

在水动力部分,使用了一个称为波动平衡方程的"β 主导近似"的简化解(Alpers,Hennings,1984;Liu 1988;Thompson,et al.,1988)。考虑内波场的以下输入参数:(U)是一组单独的稳定孤子,(f)是线性化扰动谱函数,(S)是表面菲利普斯波数谱:

$$U(\boldsymbol{r}) = \sum_{i=1}^{N} U_i(\boldsymbol{r}), U_i(\boldsymbol{r}) = U_{0i} \mathrm{sech}^2(\boldsymbol{K}_i \boldsymbol{r} - \boldsymbol{\Psi}_i) \tag{5.13}$$

$$f(\boldsymbol{k};x,y) = \frac{S(\boldsymbol{k};x,y) - S_0(\boldsymbol{k})}{S_0(\boldsymbol{k})} \approx - \gamma \frac{\partial U}{\partial x} \tag{5.14}$$

$$S(\boldsymbol{k};x,y) = A(x,y) \ |\boldsymbol{k}|^{-n} Q(\varphi - \varphi_0) \tag{5.15}$$

式中：$U_i(\boldsymbol{r})$ $U_i(\boldsymbol{r})$ 为由第 i 个孤子，以波数矢量 $\boldsymbol{k}_i$，峰值 U_{0i} 和相位 $\boldsymbol{\Psi}_i$ 引起的流速；N 为参与孤子的数量；$S(\boldsymbol{k};x,y)$ 和 $S_0(\boldsymbol{k})$ 分别为扰动和非扰动波数谱；A，A_0 和 n 为频谱的参数；$Q(\varphi - \varphi_0)$ 是频谱的扩展函数，其中 φ 和 φ_0 为方位角；而 $\gamma \approx 4.5/\beta$ 为常数，其中 β 为风弛豫速率。

电磁部分基于对描述类海洋的粗糙表面上微波辐射的辐射共振模型的使用（Irisov 1997，2000，第 3.32 节）。内波事件对表面微波辐射的影响可以估计为（Raizer 2007）

$$\Delta T_B(x,y) = 2T_0 k_0^2 A_0 \left(1 - \gamma \frac{\partial U}{\partial x}\right) B(k_0) \tag{5.16}$$

也就是说，亮度-温度对比度与表面洋流的梯度成比例；$B(k_0)$ 为电磁波数 k_0 的常数。

现在，所得离散谱图像可以通过线性算子的观测过程式（5.4）来表示

$$T_I(i,j) \approx \mu G_U(i,j) + \eta \tag{5.17}$$

式中：μ,η 为随机变量；$G_U(i,j)$ 为 $U(i,j)$ 的离散梯度。使用网格化和数字插值的标准程序可以通过输入字段 $U(i,j)$ 分别为每个微波频率生成数字实现集（离散辐射亮度场景 $T_I(i,j)$）。这种特殊的图像建模和仿真基于离散无线电亮度场 $T_I(i,j)$ 的统计特征。虽然概述的技术似乎足够简单，但 MSIW 的计算也很重要，因为在场景的最佳像素离散化选择（即相应的尺度和网格分辨率）方面存在一些不确定性。依据可用于数字建模和 MSIW 仿真场景的输入参数，该技术式（5.17）可产生图像上的变化。

图 5.25 展示了（a）模型和（b）和（c）实验增强图像片段的比较。在这个特定的例子中，使用了求和式（5.13）中大数 N 的"多孤立子"一维模型 $U(x; y =$ 常数)。根据 JUSREX'92 数据（Gasparovic，et al.，1993）选择内波的特征；波数谱的参数为 $n = 4$，$A_0 = 10^{-3}$；$\beta = 2 \sim 3$。

结果，完美地产生辐射亮度的周期性调制，这使我们能够比较模拟的和实验的 MSIW。计算出的亮度 – 温度对比度为 $\Delta T_B = 2 \sim 3K$ 或更小，如图 5.25 中色带所示。可以看出，这是一个非常好的契合。更详细的解释涉及更复杂的流体动力学模型。

如上所述，数据显示了用于观测海洋内波的高分辨率被动微波辐射测量技术的潜在能力。备受关注的 2001 年纽约湾的测试 PSR 实验，已经证明了海洋内波的辐射和雷达特征的几何相似性。使用将基于物理和数字结合起来的图像

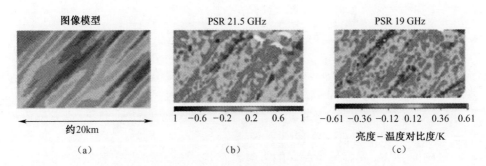

图 5.25 （见彩图）模型与实验数据比较增强的图像片段
(a)模拟数字和(b)、(c)实验(从 PSR 图像中选择,图 5.24)。
透明的特征以明亮的红色条纹的形状表现出来。

建模,也可以实现模型与实验 MSIW 之间的联系。因此,我们认为,主动/被动组合的微波成像技术具有检测深海波现象的潜力。

5.5.3　船舶尾流模式

　　船舶检测是船舶交通服务、海军作战和海上监视所需的遥感应用的重要组成部分。我们都知道,高品质的航空摄影和数字视频能够提供令人难以置信的船舶尾流可视化。在 SAR 图像中完美观察到海面船舶尾流(Alpers,et al.,1981;Lyden,et al.,1988;Eldhuset,1996;Stapleton,1997;Hennings,et al.,1999;Fingas,et al.,2001;Tunaley,2004;Soloviev,et al.,2010;Brush,et al.,2011)。雷达图像中的尾流特征的外形取决于环境条件。在平静和微风的情况下,能获得最优的结果。

　　虽然船舶尾流现象的理论和细节描述超出了本书的范围,却可以指出可能的海面尾流类型。有以下类型的海面尾流形状是潜在可检测的:①窄 V 形尾流;②经典开尔文尾流;③船舶产生的内波尾流;④湍流和涡流尾流。

　　也可以从船载平台或低空飞行器或直升机上的被动微波辐射计观察船舶尾流。然而,由微波辐射计和雷达记录的电磁信号的特征是不同的。雷达标记由布拉格散射效应决定,移动的船舶造成的表面波激发导致了它们特定的几何调制。辐射特征由许多因素决定:尾流生成的表面粗糙度、湍流、破碎波以及泡沫/白浪形状。因此,船舶尾流的雷达和辐射特征具有不同的结构和对比度。

　　图 5.26 展示了海面船舶尾流的被动微波(PSR)观测实验。这些数据是从低空飞行的飞机上获得的。尾流的辐射特征代表位于船后的窄条纹。同时,它似乎是可变放射亮度的 V 形或开尔文型尾流形状。这些一手数据使我们能够假定被动微波辐射计能够检测到由船舶螺旋桨引起的湍流尾流,并非常靠近。

最大的对比度特征与所产生的波浪破裂和泡沫/白浪形状相关联。

尾流的结构如图 5.27 所示。两个区域是区别的,即所谓的近尾流和远尾

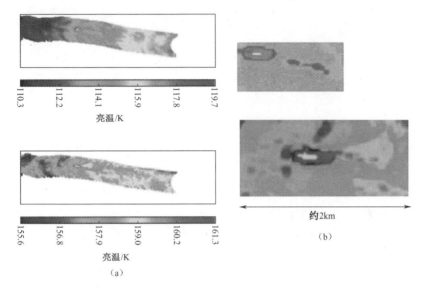

图 5.26　(见彩图)船舶尾流的微波辐射图像

(a)从高度 1500 英尺的飞行中获得的 PSR 图像;

(b)增强的图像片段,微波特征是蓝色斑点条纹和黄色锥体。

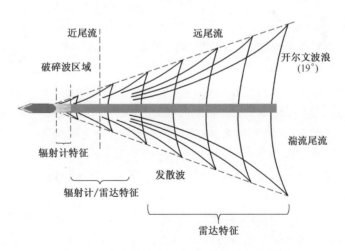

图 5.27　船舶尾流和雷达/辐射计特征示意图

(来源和更新自 George,S. G. and Tatnall, A. R. L. 2012. Measurement of turbulence in the oceanic mixed layer using Synthetic Aperture Radar (SAR). Ocean Science Discussions, 9:2851-2883. http://www. ocean-sci-discuss. net/9/2851/2012/osd-9-2851-2012-print. pdf)

流。近尾流很好地被辐射计观察到,远尾流通常被雷达很好地观察到。因此,再次,结合主动/被动微波技术能够提供更强大的船舶尾流检测和识别。特别是对于沿海和港口地区的多类型船只进行监测,在那些地区观察到的雷达特征可能有无法识别的结构。

5.6 小结

本章的目标是展示高分辨率多波段被动微波图像的优点和优势。这种技术可产生出海洋表面的微波辐射图像(或图片)。在没有诱发事件的常规情况下,这样的微波图像反映了与大规模海洋 – 大气相互作用和风波动力学相关的环境条件。我们将这种情况定义为"海洋微波随机背景"。通常,图像背景代表复杂几何形状的点拼接纹理和可变辐射亮度。多波段观测提供更客观和精确的地球物理信息。背景数据的最佳应用仍然是反演受限海域中的风矢量波动。在存在局部事件的情况下,点状微波图像纹理的出现可以通过表面波数谱的强幅度–频率变化(调制)来解释。在内波的情况下,由于表面海流对粗糙度的空间调制,图像出现周期性的辐射特征。在船舶尾流的情况下,波浪湍流、波浪破裂和出现泡沫的影响导致多波段条纹型及 V 形辐射特征的出现。

在存在弱可见或隐藏(亚)表面事件的情况下,需要更复杂的分析。第一,微波图像的质量要显著提高,这可以使用图像增强算法实现。第二,有必要开发和应用交互式的强大数字工具,用于从随机图像背景中选择和提取相关的辐射特征。这样的工具包括统计学、相关性、基于分形的和形态学的运算。计算机视觉算法也可以参与(最终涉及计算机可视化产品)。第三,地球物理解释应基于包括海洋微波数据的模拟、仿真和实验验证的综合理论实验方法。统计分析和纹理匹配是提供正确分析的最佳选择。理论实验方法(称为专题处理)使我们能够调查相关特征的属性,开创它的分类,并创建特征数据库。在此基础上,对于进一步的需求,可以建立和应用决策标准。

本章中介绍的资料已经证明了多波段被动微波技术能够观察局部和非平稳海洋表面现象的潜力。该方法基于高分辨率、高精度的海洋微波辐射的地理定位配准、可靠的实验数据获取、专题处理和所需特征的数字化评估。这项研究计划需要一定程度的努力。

参 考 文 献

Alpers, W. and Brümmer, B. 1994. Atmospheric boundary layer rolls observed by the synthetic aperture radar a-board the ERS-1 satellite. Journal of Geophysical Research, 99(C6):12613-12621.

Alpers, W. and Hennings, I. 1984. A theory of the imaging mechanism of underwater bottom topography by real and synthetic aperture radar. Journal of Geophysical Research, 89(C6):10529-10546.

Alpers, W. R., Ross, D. B., and Rufenach, C. L. 1981. On the detectability of ocean surface waves by real and synthetic aperture radar. Journal of Geophysical Research, 86(C7):6481-6498.

Apel, J. R. and Gonzalez, F. I. 1983. Nonlinear features of internal waves off Baja California as observed from the Seasat imaging radar. Journal of Geophysical Research, 88(7):4459-4466.

Basovich, A. Ya. and Tsimring, L. Sh. 1984. Internal waves in a horizontally inhomogeneous flow. Journal of Fluid Mechanics, 142:233-249.

Baum, E. and Irisov, V. 2000. Modulation of microwave radiance by internal waves: Critical point modeling of ocean observations. IEEE Transactions on Geoscience and Remote Sensing, 38(6):2455-2464.

Berizzi, F., Bertini, G., Martorella, M., and Bertacca, M. 2006. Two-dimensional varia- tion algorithm for fractal analysis of sea SAR images. IEEE Transactions on Geoscience and Remote Sensing, 44(9):2361-2373.

Berizzi, F., Mese, E. D., and Martorella, M. 2004. A sea surface fractal model for ocean remote sensing. International Journal of Remote Sensing, 25(78):1265-1270.

Bettenhausen, M. H., Craig, K., Smith, G. K., Bevilacqua, R. M., Wang, N. -Yu., Gaiser, P. W., and Cox, S. 2006. A nonlinear optimization algorithm for WindSat wind vector retrievals. IEEETransactions on Geoscience and Remote Sensing, 44(3):597-610. Bindlish, R., Jackson, T. J., Gasiewski, A., Stankov, B., Klein, M., Cosh, M. H., Mladenova, I. et al. 2008. Aircraft based soil moisture retrievals under mixed vegetation and topographic conditions. Remote Sensing ofEnvironment, 112(2):375-390.

Brush, S., Lehner, S., Fritz, T., and Soccorsi, M. 2011. Ship surveillance with TerraSAR-X. IEEE Transactions on Geoscience and Remote Sensing, 49(3):1092-1103.

Bulatov, M. G., Bolotnikova, G. A., Etkin, V. S., Skortsov, E. I., and Trokhimovsky, Yu. G. 1994. Ship-borne microwave radiometer and scatterometer measurements of sea surface patterns during Joint US/Russia Re-mote Sensing Experiment. In Proceedings of International Geoscience and Remote Sensing Symposium, August 8-12, 1994, Pasadena, CA, Vol. 2, pp. 756-758.

Bunkin, F. V. and Volyak, K. I. 1987. Oceanic Remote Sensing. Nova Science Publisher Inc. (translated from Russian), Commack, New York.

Cavalieri, D. J., Markus, T., Hall, D. K., Gasiewski, A., Klein, M., and Ivanoff, A. 2006. Assessment of EOS Aqua AMSR-E Arctic sea ice concentrations using Landsat 7 and airborne microwave imagery. IEEE Transactions on Geoscience and Remote Sensing, 44(11):3057-3069.

Chapman, R. D. and Rowe, C. W. 1992. Joint US/Russia internal wave remote sensing experiment. Meteoro-logical data summary. JHU/APL, Report SIR-92U-049. The Johns Hopkins University Applied Physics La-boratory, MD.

Cherny, I. V. , Mitnik, L. M. , Mitnik, M. L. , Uspensky, A. B. , and Streltsov, A. M. 2010. On-orbit calibration of the "Meteor-M" microwave imager/sounder. In Proceedings of International Geoscience and Remote Sensing Symposium, July 25-30, 2010, Honolulu, HI. pp. 558-561. Doi: 10. 1109/IGARSS. 2010. 5651139.

Cherny, I. V. and Raizer, V. Y. 1998. Passive Microwave Remote Sensing of Oceans. Wiley, Chichester, UK.

Colliander, A. , Lahtinen, J. , Tauriainen, S. , Pihlflyckt, J. , Lemmetyinen, J. , andHallikainen, M. T. 2007. Sensitivity of airborne 36. 5-GHz polarimetric radi-ometer's wind-speed measurement to incidence angle. IEEE Transactions on Geoscience and Remote Sensing, 45(7):21222129.

Dzura, M. S. , Etkin, V. S. , Khrupin, A. S. , Pospelov, M. N. , and Raev, M. D. 1992. Radiometers-polarimeters: Principles of design and applications for sea surface microwave emission polarimetry. In Proceedings of International Geoscience and Remote Sensing Symposium, May 26-29, 1992, Houston, TX, Vol. 2, pp. 1432-1434. Doi: 10. 1109/IGARSS. 1992. 578475.

Eldhuset, K. 1996. An automatic ship and ship wake detection system for spaceborne SAR images in coastal regions. IEEE Transactions on Geoscience and Remote Sensing, 34(4):1010-1019.

Engler, O. and Randle, V. 2009. Introduction to Texture Analysis: Macrotexture, Microtexture, and Orientation Mapping, 2nd edition. CRC Press, Boca Raton, FL. Ermakov, S. A. , da Silva, J. C. B. , and Robinson, I. S. 1998. Role of surface films in ERS SAR signatures of internal waves on the shelf. 2. Internal tidal waves. Journal of Geophysical Research, 103(C4):8033-8044.

Etkin, V. S. , Trokhimovski, Yu. G. , Yakovlev, V. V. , and Gasparovic, R. F. 1994. Comparison analysis of Ku-band SLAR sea surface images at VV and HH polarizations obtained during the Joint US/Russia Internal Wave Remote Sensing Experiment. In Proceedings of International Geoscience and Remote Sensing Symposium, August 8-12, 1994, Pasadena, CA, Vol. 2, pp. 744-746. Doi: 10. 1109/IGARSS. 1994. 399247.

Falconer, K. 1990. Fractal Geometry: Mathematical Foundations and Applications. John Wiley & Sons, UK.

Federov, K. N. 1978. The Thermohaline Finestructure of the Ocean. Pergamon Press, Oxford, UK.

Fingas, M. F. and Brown, C. E. 2001. Review of ship detection from airborne platforms. Canadian Journal of Remote Sensing, 27(4):379-385.

Franceschetti, G. and Riccio, D. 2007. Scattering, Natural Surfaces, and Fractals. Elsevier Academic Press, San Diego, CA.

Gade, M. , Alpers, W. , Wismann, V. , Hühnerfuss, H. , and Lange P. A. 1998. Wind wave tank measurements of wave damping and radar cross sections in the presence of monomolecular surface films. Journal of Geophysical Research, 103(C2):3167-3178.

Gaiser, P. W. , Germain, K. M. St. , Twarog, E. M. , Poe, G. A. , Purdy, W. , Richardson, D. , Grossman, W. et al. 2004. The WindSat spaceborne polarimetric microwave radiometer: Sensor description and early orbit performance. IEEE Transactions on Geoscience and Remote Sensing, 42(11):2347-2361.

Gasiewski, A. J. , Piepmeier, J. P. , McIntosh, R. E. , Swift, C. T. , Carswell, J. R. , Donnelly, W. J. , Knapp, E. et al. 1997. Combined high-resolution active and passive imaging of ocean surface winds from aircraft. In Proceedings of International Geoscience and Remote Sensing Symposium, August 3-8, 1997, Singapore, Vol. 2, pp. 1001-1005. Doi: 10. 1109/IGARSS. 1997. 615324.

Gasparovic, R. F. , Apel, J. R. , and Kasischke, E. S. 1988. An overview of the SAR internal wave signature experiment. Journal of Geophysical Research, 93(C10):12304-12316. Gasparovic, R. F. , Chapman, R. D. , Monaldo, F. M. , Porter, D. L. , and Sterner, R. E. 1993. Joint U. S. /Russia Internal Wave Remote

Sensing Experiment: Interim Results. JHU/APL Report S1R – 93U – 011. The Johns Hopkins University Applied Physics Laboratory, MD.

Gasparovic, R. F. and Etkin, V. S. 1994. An overview of the joint US/Russiainternal wave remote sensing experiment. In Proceedings of International Geoscience and Remote Sensing Symposium, August 8–12, 1994, Pasadena, CA, Vol. 2, pp. 741–743. Doi: 10. 1109/IGARSS. 1994. 399246.

Glazman, R. 1988. Fractal properties of the sea surface manifested in microwave remote sensing signatures. In Proceedings of International Geoscience and Remote Sensing Symposium, September 13 – 16, 1988, Edinburgh, Scotland, Vol. 3, pp. 1623–1624. Doi: 10. 1109/IGARSS. 1988. 569545.

Glazman, R. E. and Weichman, P. B. 1989. Statistical geometry of a small surface patch in a developed sea. Journal of Geophysical Research, 94(C4):4998–5010.

Godin, O. A. and Irisov, V. G. 2003. A perturbation model of radiometric manifesta- tions of oceanic currents. Radio Science, 38(4):8070–8080.

Gonzalez, R. C. and Woods, R. E. 2008. Digital Image Processing, 3rd edition. Prentice Hall, Upper Saddle River, NJ.

Grankov, A. G. and Milshin, A. A. 2015. Microwave Radiation of the Ocean–Atmosphere. Boundary Heatand Dynamic Interaction, 2nd edition. Springer, Cham, Switzerland.

Hennings, I. , Romeiser, R. , Alpers, W. , and Viola, A. 1999. Radar imaging of Kelvin arms of ship wakes. International Journal of Remote Sensing, 20(13):2519–2543.

Irisov, V. G. 1997. Small–slope expansion for thermal and reflected radiation from a rough surface. Waves in Random Media, 7(1):1–10.

Irisov, V. G. 2000. Azimuthal variations of the microwave radiation from a slightly non–Gaussian sea surface. Radio Science, 35(1):65–82.

Irisov, V. G. 2007. Radiometric model of the sea surface in the presence of currents. IEEE Transactions on Geoscience and Remote Sensing, 45(7):2116–2121.

Ivanov, A. Y. and Ginzburg, A. I. 2002. Oceanic eddies in synthetic aperture radar images. In Proceedings of the Indian Academy of Sciences–Earth and Planetary Sciences, 111(3):281–295.

Jackson, C. R. and Apel, J. R. 2004. An Atlas of Internal Solitary–Like Waves and Their Properties, 2nd edition. Prepared under contract with Office of Naval Research. Code 322PO. Internet http://www. internalwaveatlas. com/Atlas_index. html.

Jackson, T. J. , Bindlish, R. , Gasiewski, A. J. , Stankov, B. , Klein, M. , Njoku, E. G. , Bosch, D. , Coleman, T. , Laymon, C. , and Starks, P. 2005. Polarimetric scanning radiom–eter C and X band microwave observations during SMEX03. IEEE Transactions on Geoscience and Remote Sensing, 43(11):2418–2430.

Kerman, B. R. and Bernier, L. 1994. Multifractal representation of breaking waves on the ocean surface. Journal of Geophysical Research, 99(C8):16179–16196.

Kerr, Y. H. , Waldteufel, P. , Wigneron, J. –P. , Martinuzzi, J. –M. , Font, J. ,and Berger, M. 2001. Soil moisture retrieval from space: The soil moisture and ocean salinity (SMOS) mission. IEEE Transactions on Geoscience and Remote Sensing, 39(8):1729–1735.

Klein, M. , Gasiewski, A. J. , Irisov, V. , Leuskiy, V. , and Yevgrafov, A. 2002. A wideband microwave airborne imaging system for hydrological studies. In Proceedings of International Geoscience and Remote Sensing Symposium, June 25–26, 2002, Toronto, Canada, Vol. 1, pp. 523–561.

Klemas, V. 2011. Remote sensing of sea surface salinity: An overview with case stud‐ies. Journal of Coastal Research, 27(5):830-838.

Klotz, B. W. and Uhlhorn, E. W. 2014. Improved stepped frequency microwave radiometer tropical cyclone surface winds in heavy precipitation. Journal ofAtmospheric and Oceanic Technology, 31(11):2392-2408.

Kramer, H. J. 2002. Observation of the Earth and Its Environment: Survey of Missions and Sensors, 4th edition. Springer, Berlin.

Krasnopolsky, V. M., Breaker, L. C., and Gemmill, W. H. 1995. A neural network as a nonlinear transfer function model for retrieving surface wind speeds from the special sensor microwave imager. Journal of Geophysical Research. 100(C6):11033-11045.

Kropfli, R. A., Ostrovski, L. A., Stanton, T. P., Skirta, E. A., Keane, A. N., and Irisov, V. 1999. Relationships between strong internal waves in the coastal zone and their radar and radiometric signatures. Journal of Geophysical Research, 104(C2):3133-3148.

Kunkee, D. B. and Gasiewski, A. J. 1997. Simulation of passive microwave wind direc‐tion signatures over the ocean using an asymmetric‐wave geometrical optics model. Radio Science, 32(1):59-77.

Kuzmin, A. V. and Pospelov, M. N. 1999. Measurements of sea surface temperature and wind vector by nadir airborne microwave instruments in Joint United States/Russia Internal Waves Remote Sensing Experiment JUSREX'92. IEEE Transactions on Geoscience and Remote Sensing, 37(4):1907-1915.

Le Vine, D. M. 1999. Synthetic aperture radiometer systems. IEEE Transactions on Microwave Theory and Techniques, 47(12):2228-2236.

Le Vine, D. M., Lagerloef, G. S. E., Coloma, R., Yueh, S., and Pellerano, F. 2007. Aquarius: An instrument to monitor sea surface salinity from space. IEEE Transactions on Geoscience and Remote Sensing, 45(7):2040-2050.

Le Vine, D. M., Lagerloef, G. S. E., and Torrusio, S. E. 2010. Aquarius and remote sensing of sea surface salinity from space. Proceedings of the IEEE, 98(5): 688-703.

Li, S. Z. 2001. Markov Random Field Modeling in Image Analysis. Springer, Tokyo.

Li, X., Clemente‐Colón, P., Pichel, W. G., and Wachon, P. W. 2000. Atmospheric vortex streets on a RADARSAT SAR image. Geophysical Research Letters, 27(11):1655-1658.

Liu, A. K. 1988. Analysis of nonlinear internal waves in the New York Bight. Journal of Geophysical Research, 93(C10):12317-12329.

Lyden, J. D., Hammond, R. R., Lyzenga, D. R., and Schuchman, R. A. 1988. Synthetic aperture radar imaging of surface ship wakes. Journal of Geophysical Research, 93(C10):12293-12303.

Mallat, S. 2009. A Wavelet Tour of Signal Processing: The Sparse Way, 3rd edition. Academic Press, Burlington, MA.

Mandelbrot, B. B. 1983. The Fractal Geometry of Nature, 3rd edition. W. H. Freeman and Co, New York.

Martin, S. 2014. An Introduction to Ocean Remote Sensing, 2nd edition. Cambridge University Press, Cambridge, UK.

Mather, P. M. and Koch, P. 2011. Computer Processing of Remotely‐Sensed Images: An Introduction, 4th edition. Wiley‐Blackwell, UK.

Mirmehdi, M., Xie, X., and Suri, J. 2008. Handbook of Texture Analysis. Imperial College Press, London, UK.

Pesin, Y. and Climenhaga, V. 2009. Lectures on Fractal Geometry and Dynamical Systems (Student Mathematical Library, volume 52). American Mathematical Society, Mathematics Advanced Study Semesters, Providence, RI.

Piepmeier, J. P. and Gasiewski, A. J. 1996. Polarimetric scanning radiometer forair- borne microwave imaging studies. In Proceedings of International Geoscience and Remote Sensing Symposium, May 27–31, 1996, Lincoln, Nebraska, Vol. 3, pp. 1120–1122. Doi: 10. 1109/IGARSS. 1996. 516587.

Piepmeier, J. P. and Gasiewski, A. J. 1997. High–Resolution multiband passive polarimetric observations of the ocean surface. In Proceedings of International Geoscience and Remote Sensing Symposium, August 03–08, 1997, Singapore, Vol. 2, pp. 1006–1008. Doi: 10. 1109/IGARSS. 1997. 615325.

Piepmeier, J. P. and Gasiewski, A. J. 2001. High–resolution passive polarimetric microwave mapping of ocean surface wind vector fields. IEEE Transactions on Geoscience and Remote Sensing, 39(3):606–622.

Piepmeier, J. P. , Gasiewski, A. , Klein, M. , Boehm, M. , and Lum, R. 1998. Ocean surface wind direction measurements by scanning polarimetric microwave radiometry. In Proceedings of International Geoscience and Remote Sensing Symposium, July 6–10, 1998, Seattle, WA, Vol. 5, pp. 2307–2310. Doi: 10. 1109/IGARSS. 1998. 702197.

Pratt, W. K. 2007. Digital Image Processing, 4th edition. John Wiley & Sons, Hoboken, NJ. Porter, D. L. and Thompson, D. R. 1999. Continental shelf parameters inferred from SAR internal wave observations. Journal of Atmospheric and Oceanic Technology, 16(4):475–487.

Pospelov, M. N. 1996. Surface wind speed retrieval using passive microwave polarimetry: The dependence on atmospheric stability. IEEE Transactions on Geoscience and Remote Sensing, 34(5):1166–1171.

Qu, J. J. , Gao, W. , Kafatos, M. , Murphy, R. E. , and Salomonson, V. V. 2014. Earth Science Satellite Remote Sensing: Vol. 1: Science and Instruments. Springer–Verlag Berlin and Heidelberg GmbH & Co. KG.

Raizer, V. Y. 2001. Passivemicrowaveradiometry, fractals, anddynamics. In Proceedings of International Geoscience and Remote Sensing Symposium, July 9–13, 2001, Sydney, Australia, Vol. 3, pp. 1240–1242. Doi: 10. 1109/IGARSS. 2001. 976805.

Raizer, V. 2002. Statistical modeling for ocean microwave radiometric imagery. In Proceedingsof International Geoscience and Remote Sensing Symposium, June 24–28, 2002, Toronto, Canada, Vol. 4, pp. 2144–2146. Doi: 10. 1109/IGARSS. 2002. 10264721.

Raizer, V. 2003. Validation of two – dimensional microwave signatures. In Proceedings of International Geoscience and Remote Sensing Symposium, July 21–25, 2003, Toulouse, France, Vol. 4, pp. 2694–2696. Doi: 10. 1109/IGARSS. 2003. 1294554.

Raizer, V. 2004. Correlation analysis of high–resolution ocean microwave radio– metric images. In Proceedings of International Geoscience and Remote Sensing Symposium, September 20–24, 2004, Anchorage, Alaska, Vol. 3, pp. 1907–1910. Doi: 10. 1109/IGARSS. 2004. 1370714.

Raizer, V. 2005a. Texture models for high–resolution ocean microwave imagery. In Proceedings of International Geoscience and Remote Sensing Symposium, July 25–29, 2005, Seoul, Korea, Vol. 1, pp. 268–271. Doi: 10. 1109/IGARSS. 2005. 1526159.

Raizer, V. Y. 2005b. High–resolution passive microwave–imaging concept for ocean studies. In Proceedings of MTS/IEEE OCEANS 2005 Conference, September 18–23, 2005, Washington, D. C. , Vol. 1, pp. 62–69. Doi: 10. 1109/OCEANS. 2005. 1639738.

Raizer, V. 2007. Microwave radiometric signatures of ocean internal waves. In Proceedings of International Geoscience and Remote Sensing Symposium, July 23 – 27, 2007, Barcelona, Spain, pp. 890 – 893. Doi: 10. 1109/IGARSS. 2007. 4422940.

Raizer, V. 2012. Fractal-based characterization of ocean microwave radiance. In Proceedings of International Geoscience and Remote Sensing Symposium, July 22 – 27, 2012, Munich, Germany, pp. 2794 – 2797. Doi: 10. 1109/IGARSS. 2012. 6350852.

Raizer, V. Y. and Gasiewski, A. J. 2000. Observations of ocean surface disturbances using high-resolution passive microwave imaging. In Proceedings of International Geoscience and Remote Sensing Symposium, July 24 – 28, 2000, Honolulu, HI, Vol. 6, pp. 2748 – 2749. Doi: 10. 1109/IGARSS. 2000. 859702.

Raizer, V. Y., Gasiewski, A. J., and Churnside, J. H. 1999. Texture-based description of microwave radiometric images. In Proceedings of International Geoscience and Remote Sensing Symposium, June 28 – July 2, 1999, Hamburg, Germany, Vol. 4, pp. 2029 – 2031. Doi: 10. 1109/IGARSS. 1999. 775022.

Rayzer, V. Yu. and Novikov, V. M. 1990. Fractal structure of breaking zones for sur- face waves in the ocean. Izvestiya, Atmospheric and Oceanic Physics, 26(6) :491 – 494 (translated from Russian).

Raizer, V. Y., Novikov, B. M., and Bocharova, T. Y. 1994. The geometrical and fractal properties of visible radiances associated with breaking waves in the ocean. Annales Geophysicae, (12) :1229 – 1233. Doi: 10. 1007/s00585-994-1229-3.

第6章

先进研究成果的应用

本章讨论了观察某些"弱紧急事件"的可能性。在进行研究性评估的同时，也注意到了确定特征性能的目标。本章给出的材料看起来可能和人们的直觉相反，但它却使海洋微波遥感有了科学和技术上的突破。我们相信我们的想法和预测对未来的发展是有用的。

6.1 表面扰动与不稳定性

深海微波诊断学的常见水文物理流程图如图 6.1 所示。这个问题与自然风浪过程和某些深海源(地震或爆炸)引起的干扰之间的相互作用有关。自然因素可以增强或抑制指定的动态过程，也可能对诱导扰动的寿命产生显著影响，并减少流体动力学效应"理论上"的可预测性。

另外，海面的周期振动特性可能会引起多波段辐射度信号之间的相关或去相关，从而使探测这一相互作用过程并揭示时间相关的微波特征成为可能。在某些情况下，放大机制使特定海域产生强烈的表面扰动，或者说是"粗糙度异常"。以表面裂流(离岸流)为环境示例，可以用微波辐射的共振模型来评估相应的微波特征(3.3.2 节)。

从该问题的流体力学角度来看，假设在具有不稳定性的湍流介质中，存在内波扰动的传播。例如，在具有不稳定温跃层的海洋上层，存在非线性内波传播，可能会产生一些有利条件。可以预期的是，内波场会准确映射到海洋表面。在波流相互作用的影响下，可能会出现调制不稳定，激发波谱内高频谐波。如果发生级联过程，则会引起表面波放大或粗糙度异常。

激发过程和可能的微波响应方案如图 6.2 所示。不稳定性的存在时间可能短于波-流主动相互作用的时间，但其起始频率可能较高。也有可能产生"突发"型表面扰动的随机自动生成的效果。在这种情况下，可能会在选定的微波频率下观察到更强的微波响应。

微波信号在长时间累积和大范围空间平均时，调制不稳定性将形成具有单调辐射–亮度特性的连续型微波图像。图像中多重区域(斑点)的出现可能与局部表面粗糙度异常相对应。因此,斑点型微波识别也可以是某些深海过程的标志。PSR 已经观测到类似的微波图片(第 5 章)。

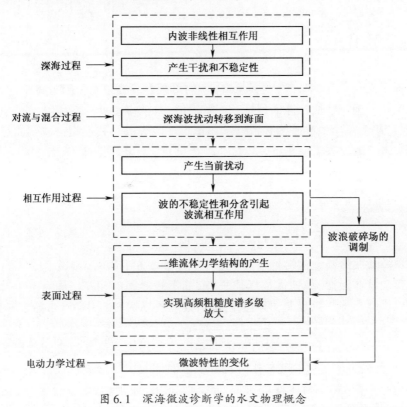

图 6.1 深海微波诊断学的水文物理概念

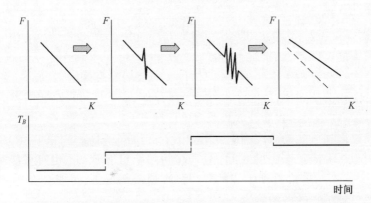

图 6.2 波数谱 $F(K)$ 级联执行图和微波信号 $T_B(t)$ 的相应响应

6.2　（亚）表面尾流

这种可能性是基于特定表面湍流模式的被动微波配准,也称为"湍流流体"或"湍流尾流"。在大多数环境情况下,海洋湍流尾流代表小尺度旋涡(马蹄铁型)的随机紧凑系统,具有高度的空间变异性。

以下效应是湍流尾流的可能标志:

(1) 由于湍流和风浪之间的相互作用,在局部海域产生多模表面波谱。

(2) 湍流混合过程影响近海面上层海洋层物理性质的变化,该混合过程即出现所谓的混合亚表面环境。

(3) 开尔文式表面尾流的形成。

(4) 在运动体后面形成卡门涡街。

(5) 由于强烈的气蚀或气泡活动,出现两相湍流。最后一个事件称为"湍流气泡尾流"。湍流尾流(或塌陷的湍流尾流)也可能受远处内波及其破坏影响而产生。

我们可能希望在高分辨率微波图像中观察到各种多重辐射-亮度的特征。在图像中,可以通过特定几何特征检测和识别尾流,例如,以非线性、点状、虚线或窄的低对比度条纹的形式。

另外,湍流尾流与风生表面波间的相互作用可能导致其特性变换和/或随时间消失。众所周知,环境条件(风力作用、大气分层、潮流和其他自然因素)对湍流动力学有显著影响。因此,只有实时观测,才能得到可靠的检测结果。

6.3　波-波相互作用

表面重力波间的参数相互作用使波谱产生相当大的变化。共振非线性相互作用产生了边频波分量,改变了表面重力及短重力波斜率的统计特性。这些因素对海面后向散射和辐射的变化有一定影响。

某些微波特征可能与波-波相互作用有关,它们代表了光栅型辐射-亮度纹理,这些纹理表现为不同短线的几何集形式,短线则分布在局部图像区域中。为了获得更好地探测性能,可以应用标准傅里叶和关联性分析。

波-波相互作用也可以使用微波辐射计——散射仪观察。用亮温和后向散射系数的交叉谱分析来定义其特性。还有更复杂的方法——"混合时空光谱分析",它可以用于提取波数频域的频谱特征。

总体而言,低对比度光谱共振型特征与空间流体力学调制、参数波相互作用或其他表面激发过程均有联系,可以使用高性能数字观测技术进行可靠的探测,所需的信息类型可通过电光传感器获取。

6.4　温盐异常

温盐异常是局部海域海表温度和盐度同时发生强烈变化(波动)的结果。在深海过程的影响下,可能会发生亚表面温盐波动:内波破裂、双扩散对流、湍流混合转捩(以湍流斑或入侵的形式)或其他事件。由于强洋流、大气降水、热带雨或飓风冲击,温盐精细结构也可能发生水平变化。

我们尤其感兴趣的是体积分层,或亚表面(1~2m深)上层海洋的温盐剖面的凝集。该过程可以形成温盐尾流,这是一种不同盐度、温度和密度的浮动动态蜂窝模式。

温盐精细结构的微波表现形式可能有所不同。某些可能特征体现了拟正则格子类模式,这是温盐和波间过程相互作用的结果。在强表面湍流或表面洋流(例如,由内波引起的表面洋流)的出现情况下,会形成更复杂的结构(复杂模式)。以上两种情况下,均存在海洋发射率增加的现象。我们认为,检测温盐尾流的最佳仪器是敏感的高分辨率 S-L 波段辐射计成像仪。

6.5　内波

在雷达(SAR)图像中完全可以观察到海洋内波,也可以使用被动微波辐射计探测海洋表面特征(5.5.2节)。典型特征体现了亮温的周期性变化。在高分辨率图像中,它们被当作对比平行的条纹系统来观察。这些特征主要是由内波场中的波-流相互作用而产生的。

可以观察单个孤子以及垂直传播的内部波群。然而,海洋温跃层阻止了这种运动。这种环境对于潜艇产生的内波表现很重要。由于深浅水域内波的行为不同,相应的特征也具有不同的对比和构型。这些特征的空间分布可以根据环境条件和时间框架的变化而变化。探测内波和孤子对于被动微波辐射测量和成像来说仍然是一个困难的任务。

6.6　波浪破碎模式

风生表面波的不稳定性和分岔导致破碎现象。因此,在广泛的空间频率间隔内,波数谱发生了强烈变换。在这些条件下,由源引起的光谱成分的"爆裂"型效应和激发可被掩盖或消除。

然而,大尺度表面效应的产生、伴随重力波的调制、波浪破碎和泡沫/白浪活动有关。这些过程可以通过微波和光学传感器来进行观察。

在这一点上,可能出现以下效果:

（1）由于短表面波和长表面波间的相互作用,产生了"二次"调制不稳定性。

（2）表面重力波斜率统计特性的变化,向非高斯分布的方向发展。

（3）产生二维和三维(相干)波浪破碎模式。

（4）增加波浪破碎活动的强度(频率)。

（5）改变波浪破碎场的几何与统计特性。

（6）产生准确定性泡沫/白浪模式。

重力波不稳定性和破裂模式伴随着波形斜率统计特性的变化,通常会导致辐射−亮度对比度的增加。这些大尺度的动态效应可以使用多波段辐射测量法来显示和区分。

以脉冲型时间序列或单调趋势的形式,微波辐射计记录了泡沫/白浪模式的最后三个因素——波浪断裂频率、几何和统计学的变化。

波浪破裂事件也是海洋内波作用的可能标志。众所周知,即使是低风和中等风的环境,波浪破裂活动的强度和频率也会受内波影响而增加。

图 6.3 说明了数字模拟复杂随机海洋微波场景的变体。这个场景涉及几何和体积因素:表面扰动、波浪破碎模式和泡沫/白浪对象。亮度级的空间分布与随机定律相对应。图像中的黑白渐变反映了可能的表面规律,黑色区域对应于泡沫/白浪结构,白色区域对应于表面粗糙度。它们的随机化产生了反复无常的几何扩展或不同的微波特征。

表面波和泡沫/白浪的光学图像可以在视觉上一对一识别,而微波图像却不能直接显示这些结构。因此,在微波图像"厚"或"薄"的情况下,应扩展用于光学图像数字分析的区域/形状度量制(2.5.3节)。由于微波和光学辐射机制的差异,这些度量制可能不适用于光学数据。因为泡沫/白浪的辐射取决于它们的微观结构和几何结构,微波数据可能反映不同动力阶段的所有波浪破裂过程。换句话说,复杂的多光谱微波图像能够提供比低分辨率光学图像更详细的波浪破碎过程和泡沫/白浪(覆盖)模式。

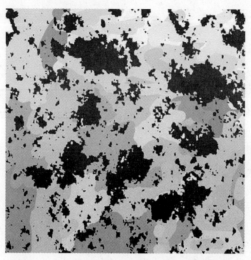

图 6.3 复杂海洋微波场景(计算机模拟示例)

第7章

总　结

　　本书的主要目标是更详细地论述海洋环境微波诊断学的原理。作者希望本书能够使读者对这个问题有深刻的认识。事实上,本书所选择和引用的材料证明了被动微波技术用于检测复杂水动力过程和事件的潜在能力。该方法以微波辐射特征的精确高分辨率映射、选择和数字评估为基础。但是,为了实现这一目标,我们必须采用扩展的遥感技术,包括精密仪器和数字处理。在这方面,本书简要说明了如何使不可能成为可能,同时揭示了海洋被动微波遥感的大量科学进展。

　　海洋热微波辐射是在许多环境因素的影响下形成的。大致来说,众所周知的有:海水介电分散,表面几何形状——几何因素(表面波和粗糙度),两相介质(泡沫/白浪/飞沫/气泡)——体积因素。本书在相应的章节中(第2章),比以往更详细地用遥感语言阐述了上述因素以及其他的相关因素。根据电磁波长、入射角和发射辐射的偏振,第一个(介电常数)因素提供了海洋亮温的基本水平;几何因素产生了低对比度的亮温变化(高达 $3 \sim 5K$,这取决于观察条件);依据覆盖表面的分散层(称为泡沫和白浪区域部分)的结构和统计特性,体积因素使海洋微波辐射(在实际情况下约 $10 \sim 20K$)产生了强烈变化和波动。利用衍射模型方法和近似值方法来描述表面波的作用,该近似值法描述了具有小尺度或大尺度的不规则性粗糙随机表面电磁波的散射和辐射。此外,还涉及海平面高度的统计特性、概率分布和相关函数。两相分散介质——泡沫和白浪的作用,则采用微观、波传播和辐射传输模型或它们的组合来评估。可以用组合多因素(通常是二因素或三因素)模型或以风速参数化的半经验近似值的方法来定义几何因素和体积因素对海洋辐射率的所有微波影响。图 7.1 为微波作用的总结图。讨论了这些因素和其他重要的水动力因素及过程。

　　地球物理解释包括回归估计法和多变量技术,它取决于典型性数据的给定水平。总体而言,现有的理论和数据处理方法能够在选定的微波频率和入射角(极化)下适当描述海洋辐射率时空平均值,并解释低分辨率的($\geqslant 20 \sim 50 km$)微波辐射观测(第3章)。

　　如此看来,使用经典和公认的公式来计算和/或评估海洋辐射率的数值是非

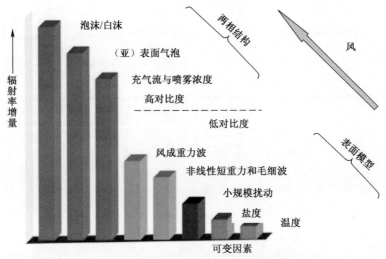

图 7.1　总结图——环境因素导致的海洋微波辐射

常容易的;然而,在现实实验中,例如,从飞行器上,我们经常观察到一个比它所绘制或预测更复杂的微波图像。这意味着,除观察偏差和仪器误差外,还有其他一些重要的"副因素"以某种方式影响了辐射率。这些"隐藏的"微波效应在大多数实际情况下都没有被考虑到或者只是被忽略了。本书以科学的研究方法清楚地概括了这个问题。为此,首先要参考详细的数值模拟(第 4 章)和近年来被动微波观测法(第 5 章)的研究成果。

整个高分辨率海洋表面的被动微波图像看起来很复杂,难以快速分析。可能的原因是与环境变化相关的不可预知的间歇性噪声。因此,为了从这种混乱的随机水动力微波中提取相关信息(兴趣特征),就需要使用特殊的分析工具。一种选择是采用包含数据处理和建模的组合数字框架(第 4 章)。通过这种方式,也能展示相关处理方法的进展情况。

我们着重强调以下问题:

(1)高分辨率海洋微波辐射图像有强烈的纹理变化特征。主要特性是有马赛克式亮度和明显的亮点。

(2)扩展的低对比度图像特征的出现,主要与海洋—大气间的相互作用和海面动力学有关。随机的马赛克式图像展示了随机海洋微波的背景。

(3)确定性图像特征通过不同形式、大小和亮度的突出亮点(热或冷)来呈现。在一定条件下,它们可能代表局部海洋现象或事件的表现。例如,它可以是非正常表面粗糙度和/或波浪破裂场。

(4)为了对微波数据进行合适的地球物理解释,必须结合数据图像分析法和计算机建模。纹理拟合算法可以对兴趣特征进行评估。

（5）多波段微波图像和特征之间存在（非）相关性。这些影响可以用多因素模型来解释。

海洋辐射-亮度变化的常见水文物理机制是波数谱中的强幅度频率变换（第6章）。例如，"爆裂"型激发和高频光谱区间的侧波分量可能产生具有相关属性的不同辐射特征。尽管直接测量现实世界中的光谱变化和间隔是非常不可能的，但计算机建模和模拟可能会揭示微波的主要影响。

同时，我们发现，传统上用于雷达和光学研究的光谱和相关分析的标准方法，也适用于被动微波辐射测量和成像。该发现已经存在了很长时间。然而，一种综合的统计关联法有助于我们挖掘被提取辐射测量信号之间的弱相关性和强相关性，探索它们的多波段特性和空间分布。

本书考虑的另一个令人印象深刻的数字技术是基于海洋多波段微波数据的融合，我们将其命名为"海洋数据融合"（ODF）。

这种常见的方法首次针对海洋多波段（或潜在高光谱）微波图像进行了测试分析。虽然融合分析是一种比相关性分析更复杂的过程（仅仅是因为应该融合的辐射测量通道以改善信号表现的作用并不明显），但是这项技术却取得了显著的效果。我们的研究表明，并行或混合数据融合网络在提供选择、增强和/或消除信息数据方面具有显著的优势，远远优于选择的单通道数据处理。例如，可以提取与表面粗糙度异常或其他给定事件相关的辐射特征，同时减少背景效应。因此，我们认为ODF是海洋遥感研究的一个有前景和有效的工具。

本书所涉及的科学研究和数据只是非声学探测技术发展的一个步骤。这一领域的创新对于被动或主动微波方法至关重要。

被动微波遥感具有以下优点和好处：

（1）无需发射源。

（2）不能通过主动（雷达）和其他被动（红外线、视频、光学）传感器探测。

（3）全天候日夜观测能力。

（4）在低频率的情况下对地球大气层和云量的穿透能力。

（5）对海况和危险事件高度敏感。

（6）能同时监测海洋和大气参数。

（7）对（亚）表面混合过程与两相流的敏感性。

（8）能够提供其介电光谱。

（9）多频率（探测）极化能力。

（10）宽幅和全球覆盖。

（11）仪器校准稳定性。

（12）灵活的低功耗和低质量技术。

（13）相对较低的运营成本。

（14）仪器维修和安装的简便性。

（15）悠久的历史数据和已实现的丰富应用场景。

客观上，这种方法也有缺点。它很难验证真实世界的海洋辐射测量数据，给出其正确的解释并提供整体性解决方案。本书的章节涵盖并广泛讨论了这些问题，但并非详尽无遗。

许多重要的实践和理论问题仍然存在，主要包括高分辨率微波测量的性能和优化，对收集到的数据集和性能的使用、规范和评估，以及它们的主要物理特性分析等。希望读者选择自己的研究方式以在该领域取得更大的突破和进展。

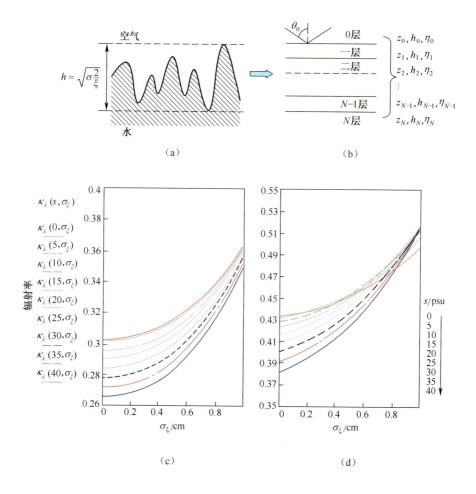

图 3.11 在 L 波段($\lambda = 21\mathrm{cm}$)上,表面粗糙度对微波辐射的贡献(a)表面阻抗模型和

(b)多层方法的图示。计算辐射率 $\kappa_\lambda(s, \sigma_\xi)$ 时,是将其当做(c)水平极化和

(d)垂直极化时的表面高程 σ_ξ 的均方根函数。盐度是变化的:$s = 0, 5, 10,$

$15, 20, 25, 30, 35$ 和 $40\mathrm{psu}$(标记),入射角为 $37°$,表面温度 $t = 10℃$

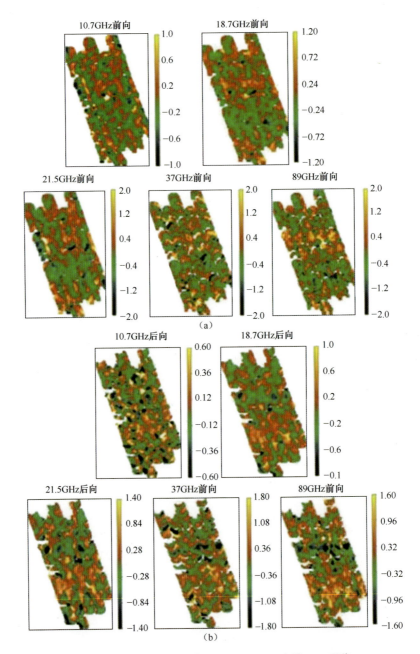

图5.5 多通道高分辨率(0.1~0.3km)海洋 PSR 图像
5 个光谱通道结合在一起,$\theta=62°$入射,水平极化(a)前向(b)后向,
测绘面积为 20km×30km。条件:和风,无泡沫的表面和清澈的空气
(来自 Raizer, V. Y. 2005b. *High-resolution passive microwave
-imaging con- cept for ocean studies*. In Proceedings of MTS/IEEE OCEANS 2005 Conference,
September 18-23,2005, Washington, D. C. ,Vol. 1, pp. 62-69. Doi:
10. 1109/OCEANS. 2005. 1639738)

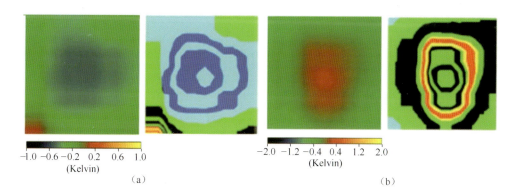

−1.0 −0.6 −0.2 0.2 0.6 1.0
(Kelvin)
（a）

−2.0 −1.2 −0.4 0.4 1.2 2.0
(Kelvin)
（b）

图 5.6　点环状海洋微波辐射特征及其颜色分割的例子

（a）冷点,10.7GHz;（b）热点 21.5GHz,左部分真正的颜色,右侧分割。所有图像片段的大小约为
0.8km×0.8km。（Raizer,VY 2005b。*High−resolution passive microwave−imaging concept for
ocean studies.* In Proceedings of MTS / IEEE OCEANS 2005 Conference,
September 18−23,2005 Washington,D. C. Vol.1,pp62−69。Doi；10.1109 / OCEANS. 2005. 1639738)

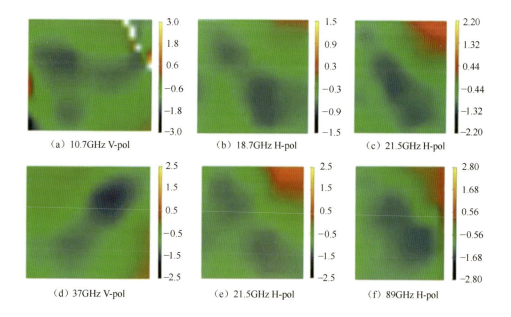

（a）10.7GHz V-pol　　　　（b）18.7GHz H-pol　　　　（c）21.5GHz H-pol

（d）37GHz V-pol　　　　（e）21.5GHz H-pol　　　　（f）89GHz H-pol

图 5.7　变截面的低对比度海洋微波辐射特征的选择示例

（a）交叉型;（b）和（c）V 型;（d）~（f）八字型。所有图像碎片的大小约为 2km×3km 或更小。
颜色条显示相对于图像强度的平均水平计算得出的亮温对比度。

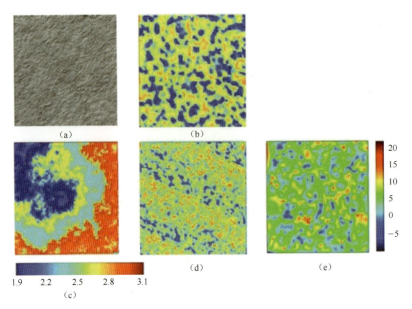

图 5.8　随机海洋微波辐射纹理结构使用不同的随机场模型进行数值模拟
(a)初始图像,傅里叶级数;(b)拼接;(c)分段;(d)马尔可夫随机场,MRF;(e)组合多对
比度可变纹理解结构,以绝对温标显示颜色带。(来自 Raizer, V. Y. 2005b. *High-resolution*
passive microwave-imaging concept for ocean studies. In Proceedings of MTS/IEEE OCEANS
2005 Conference, September 18 – 23, 2005, Washington, D. C. , Vol. 1, pp. 62–69. Doi:
10. 1109/OCEANS. 2005. 1639738)

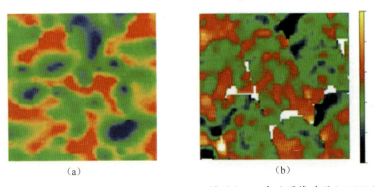

图 5.9　在相同大小(约 10km×10km)下(a)模型和(b)实验图像片段(37GHz)的
之间的统计纹理结构相关示例, 以绝对温标显示颜色带

(来自Raizer, V. Y. 2005b. *High-resolution passive microwave-imaging concept for ocean studies.* In Proceedings
of MTS/IEEE OCEANS 2005 Conference, September 18–23, 2005, Washington, D. C. , Vol. 1, pp.
62–69. Doi: 10. 1109/OCEANS. 2005. 1639738)

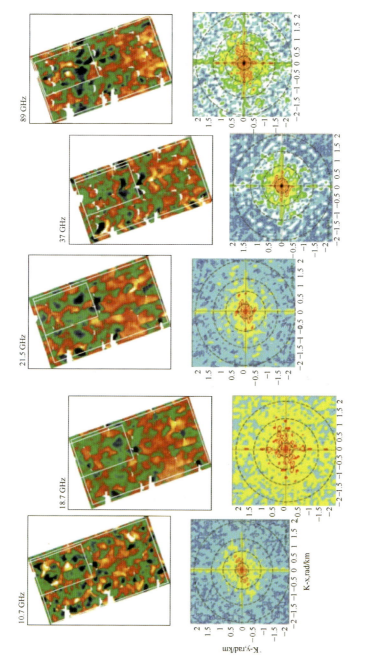

图 5.10 海洋微波辐射图像的增强傅里叶光谱，输入图片由白线框标记

彩 5

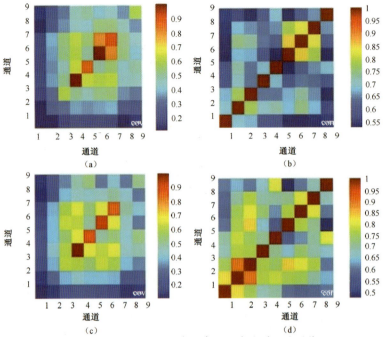

图 5.13　针对图 5.10 中的高分辨率海洋微波图像

（a）和（c）为其 9×9 多通道协方差矩阵,（b）和（c）为其 9×9 相关矩阵,矩阵是由两种不同的图像片段计算所得,一种是图 5.10 中的白色矩形大框,计算结果对应本图中（a）和（b）,另一种是图 5.10 中的白色矩形小框,计算结果对应本图中（c）和（d）。PSR 通道顺序为 10.7h、18.7h、21.5h、37h、89h、10.7v、18.7v、37v、89v;通道 21.5v 丢失,h、v 分别表示水平极化和垂直极化。

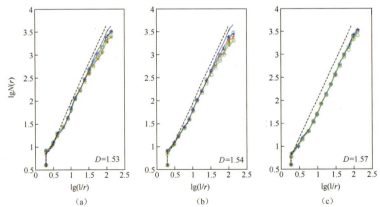

图 5.16　从模型和实验微波成像数据计算的分形维数

虚线—来自建模的数据。使用盒子计数法: $D = \lim\limits_{r \to 0}(\lg N(r)/\lg(1/r))$ 。对三种变体建模(图 5.15):（a）分形布朗运动;（b）中点位移分形布朗运动;（c）傅里叶级数。

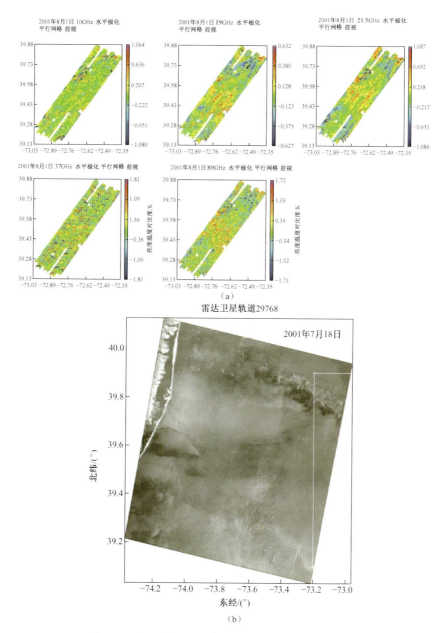

图 5.24　纽约湾内波的高分辨率被动微波辐射图像

（a）五波段地理位置（纬度与经度）微波 PSR 图像。彩图 80km×20km,五架相互平行的飞机在 3000 英尺（1 英尺＝0.304m）,58°入射角,水平极化,前视的条件下得到。辐射特征（红色对比条）在 10GHz,19GHz 和 21.5 GHz 处显示得很好。（b）2001 年 7 月 18 日在纽约湾的同样内波的雷达特征。标记区域符合 PSR 图像（RADARSAT 图片由 D. Thompson,JHU／APL 提供）

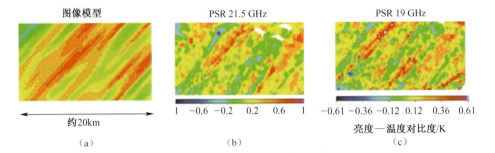

图像模型　　　　　　　PSR 21.5 GHz　　　　　　　PSR 19 GHz

约20km

1 　-0.6 　-0.2 　0.2 　0.6 　1 　　　-0.61 　-0.36 　-0.12 　0.12 　0.36 　0.61

亮度—温度对比度/K

（a）　　　　　　　　　　（b）　　　　　　　　　　（c）

图 5.25　模型与实验数据比较增强的图像片段

（a）模拟数字和（b）、（c）实验（从 PSR 图像中选择，图 5.24）。

透明的特征以明亮的红色条纹的形状表现出来。

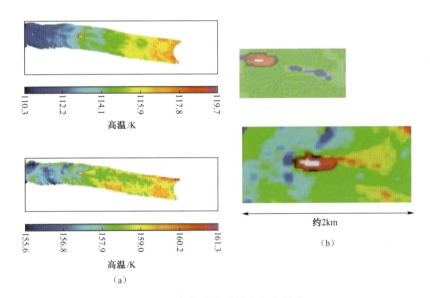

110.3　112.2　114.1　115.9　117.8　119.7

高温/K

155.6　156.8　157.9　159.0　160.2　161.3

高温/K

（a）

约2km

（b）

图 5.26　船舶尾流的微波辐射图像

（a）从高度 1500 英尺的飞行中获得的 PSR 图像；

（b）增强的图像片段，微波特征是蓝色斑点条纹和黄色锥体。